W0257720

UNITEXT for Physics

For further volumes:
http://www.springer.com/series/13351

Giuseppe Ciullo

Introduzione al Laboratorio di Fisica

Misure e Teoria delle Incertezze

 Springer

Giuseppe Ciullo
Università degli Studi e INFN di Ferrara
Italy

ISSN 2198-7882   ISSN 2198-7890 (electronic)
ISBN 978-88-470-5655-8   ISBN 978-88-470-5656-5   (eBook)
DOI 10.1007/978-88-470-5656-5
Springer Milan Heidelberg New York Dordrecht London

Printed on acid-free paper

Springer is part of Springer Science+Business Media (www.springer.com)

Prefazione

Leggendo il libro di G. Ciullo "Introduzione al Laboratorio di Fisica" ho pensato che sarei stato felice di disporre di un testo così amichevole all'epoca, in cui ho iniziato gli studi di Fisica.

Nella prima parte si spiega molto chiaramente cosa significa misurare, cosa si intende per incertezze statistiche e sistematiche e come presentare i dati.

Nella seconda parte si espone una trattazione matematica chiara delle basi della teoria della misura. Si introducono i concetti di probabilità e statistica, partendo dalle basi elementari, cosa insolita per un testo di questo tipo. Di solito, infatti, si danno per conosciute le basi matematiche. In seguito si introducono le problematiche della verosimiglianza e della ricerca delle funzioni matematiche più compatibili con i dati con il metodo dei minimi quadrati.

Ogni capitolo è corredato di una serie di esercizi e problemi, che trovano le soluzioni nelle ultime pagine. E come ogni moderno libro dà un'apertura all'uso di internet.

Spesso c'è un certo malessere nella formazione dei fisici per l'introduzione di tutti i concetti della teoria della misura e degli errori nei primi mesi del primo anno. Infatti sono concetti di una certa difficoltà, che richiedono una formazione matematica, che gli studenti riceveranno in seguito. Inoltre gli apparecchi di misura disponibili nei laboratori del primo anno sono per forza molto semplici.

Portare esperimenti complessi al primo anno può sembrare allettante, ma didatticamente non è conveniente, in particolare se ci si avvale di fenomeni non ancora studiati.

Penso che la seconda parete del libro potrebbe essere molto utilmente sfruttata nei laboratori degli anni successivi al primo. Di solito, in questi laboratori, si danno per scontati i concetti, trattati in questa seconda parte, ed è raro che uno studente del primo anno li maturi a sufficienza.

Onestamente penso che il libro di G. Ciullo costituisca un passo avanti nel panorama internazionale dei libri di questo tipo.

Ferrara 24 febbraio 2014

Pietro Dalpiaz
(n.d.a. Prof. Emerito)

Introduzione

Questo libro è orientato allo studio delle misure e della teoria delle incertezze per il laboratorio, per chi si affaccia al primo anno di un corso di laurea scientifico. Si è cercato, pertanto, di rendere la materia fruibile ad uno studente, che per la prima volta affronta tali argomenti. L'approccio dei corsi di laurea, che propongono tale studio già al primo anno, è molto stimolante sia per i docenti che per gli studenti:

per noi docenti: in quanto si deve trovare un modo di indirizzare gli studenti ad avere una visione pragmatica della fisica e quindi "limare" l'acquisizione degli strumenti matematici necessari,

per gli studenti: in quanto avranno modo di capire "praticamente" il senso delle leggi proposte nei corsi teorici e degli strumenti matematici, in parte già a loro disposizione e che avranno modo di approfondire durante il corso e nel proseguimento degli studi universitari.

Tale *lavoro* si è reso necessario per l'esperienza acquisita dall'autore, da diversi anni, sia come docente per corsi di laboratorio introduttivo, che per laboratori specialistici, per la magistrale ed il dottorato, osservando una tendenza all'utilizzo improprio della statistica nell'ambito dell'analisi delle incertezze nelle misure, con una confusione imbarazzante.

Da un lato perché molti testi introduttivi, per semplificare la vita, non forniscono indicazioni precise, o sono solo scritte fra le righe, trascurando soprattutto le incertezze sistematiche, con la scusa che un laboratorio introduttivo sia attrezzato con apparati poco precisi, percui l'approccio sperimentale risulta un tanto a spanna. Questo approccio formativo, sulla base dell'esperienza dell'autore, induce una giovane mente a prendere una "brutta piega". La tecnologia odierna permette di utilizzare strumenti precisi, percui bisogna sapere affrontare opportunamente le tematiche di discussione delle incertezze, mettendo in evidenza anche la distinzione tra precisione ed accuratezza, inganno diffuso negli strumenti digitali alla portata di tutti.

Dall'altro lato i testi specialistici partono da un formalismo matematico spinto e risultano spesso inaccessibili o incomprensibili nella loro fruizione in laboratorio. Percui si è cercato di colmare questo gap, tra testi troppo approssimativi e testi troppo specialistici. Si dà un approccio pragmatico eppoi ci si inoltra nel formalismo, fornendo soprattutto indicazioni operative.

Questo lavoro è diviso di due parti:

Parte I– Premesse introduttive: concetti e convenzioni: vi si trattano argomenti basilari sulle misure, la propagazione delle incertezze ed i metodi di organizzazione dei dati, piuttosto che l'analisi approfondita dei dati per fornire la misura. Questa parte, per alcuni punti non formalmente rigorosa, è necessaria, per prendere confidenza con gli strumenti matematici e formali, ed è la base, sulla quale poi approfondire l'approccio statistico della II parte. Vengono fornite le direttive appropriate, per trattare i tipi di incertezze più diffusi e combinarli secondo le indicazioni statistiche. Questa I parte può essere utilizzata in corsi di laurea scientifici con approccio al laboratorio nei primi anni, o in vari corsi di introduzione al laboratorio persino nelle scuole superiori, o come testo di approfondimento o guida per i docenti.

Parte II–Statistica e Teoria delle incertezze: vi si trattano argomenti formali, che sono necessari per l'utilizzo "cosciente" della statistica nella teoria delle incertezze e per giustificare, quanto "introdotto" nella I parte. Si dedica ampio spazio alla distribuzione gaussiana, sulla quale ruotano le misure sperimentali, ed alla regressione lineare, cercando di indicare in modo appropriato come operare nelle situazioni reali.

Senza tali strumenti la comprensione della teoria delle incertezze risulterebbe piuttosto aleatoria.

Quindi gli ingredienti sono:

- argomenti già noti, sui quali si forniranno chiarimenti,
- argomenti che saranno approfonditi durante il corso ed infine
- argomenti "forniti" con giustificazione rigorosa, e altri necessari, ma solo presentati ed usati appropriatamente.

Tutti sono importanti nella formazione scientifica, e saranno sicuramente di stimolo ad approfondimenti e agganci successivi.

A questo documento si agganciano informazioni reperibili sul sito dell'autore [5] sia su esperimenti da utilizzare per uso didattico, come fatto nel corso di questo testo, sia su una serie di esperimenti, per come condurli e come discutere le incertezze.

Sono proposti alcuni problemi, per i quali sono state fornite le soluzioni. Alcuni di questi richiedono una discussione grafica, percui sul sito dell'autore sono disponibili anche alcune soluzioni o fogli elettronici [6]

Ferrara, gennaio 2014   Giuseppe Ciullo

Indice

Parte II   Statistica e Teoria delle Incertezze

Parte I

Premesse introduttive:
concetti e convenzioni

1

Il metodo scientifico e la misura

La Fisica (dal greco $\tau\grave{\alpha}\ \phi\upsilon\sigma\iota\kappa\grave{\alpha}$: le cose naturali) si pone l'obiettivo di descrivere e prevedere il comportamento dei fenomeni naturali, nonché degli apparati e degli strumenti, che hanno reso e rendono la nostra vita più comoda ed efficiente. Tale obiettivo viene perseguito mediante un'attenta osservazione dei fenomeni, con una conseguente schematizzazione dell'osservazione, per fornire una conoscenza della realtà oggettiva, affidabile, verificabile e condivisibile.

Nel seguente capitolo si affronteranno gli argomenti relativi al metodo scientifico, che richiede la definizione delle grandezze fisiche e la loro misura.

Parte di questo argomento risulta il modo di presentare una misura e le convenzioni sui sistemi di unità di misura. Per districarsi tra le relazioni (leggi fisiche) tra le varie grandezze, l'analisi dimensionale è lo strumento necessario, sia per il loro controllo, che per la loro manipolazione.

1.1 Il metodo scientifico

Alla base della ricerca scientifica, ma anche dello sviluppo tecnologico contemporaneo, è il *metodo scientifico*, attribuito a Galileo Galilei.

Tale metodo è a fondamento di ogni disciplina, che voglia fornire una risposta, attendibile nelle previsioni dei comportamenti, sulla base di una formulazione matematica. Esso prende spunto dall'osservazione di un fenomeno e ne elabora una descrizione mediante un modello mentale, veicolato da processi di misurazione e relazioni matematiche tra le grandezze in gioco.

Nella costruzione del modello si cerca di trovare la descrizione più semplice possibile, per isolare le cause e gli effetti, che ne conseguono.

Come esempio si pensi alla caduta del grave, per trovare la relazione tra il tempo, che il grave impiega a cadere, e lo spazio, che esso percorre. Si osserva il fenomeno e si costruisce un modello.

Tale processo di pensiero è innato nell'essere umano ed ha coinvolto lo studio della natura nell'ambito della filosofia. Per secoli l'approccio è stato secondo quanto

G. Ciullo, *Introduzione al Laboratorio di Fisica*, UNITEXT for Physics,
DOI: 10.1007/978-88-470-5656-5_1, © Springer-Verlag Italia 2014

schematizzato in Fig. 1.1.

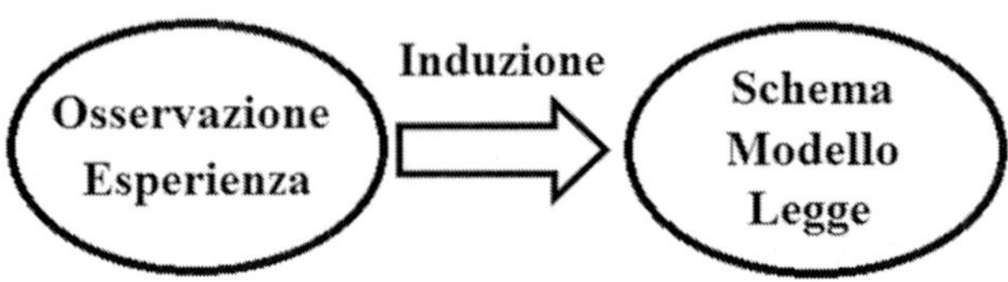

Figura 1.1 Schema a blocchi dell'osservazione della natura e induzione di un modello.

In una prima fase siamo ancora fermi ad ipotesi qualitative e la descrizione dei fenomeni risulta autoconsistente. Tale approccio risulta autoreferenziale, ovvero si ferma a descrive i processi secondo principi e schemi mentali, senza metterli in discussione, "interrogando" la natura.

Diversamente Galileo Galilei ha introdotto un approccio di verifica sperimentale del modello, cercando di *dedurre* da esso comportamenti da impostare in esperienze da controllare in laboratorio, per "interrogare " la natura con domande ben precise e circonstanziate.

Tale approccio, che oggi definiamo scientifico, è schematizzato in Fig. 1.2.

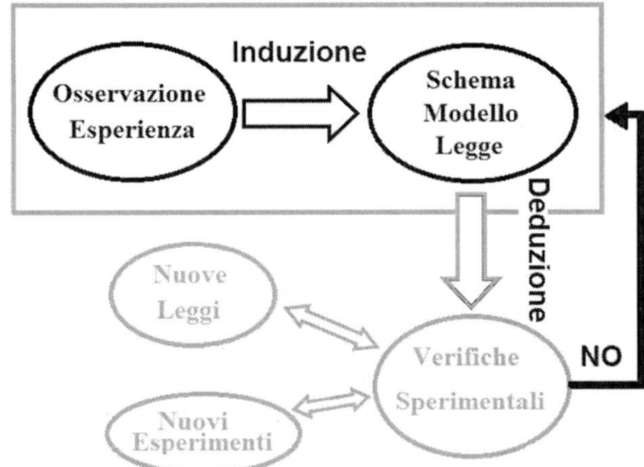

Figura 1.2 Schema a blocchi dell'osservazione dei fenomeni con il metodo scientifico.

Per tornare al nostro esempio, una volta stabilito il modello, si cercherà di condurre l'esperienza della caduta del grave in assenza di vento – in un ambiente chiuso – o sotto vuoto. Se non si verifica il modello, si torna indietro e si osserva il fenomeno per descrivere un nuovo modello da sottoporre all'esperienza.

Se invece dalla misurazione del tempo t di caduta e dello spazio h percorso si può confermare il modello, descritto da una relazione funzionale $h = f(t)$, tale risultato si può utilizzare in altre prove, o per descrivere e dedurre altre leggi, per esempio il comportamento di un grave lanciato verso l'alto. Così si possono formulare nuove leggi, o altri possibili schemi di esperimenti. In ogni caso tutto deve passare attraverso le verifiche sperimentali, come indicato dalle frecce nei due sensi in Fig. 1.2.

La combinazione di varie leggi, e la loro verifica sperimentale, in una descrizione completa dei fenomeni correlati, permetterebbe di formulare una teoria, per esempio la teoria della attrazione gravitazionale.

Il metodo scientifico, schematizzato in Fig. 1.2 con un diagramma a blocchi e descritto con l'esempio – alla portata di tutti – della caduta di un grave, è di fondamentale importanza, per affrontare problemi concreti, ed è per la formazione scientifica uno strumento, al quale bisogna educarsi ed educare.

Come si può verificare una relazione tra grandezze?

Per fare questo, sia nel caso dell'induzione (derivazione di una legge), che della deduzione (verifica sperimentale di una legge), le grandezze in gioco devono essere determinate quantitativamente.

La fisica, come ogni scienza – considerata tale nell'accezione di essere soggetta al metodo scientifico – per poter raggiungere il suo obiettivo di descrivere i fenomeni naturali e creare dei modelli previsionali, ha bisogno di fornire informazioni *quantitative* ben precise, non solo qualitative.

1.2 Le grandezze fisiche e la loro misurazione

Interrogare in modo circostanziale la natura, significa, quindi, stabilire, se le grandezze fisiche seguono il modello mentale (descritto con il linguaggio matematico) costruito sulla base dell'osservazione.

Significa predisporre un'esperienza ed ottenere una risposta quantitativa, da confrontare con quanto atteso.

Bisogna quindi definire le grandezze fisiche, trovare i criteri per individuarle e le operazioni necessarie a definirle e descriverle quantitativamente.

Una grandezza è una classe di elementi che soddisfanno i seguenti criteri:

- il *criterio di uguaglianza*,
- il *criterio di somma*,
- la *definizione di un campione*.

Come esempio chiave per discutere una classe (una grandezza) e capire tali criteri, utilizziamo la lunghezza, con la quale ci confrontiamo quotidianamente.

La fisica è una scienza operativa, percui si dovrebbero verificare tali criteri "operativamente", come faremo per la lunghezza.

Il criterio di uguaglianza tra due segmenti AB e CD è soddisfatto, se, facendo corrispondere l'inizio del segmento AB con l'inizio del segmento CD, si osserva che anche le due estremità opposte coincidono perfettamente.

Il criterio di somma, espresso dalla relazione matematica $AB + CD$, si ottiene facendo combaciare la fine del primo segmento (AB) con l'inizio del secondo segmento (CD), il risultato sarà un segmento $AB|CD$, che coincide con un segmento equivalente, che abbia l'inizio coincidente con l'inizio di $AB|CD$ e la fine coincidente con la fine di $AB|CD$. Tale segmento equivalente, che potremmo chiamare EF, soddisfa la relazione $EF = AB + CD$.

Questi criteri stabiliscono dei vincoli "matematici" forti: possiamo utilizzare tali criteri solo con grandezze, che li soddisfino, e che appartengono pertanto alla stessa classe.

Questo significa che la relazione matematica del tipo:

$$a = b + c$$

per la fisica vale, se e solo se a, b e c sono grandezze della stessa classe, il che equivale a dire, che a tutti i termini si possano applicare i criteri di uguaglianza e di somma. Nel dettaglio che b e c si possano sommare e che si possa verificare che a risulta equivalente alla somma di $b + c$.

Manca ancora un *campione, al quale riferire le grandezze.*

Possiamo fornire per segmenti diversi la rispettiva lunghezza come confronto con un riferimento, e quindi dire che un segmento sia un multiplo di volte tale riferimento. Un riferimento universalmente riconosciuto ed immutabile nel tempo è chiamato *campione di misura.*

La definizione del campione risulta necessaria, per diffondere in modo coerente risultati ed informazioni.

Per assurdo si potrebbe pensare, che nel proprio laboratorio uno sperimentatore possa decidere a suo piacimento un campione per la lunghezza e stabilire la misura delle grandezze omogenee in rapporto ad essa. Tale informazione non sarebbe fruibile e condivisibile facilmente a livello universale.

Quindi per l'*universalità della fisica* si richiede, che il campione sia accettato da tutti, in quanto riproducibile ed invariabile.

La metrologia si interessa e studia i sistemi di unità di misura e come renderli universali e immutabili, nonché si preoccupa di definire e trovare i campioni di unità di misura. È una scienza che ha trascorsi storici, è in continua evoluzione ed ha portato nel corso del tempo a modificare i campioni di riferimento. Nell'ambito di questo corso prenderemo direttamente, quanto universalmente proposto e riconosciuto da comitati e/o istituzioni internazionali, preposti al controllo ed alla definizione degli standard internazionali (ovvero il " Bureau International des Poids et Mesures", BIPM), che rilasciano pubblicazioni aggiornate. Faremo riferimento all'ultima edizione del 2006 reperibile sul sito ufficiale http://www.bipm.org [1].

Per uno studente del primo anno, o per chi si avvicina alla fisica sperimentale, le informazioni necessarie si esauriscono in un pieghievole disponibile sul sito del BIPM [2]. Approfondimenti su unità di misura e loro derivazione sono argomento dei corsi teorici di fisica, e di altre discipline, pertanto risulterebbe ridondante e dispersivo riportare in questa sede tali argomenti. Inoltre molti testi riportano informazioni, non aggiornate quanto le pubblicazioni del BIPM [1].

1.2.1 La misura di una grandezza

Misurare una grandezza G significa confrontarla con il campione di riferimento $\{G\}$ ed esprimerla quindi come multiplo o sottomultiplo di esso. In modo formale una grandezza fisica G sarà descritta dalla sua misura g come

$$g = \frac{G}{\{G\}} \, ,$$

espressa da un simbolo in corsivo, un numero e un'unità di misura, queste ultime invece in testo piano. Supponiamo di misurare la grandezza L, lunghezza di un segmento, che riporteremo come l, che risulta dal confronto con il campione (metro) in rapporto pari a 10 , riporteremo la misura come segue:

$$l = 10 \, \text{m} \, .$$

Questa sarebbe la notazione, che di solito si utilizza e che risulta simile a quanto fornito nel caso dei problemi di fisica, anticipiamo che, perché, quanto riportato, sia "riconosciuto" come frutto di una misura, deve essere corredato anche con *un'incertezza*, cosa di solito non contemplata nei problemi di fisica.

Ma andiamo per passi. Prima di arrivare all'incertezza è opportuno chiarire l'importanza, anche nel laboratorio di fisica, dell'uso dei simboli, nello studio delle leggi fisiche e per la loro manipolazione. La sua presentazione come numero risulta la parte finale di tutta l'elaborazione della parte sperimentale e del lavoro di analisi dei dati.

Nel corso della storia ci sono stati sviluppi e studi, per arrivare a stabilire, che le leggi fisiche risultano più universalmente comprensibili, se si utilizzano i simboli piuttosto che i valori numerici. Si pensi allo sviluppo dell'algebra nella relazione $a = b + c$ rispetto a 5=2+3. L'equazione simbolica gode di un'universalità nella descrizione, che non è contemplata nella limitatezza dell'espressione numerica.

Per la fisica c'è una argomentazione in più: l'utilità di esprimere equazioni e risultati con i simboli, piuttosto che con i numeri, sta nella fatto che, se esprimiamo per esempio la lunghezza con unità di misura diverse $L = \{L\}\,[L]$ e $L = \{L'\}\,[L']$, si osserva che la *quantità fisica è invariante*, mentre le quantità numeriche devono soddisfare la regola della proporzionalità inversa rispetto alle unità di misura.

Questa descrizione simbolica, che in un corso di laboratorio può sembrare a primo acchito in disaccordo, in quanto cerchiamo di misurare e quindi di esprimere numericamente il valore di una grandezza, va utilizzata nelle relazioni funzionali e nelle operazioni, prima di giungere al risultato finale. Solo alla fine è opportuno riportare i valori numerici.

Per questo si consiglia agli studenti di sforzarsi nell'utilizzo di simboli, per il calcolo di qualsiasi tipo di equazione e soprattutto nel ricavare le relazioni funzionali, anche nella propagazione delle incertezze, che come vedremo utilizza sempre metodi matematici.

Puntualizziamo ancora l'importanza di una buona "manegevolezza" della matematica anche in un corso di laboratorio.

1.2.2 Sistemi di unità di misura

I sistemi di unità di misura sono ormai catalogati a livello internazionale e stabiliscono un minimo di grandezze dette *fondamentali*, dalle quali sono *derivate* tutte le altre. In un certo senso l'uso corretto delle grandezze e delle unità di misura può essere associato ai dettagli della grammatica per una lingua. Spesso l'insegnamento della grammatica viene ritenuto futile e poco pratico, dando come risultato lacune di precisione nel linguaggio. Per una scienza esatta le lacune di precisione nel significato e nella chiarezza di espressione non sono tollerabili, per questo si invita lo studente a consultare le indicazioni del BIPM, o almeno avere a portata di mano il sommario delle convenzioni del SI [2],in cui sono disponibili le unità di misura delle grandezze fondamentali e derivate ed infine i prefissi dei multipli e sottomultipli.

Nel corso di questo testo cercheremo di seguire le indicazioni editoriali suggerite dal BIPM per il SI e dall'editore. Nella presentazione di risultati scientifici il SI richiede uno *stile tipografico* opportuno. I *simboli*, che esprimono le grandezze fisiche, vanno in *corsivo, i numeri* in testo piano le *unità di misura* e *prefissi* in testo piano. Tra numeri e unità di misura si richiede *uno spazio*.

Nei numeri le posizioni multiple di mille richiedono uno spazio, p.e., se dovessimo fornire la velocità della luce nel vuoto, scriveremmo:

$$c = 299\ 792\ 458 \ \mathrm{m\ s^{-1}} \ .$$

Si osservi che si lascia uno spazio tra numero ed unità di misura. Inoltre su indicazione dell'editore si utilizzerà $\mathrm{m\ s^{-1}}$ piuttosto che m/s, $\mathrm{kg\ m^{-3}}$ invece che $\mathrm{kg/m^3}$.

Anche nelle cifre decimali la separazione va effettuate per sottomultipli di millesimi, per esempio scriveremo 0.045 657 098. Nella tabelle, nei calcoli e nei grafici, per comodità e/o per maggiore compattezza, non ci preoccuperemo di usare tale spaziatura, però avremo l'accortezza di seguire tali indicazioni nella presentazione dei risultati finali delle misure.

Per il sistema internazionale si definiscono *grandezze fondamentali* il numero minimo di grandezze necessarie, per descrivere i fenomeni fisici, e sono riportate nella Tabella 1.1, dove si fà notare come per le grandezze i simboli sono in corsivo, mentre per le unità di misura i simboli devono essere riportati in testo piano.

Non affronteremo l'argomento della definizione di un campione sulla base delle costanti fisiche, rimandando gli interessati agli aggiornamenti disponibili al riferimento [1], ma segnaliamo lo sforzo della fisica di avere, come campioni per le unità di misura, sistemi riproducibili, universalmente riconosciuti e inalterabili nel tempo.

Tabella 1.1 Nome delle grandezze fondamentali nel (SI) (1^a colonna), simbolo usato (2^a colonna), dimensione (3^a colonna), unità di misura (4^a colonna) e corrispondente simbolo dell'unità di misura (5^a colonna)

Grandezza	*Simbolo*	*Dim.*	*Unità di misura*	*Simbolo u.m.*
lunghezza	l	L	metro	m
massa	m	M	chilogrammo	kg
Tempo	t	T	secondo	s
corrente	I	I	ampére	A
temperatura	T	Θ	kelvin	K
quantità di sostanza	n	N	mole	mol
intensità luminosa	I_v	J	candela	cd

Questo ha portato alla definizione del campione della lunghezza, ovvero il metro, come lo spazio percorso dalla luce nel vuoto in un tempo $1/(299\,792\,458\,)$ s.

Anche i dettagli sull'evoluzione dei campioni delle unità fondamentali, sono reperibili sul sito ufficiale del BIPM [1], o, come detto, su testi di fisica, sebbene non saranno aggiornati come le pubblicazioni ufficiali.

Le grandezze derivate possono essere espresse in funzione di quelle fondamentali. Una qualsiasi grandezza G avrà come dimensioni

$$[G] = \mathrm{L}^{\alpha}\, \mathrm{M}^{\beta}\, \mathrm{T}^{\gamma}\, \mathrm{I}^{\delta}\, \Theta^{\varepsilon}\, \mathrm{N}^{\zeta}\, \mathrm{J}^{\eta}\ .$$

Per esempio la forza, che nel sistema internazionale viene espressa in Newton N (da non confondere con N quantità di sostanza), risulta $[F] = \mathrm{N}$ (Newton). Se espressa secondo le grandezze fondamentali ($F = ma$), risulta $[F]= \mathrm{M\,L\,T}^{-2}$.

Risulta più pratico utilizzare le unità di misura, percui diremo che l'unità di misura per il SI della forza è il Newton, che espresso in unità di misura delle grandezze fondamentali è pari a $\mathrm{kg\,m\,s}^{-2}$.

Ritorneremo spesso su questo, perché, nonostante possa sembrare banale e ripetitivo, è e deve essere uno strumento quasi istintivo di controllo delle equazioni sotto studio e della loro derivazione successiva.

> L'analisi dimensionale delle grandezze espresse per dimensione, può essere una prima osservazione preliminare, per accettare o meno un'equazione. Nella fase conclusiva di fornire un risultato, risulta più sicuro riportarsi al controllo anche dell'omogeneità dell'unità di misura.

Andiamo ancora più a fondo. Nel caso in cui una grandezza sia espressa con gli esponenti di ogni grandezza fondamentale nulli, si dice che tale grandezza ha dimensione nulla, ovvero $[G]=1$. Se tutte le dimensioni fondamentali sono elevate a zero, si ha infatti come risultato uno. I numeri sono adimensionali, gli angoli (Probl.1.4) risultano adimensionali, gli argomenti della funzione esponenziale (in e^x si ha che x deve essere adimensionale) e delle funzioni trigonometriche sono adimensionali.

Il sistema internazionale adotta come separatore per le cifre decimali la virgola, ma vista l'evoluzione dell'utilizzo del punto, soprattutto a causa della diffusione dei computer, ne ammette la possibilità dell'utilizzo.

Nel seguente testo useremo il *punto* come *separatore per le cifre decimali*, per una maggiore chiarezza grafica, in accordo anche con quanto richiesto dall'editore.

In alcuni casi, anche nel corso di laboratorio, può risultare più pratico utilizzare il *sistema* cosiddetto *CGS*, che attribuisce alla lunghezza l'unità di misura del centimetro (cm = 10^{-2} m), alla massa il grammo (g = 10^{-3} kg) al tempo sempre il secondo (s) .

Per non appesantire ora il lettore, eventuali indicazioni sulle unità di misura saranno fornite, dove necessario, se utilizzate.

1.3 L'analisi dimensionale

L'*analisi dimensionale* è uno strumento molto potente, che gli studenti devono usare quasi d'istinto in ogni loro passaggio nella derivazione di relazioni tra grandezze.

Per il corso di laboratorio risulta indispensabile, in quanto si forniscono leggi fisiche da verificare, senza che si siano necessariamente derivate. La *condizione necessaria*, ma *non sufficiente*, che permetta di controllare la correttezza del modello teorico o del calcolo, è appunto l'analisi dimensionale.

Sulla base dei criteri, che definiscono una grandezza fisica, ovvero il criterio di uguaglianza ed il criterio di somma, non è possibile, né confrontare, né sommare due grandezze, se non sono omogenee: se non hanno la stessa dimensione e siano espresse nella stessa unità di misura.

Una relazione del tipo $a = b$ deve soddisfare non solo l'uguaglianza numerica, ma anche la dimensione e la rispettiva unità di misura (espressa anche come multipli o sottomultipli in modo coerente).

Se esprimiamo con numeri ed unità di misura due grandezze A e B nel seguente modo "num_A u.m.$_A$ = num_B u.m.$_B$", questa relazione vale, se le grandezze sono omogenee, ovvero stessa dimensione, se i valori numerici sono uguali e anche le unità di misura sono le stesse.

Stessa considerazione vale per il criterio di somma: posso sommare grandezze, che abbiano la stessa dimensione e conseguentemente la stessa unità di misura. Quindi un'equazione del tipo $a = b + c$ vale in fisica, se le dimensioni di a, che si indicano con $[a]$, sono le stesse delle dimensioni di $[b + c]$, dove ovviamente per poter sommare b e c necessariamente le dimensioni devono essere le stesse: $[b]=[c]$. A livello operativo, calcoli o misure, per dimensioni intendiamo anche le unità di misura usate, se al primo membro per a, nel caso di una lunghezza, usiamo i metri, non possiamo esprimere $b + c$ in centimetri. Come non possiamo sommare b espresso in m direttamente con c espresso in cm.

Facciamo un esempio che chiarisca come comportarsi. Gli esercizi proposti, sono a loro volta un buon campo di prova.

Esempio α .... α .... $\aleph$ .... $\aleph$

Supponiamo di trovarci nel caso del moto uniforme la cui legge è:

$$x = x_0 + v_0 t \, ,$$

da cui vogliamo, misurati posizione iniziale (x_0) e la la posizione x ad un dato tempo t, fornire la velocità v_0. Sebbene non abbiamo ancora parlato di come e cosa significa con precisione misurare, è opportuno capire, che la formulazione matematica è fondamentale per misurare.

Per ora consideriamo x, x_0 e l'intervallo (t), intercorso tra l'istante in cui abbiamo osservato il corpo in x_0 e quello in cui l'abbiamo osservato nel punto x, come variabili. Allora esprimeremo la velocità come

$$v_0 = \frac{x - x_0}{t} \, ,$$

e consideriamo le dimensioni, per $[v_0]$ al primo membro si ha L T^{-1}, in quanto velocità. Per il criterio di uguaglianza, quanto espresso nel secondo membro deve avere le stesse dimensioni del primo membro. Consideriamo il numeratore del secondo membro, per il criterio di somma devo avere grandezze, che abbiano la stessa dimensione, ed infatti $[x] = [x_0] =$ L, ci siamo, allora posso sommarle tra loro ed $[x - x_0] =$ L.

Il secondo membro risulta $[(x - x_0)/t] =$ L T^{-1}, dividendo lo spazio per il tempo.

Questa analisi, con i soli simboli delle dimensioni, va bene ai fini della verifica dell'equazione, ma potrebbe sfuggire un errore diffusissimo, soprattutto quando in laboratorio bisogna fornire la misura. L'equazione sarà utilizzata in modo corretto, se si considerano le dimensioni corredate dalle rispettive unità di misura appropriate. La velocità a primo membro va espressa secondo il sistema internazionale in m s^{-1}. La somma o sottrazione tra x ed x_0 si può fare, se entrambe sono espresse in m, il secondo membro alla fine risulterà appropriato, se divideremo lo spazio espresso in metri (m), per il tempo espresso in secondi (s). L'analisi dimensionale risulterà fondamentale, se esprimiamo le dimensioni con le rispettive unità di misura omogenee.

$\sqsupset$ .... $\sqsupset$ .... ω .... ω

Evidenziamo ancora che

perché una formula sia correta la condizione necessaria, ma non sufficiente, è che le dimensioni delle grandezze, che si sommano e si uguagliano, siano le stesse.

Passo successivo, nel riportare i valori numerici e le unità di misura, bisogna stare attenti all'uniformità tra loro.

Per il corso di laboratorio, l'approccio sperimentale non presuppone la derivazione delle leggi fisiche, ma la loro verifica sperimentale, percui è fondamentale, che lo studente acquisisca una certa abilità, nel *controllare* le leggi teoriche fornite e si eserciti con questo strumento, in quanto è indispensabile, per assicurarsi che non ci siano errori *a priori* già nelle leggi date.

Tale strumento è indispensabile per controllare inoltre, che egli stesso non introduca errori di calcolo nel processo di analisi e propagazione delle incertezze.

Per questo motivo nel corso di questo testo, sarà richiamata l'analisi dimensionale, come verifica della derivazione di formule relative alla teoria delle incertezze, ed invitiamo vivamente lo studente a svolgere i seguenti problemi.

Problemi

1.1. Con l'utilizzo dell'analisi dimensionale verificare, se la seguente relazione è corretta:

$$x = x_0 + mv_0 + \frac{5}{7}at \,,$$

dove si esprimono $[x]=[x_0]=$L, $[v_0] =$ L T^{-1}, $[m] =$ M, $[a]=$L T^{-2} ed infine $[t]=$T.

1.2. Con l'utilizzo dell'analisi dimensionale verificare, se la seguente relazione è corretta:

$$\frac{1}{v'} - \frac{1}{v} = \frac{h}{m_e c^2}(1 - cos\theta) \,,$$

dove si esprimono v e v' in s^{-1} (o hertz per cui si usa il simbolo Hz), h in J s, m_e in kg ed infine c in m s^{-1}.

1.3. Chiarire mediante l'analisi dimensionale, se le seguenti relazioni sono corrette:

$$T = 2\pi\sqrt{\frac{l}{g}} \text{ oppure } T = \frac{1}{2\pi}\sqrt{\frac{l}{g}} \,.$$

Si chiarisca, grazie a tale esempio, l'affermazione: l'analisi dimensionale è condizione necessaria, ma non sufficiente, perché una formula sia corretta.

1.4. Lo sviluppo in polinomi di Taylor di sen θ, dove θ è espresso in radianti, risulta:

$$\text{sen}\theta \overset{Taylor}{\approx} \theta - \frac{1}{3!}\theta^3 + \frac{1}{5!}\theta^5 \cdots$$

utilizzare tale sviluppo per chiarire, che l'angolo θ ha dimensione nulla, e quindi è adimensionale.

1.5. Verificare mediante l'analisi dimensionale la relazione:

$$f = \frac{2}{\pi R}\left(\frac{1}{2}mv^2 - mgR\right) ,$$

dove per la prima equazione f è espressa in N, R in m, m in kg, v in m s^{-1} e g in m s^{-2}.

1.6. Verificare mediante l'analisi dimensionale la relazione:

$$v = \sqrt{v_l^2 + 2\mu_k g D}$$

dove $[v]=[v_1]= $ L T^{-1}, $[\mu_k]=1$, $[g]=$L T^{-2} e $[D]=$L. Chiarite la differenza tra l'analisi dimensionale di questo esercizio e del precedente. Prendere confidenza del fatto che per l'espressione del risultato di una misura è più utile l'analisi espressa come nel Probl.1.5.

2

Le incertezze nelle misure

In questo capitolo vengono presentati i vari tipi di incertezza, che si riscontrano nella misura di una grandezza fisica. Viene proposto il modo, in cui si presenta una misura, e vengono catalogati i vari tipi di incertezza: casuale, sistematica di lettura e di accuratezza.

Vengono presentati i modi, in cui si combinano tra loro, per fornire l'incertezza totale.

Definire le categorie ed etichettare le incertezze è in stretta connessione con le indicazioni delle proprietà degli strumenti utilizzati, per i quali si fornisce anche una descrizione generale.

2.1 Incertezza nella misura di una grandezza

La fisica si propone di misurare le grandezze, che significa assegnare un numero x, che indichi il rapporto rispetto ad una grandezza omogenea, universalmente riconosciuta e definita come campione $\{X\}$, e la grandezza da misurare X. Tale numero è dato dalla relazione:

$$x = \frac{X}{\{X\}} \ .$$

Spesso tale operazione viene sottintesa e si parla indistintamente della *grandezza* X o della sua *misura* x. Di seguito distingueremo, ove necessario e per non creare confusione, se parliamo della grandezza o della sua misura, indicando in corsivo maiuscolo la grandezza ed in corsivo minuscolo la sua misura.

L'*incertezza* (detta anche *errore*) nella fisica classica è data da limitazioni *strumentali*, e dalla difficoltà nell'isolare completamente un fenomeno fisico, al punto da evitare variazioni della misura, dette "*casuali*": queste ultime per ora le accettiamo per il loro significato etimologico, come dovute al caso: non siamo in grado di evitarle e non ne conosciamo l'origine.

Tali incertezze verranno ben catalogate e definite sulla base di una particolarità: se compaiono con un certo valore, si ha la stessa probabilità, che si presentino con il segno meno o con il segno più rispetto al "valore vero" della grandezza.

G. Ciullo, *Introduzione al Laboratorio di Fisica*, UNITEXT for Physics,
DOI: 10.1007/978-88-470-5656-5_2, © Springer-Verlag Italia 2014

L'avvento della fisica quantistica ha "limitato" ulteriormente le prospettive di riduzione delle incertezze, quando cerchiamo di conoscere la natura dal punto di vista microscopico.

Questa limitazione, può essere intuitivamente concepita nel mondo macroscopico, supponendo di essere privi di vista e di avere a disposizione solo il tatto, per studiare il moto di un corpo, che scivola su un piano inclinato.

Possiamo prendere una bilia collocarla in alto su un piano inclinato[1], ma per localizzarla nei tempi successivi, dobbiamo intervenire sul processo, a tentoni, perturbando il moto del corpo: siamo in grado di dare la posizione della bilia, in una porzione di spazio data dalle dimensioni delle nostre dita, nel fornire la velocità abbiamo tale limitazione. Inoltre non possiamo dire nulla sul suo moto successivo. Per poter studiare completamente il processo, dovremmo preparare di nuovo la misura nelle stesse condizioni iniziali, eppoi andare a "toccare", e ripetere le misure[2].

Questo limite naturale viene formalizzato in modo matematicamente rigoroso dal principio di indeterminazione di Heisenberg, che afferma che l'incertezza (δ) sulla posizione x di un elettrone in un atomo e l'incertezza sulla sua quantità di moto p ($p = mv$ dove m è la massa dell'elettrone e v la velocità) risultano vincolate tra loro dalla relazione $\delta x \, \delta p \gtrsim h$, dove h è la costante di Planck. Se determiniamo con precisione la posizione di un corpo di massa m, quindi con incertezza $\delta x = 0$, avremo un'incertezza infinita δp sulla sua quantità di moto.

L'incertezza risulta essere inevitabile nell'osservazione delle leggi naturali, di conseguenza lo studio e la sua valutazione sono fondamentali, per fornire una descrizione quantitativa dei fenomeni.

In ogni situazione, o campo, una condizione imprenscindibile per un fisico, o un tecnologo, è non ritenere attendibile una misura, che non sia accompagnata dall'incertezza.

Questo certamente sembrerà agli studenti in contrasto, con quanto si studia nei corsi di fisica, dove si assume che ogni valore dato per una grandezza, da usare negli esercizi, sia preciso[3].

Useremo come simbolo per l'incertezza la lettera minuscola delta (δ) dell'alfabeto greco, attribuendo a tale simbolo la totalità delle incertezze e chiamandola appunto *incertezza totale*. L'uso della lettera minuscola presuppone, che tale incertezza sia sufficientemente piccola.

---

[1] Come ogni esempio quantistico, nel tentativo di chiarirlo con un modello "classico" si incorre in qualche, diciamo, licenza didattica, in realtà anche la preparazione dello stato iniziale sarebbe indeterminata in quanto soggetta al principio di indeterminazione di Heisenberg.

[2] Precisamente si dovrà parlare di insiemi statistici.

[3] Si considerano solo arrotondamenti sulla base del numero di cifre significative.

La misura di una grandezza fisica *deve essere presentata* nel modo seguente:

$$x = x_{ms} \pm \delta x \, .$$

La misura x di una grandezza X va riportata con

- un valore numerico, che riteniamo la *migliore stima* (il pedice *ms* sta per migliore stima), che fornisce il rapporto della grandezza rispetto ad un campione di riferimento,
- e corredata di $\pm$ un'incertezza, espressa con un numero in valore *assoluto*, etichettata con il simbolo δ e detta anche *incertezza assoluta totale*, che fornisce il rapporto dell'incertezza rispetto ad un campione di riferimento.

Significa affermare, che la nostra misura x della grandezza X possa essere compresa nell'intervallo

$$x_{ms} - \delta x \leq x \leq x_{ms} + \delta x \, .$$

Questi valori numerici sono riferiti all'unità di misura della grandezza omogenea (multipli o sottomultipli) e le unità di misura devono essere concordi.

Per esempio la misura di una lunghezza si riporterà come:
$$l = 5.00 \pm 0.04 \text{ m } (\textbf{sì});$$
$$\text{oppure}$$
$$l = 500 \pm 4 \text{ cm } (\textbf{sì}).$$

Una misura riportata come segue:

$$l = 5.00 \text{ m} \pm 4 \text{ cm } (\textbf{no}),$$

non risulta accettabile, perché meno lineare nella scrittura, nella lettura, nonché soprattutto può portare a confusioni nei calcoli successivi.

Abbiamo attribuito al simbolo delta (δ) il significato di incertezza *totale* in valore assoluto. Vediamo di cosa si compone questo totale e che cosa si intende per l'intervallo individuato da $\pm \, \delta x$.

Per chiarire, quali incertezze contribuiscono e come vanno interpretate, seguiamo un approccio mediante modi e metodi di misura. Partiamo dal caso di una misura diretta, eppoi considereremo altre situazioni.

2.2 Misure dirette ed incertezze: misura singola

Iniziamo con il descrivere le *misure dirette* di grandezze fisiche ed anticipare alcune considerazioni generali. In seguito ci interesseremo alle *misure indirette* e di come si propaghino su di esse le incertezze delle misure dirette.

Incertezze di lettura da scale graduate

Partiamo dalla misura della grandezza più semplice e comune: la lunghezza. Cercheremo di definire nel dettaglio i vari tipi di incertezze, partendo da situazioni semplici e frequenti in un laboratorio.

Supponiamo di voler misurare la lunghezza di una matita, mediante l'utilizzo di un regolo calibrato (per ora per il termine calibrato intendiamo certificato, che sia equivalente al campione di riferimento).

Si parla di misura *diretta* della grandezza x, quando viene effettuata mediante confronto diretto con regoli o mediante l'utilizzo di strumenti sensibili alla grandezza da misurare. Per esempio la misura della velocità di un'auto risulta diretta, se utilizziamo il tachimetro a bordo.

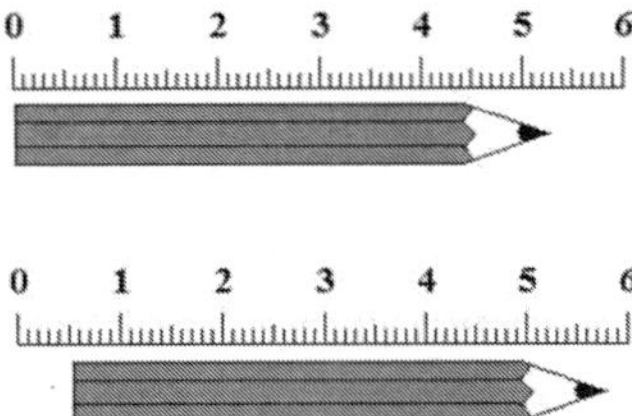

Figura 2.1 Misura diretta di una matita con un regolo: nell'immagine superiore, allineando le parti iniziali sia del regolo che della matita. Nell'immagine inferiore senza allineamento delle parti iniziali.

Si parla invece di misura *indiretta*, quando viene dedotta grazie a leggi (relazioni funzionali), che descrivono una relazione della grandezza con altre, misurate direttamente, o a loro volta anche indirettamente.

Per tornare all'esempio dell'auto, possiamo fornire la misura della velocità (media) di un'auto, mediante il rapporto tra la misura diretta dello spazio percorso, effettuata con un regolo, e la misura diretta, effettuata con un cronometro, dell'intervallo di tempo impiegato a percorrerlo.

Ci proponiamo per ora di stimare l'incertezza nella misura diretta. Prendiamo l'esempio riportato in Fig. 2.1 mediante l'utilizzo di un regolo. La quantità minima, graduata su una scala è detta *risoluzione* o *unità fondamentale di lettura* dello strumento (abbreviato anche come u.f.).

Nell'esempio in Fig. 2.1 abbiamo una risoluzione di un millimetro. Avremo un'incertezza dovuta alla lettura di questa scala, detta *incertezza di lettura o di risoluzione*.

Per chiarire come comportarci, osserviamo il caso in alto in Fig. 2.1, dove supponiamo di poter appoggiare le parti iniziali del regolo e della matita su una superficie perfetta, ortogonale ad essi. Quindi la parte iniziale della matita, corrisponde a quella del regolo, su una superficie ideale per giunta, mentre la parte finale della matita (la punta) si potrebbe trovare tra due tacche, o più vicina ad una delle due, o ancora proprio su una tacca.

Ed ecco già l'intoppo della soggettività dell'operatore, mentre si parla sempre della fisica come scienza oggettiva.

Per venirne fuori, bisogna stabilire delle regole, che vengano accettate in modo universale e quindi siano, in quanto tali non vincolate ad una decisione del singolo soggetto.

Nel caso in cui la punta della matita si trovi tra due tacche del regolo, risulta una *convenzione conservativa* fornire come incertezza di lettura metà dell'unità fondamentale (metà della risoluzione).

Una situazione particolare sarebbe quella, in cui la punta finisce proprio sulla tacca, ma anche in questo caso rimarrebbe un'indeterminazione sullo spessore della tacca in sé .

Se si ritiene di poter risolvere sottomultipli dell'unità fondamentale, si può fornire una stima di buon senso, del valore e dell'incertezza. Questo può essere il caso in cui l'unità fondamentale è ben larga e distinguibile.

Usiamo la convenzione che l'incertezza di lettura è data da metà della risoluzione, sarà uniforme a quanto vedremo per i sistemi digitali, e più pratica anche per l'analisi di dati misurati con lo stesso strumento[4].

Forniamo quindi la misura l della lunghezza della matita, per l'immagine superiore in Fig. 2.1, dove la punta è in prossimità della tacca 53, nel modo seguente:

$$l = 53 \pm 0.5 \text{ mm} \ ,$$

precisando che l'*incertezza* è dovuta alla *risoluzione* dello strumento, o equivalentemente che è un'*incertezza di lettura*.

Nelle misure dirette l'incertezza di lettura è già fornita dal dato registrato, in quanto è evidente l'unità fondamentale: la lettura del valore 53 mm, è multiplo dell'unità fondamentale.

Nell'immagine superiore di Fig. 2.1 siamo sicuri, che l'inizio della matita corrisponda precisamente con lo zero del regolo. Ma ci si potrebbe anche trovare nella situazione dell'immagine inferiore in Fig. 2.1, percui si ha un'incertezza anche sull'inizio.

L'incertezza della misura dipende non solo dallo strumento, ma anche dal modo, in cui viene condotta la misura.

Questo modo dipende dalle condizioni operative a seconda delle situazioni concrete, se avete un regolo, che non inizia precisamete con lo zero, non potete metterlo contro una parete o una superficie piana.

Ritorneremo sul secondo caso, quando affronteremo la propagazione delle incertezze (Cap. 4) nelle relazioni funzionali, in quanto otterremo la lunghezza della matita dalla differenza della lettura della posizione finale meno quella iniziale.

Se riusciamo a mettere regolo e matita contro una parete e misuriamo, dove si colloca la fine, allora possiamo parlare di misura diretta. Se invece possiamo solo misurare l'inizio (lettura x_1) e la fine della matita (lettura x_2), sono due misure dirette per entrambe le posizioni, ma per la lunghezza dovremo considerare la loro

---

[4] Nella stima cosiddetta a priori, dell'incertezza, in fase preparatoria o progettuale dell'esperimento usiamo la risoluzione degli strumenti utilizzati per fornire l'incertezza a priori.

differenza, dalla quale ottenere "indirettamente" la lunghezza della matita secondo la relazione $l = x_2 - x_1$.

Quindi una misura diretta è solo quella effettuata per confronto diretto, o con uno strumento sensibile alla grandezza da misurare, che non richieda operazioni matematiche o relazioni funzionali.

Incertezze di lettura da misure con visualizzatori

Abbiamo considerato lo strumento più semplice per chiarire alcuni argomenti relativi all'incertezza di lettura. Questi sistemi con lettura su scala graduata, vengono chiamati *sistemi analogici*. Oggi sono molto diffusi anche strumenti a "visualizzazione *digitale*".

Per chiarire come comportarsi, mettiamo a confronto il sistema digitale con quello analogico. Prendiamo due sistemi, che misurino la stessa grandezza, uno con scala graduata, sistema analogico, l'altro con visualizzatore digitale.

Per esempio per la misura della temperatura in una stanza, prendiamo un termometro a mercurio (Fig. 2.2**a**) ed uno digitale (Fig. 2.2**b**).

Figura 2.2 Sistemi di misura più diffusi: **a**) scala graduata e **b**) visualizzatore digitale.

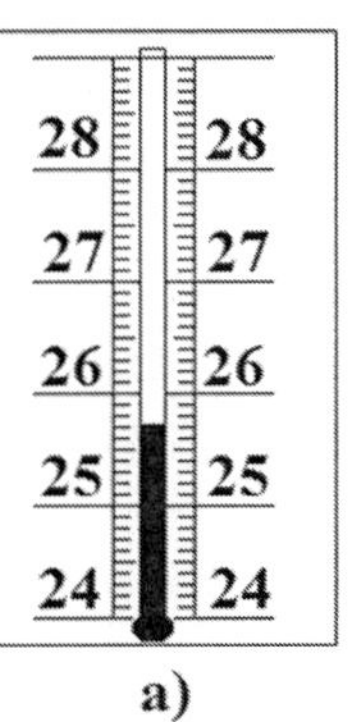

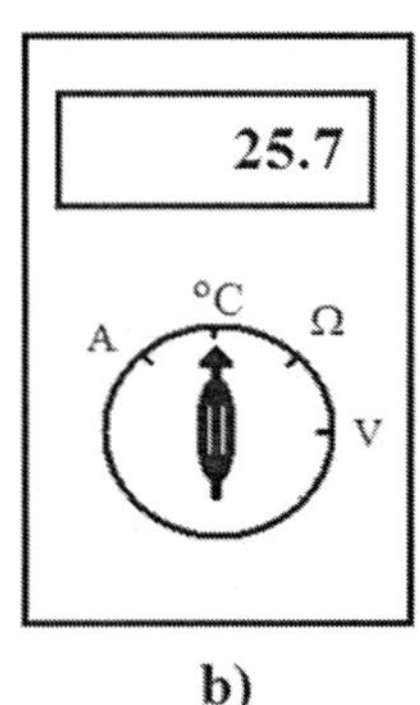

Si osserva per il caso del termometro analogico, che il livello di mercurio si colloca vicino alla tacca 25.7 °C, e non si è in grado di risolvere meglio tale osservazione. Presentiamo come incertezza di lettura la metà dell'unità fondamentale o risoluzione. Si riporterà quindi la misura della temperatura come:

$$T = 25.7 \pm 0.05 \,°C \,(\text{misura con scala o strumento analogico}).$$

Consideriamo ora il caso del visualizzatore digitale, sul quale si legge il valore 25.7 °C, l'unità fondamentale è, in questo caso, il minimo, che lo strumento riesce a risolvere, ovvero 0.1 °C, che non è altro che la risoluzione dello strumento.

Con gli strumenti digitali, risulta più accettabile la descrizione dell'incertezza di lettura, rispetto alla risoluzione. Se leggiamo 25.7 °C, questo valore potrebbe risultare a partire da un minimo 25.65 °C ad un massimo 25.74 °C. Anche in questo caso risulterà opportuno riportare come misura:

$$T = 25.7 \pm 0.05 \; °C \;\; \text{misura con strumento digitale,}$$

in questo modo è stato incluso quasi tutto l'intervallo dei possibili valori, con motivati arrotondamenti, tenendo conto che per l'incertezza si fornisce un valore approssimato.

Quindi sia con lo strumento analogico, che con quello digitale, nel caso di una *misura diretta* e nel caso che si osservi *solo un valore* in lettura, si riporta come migliore stima il *valore letto* e come incertezza la *metà della risoluzione* strumentale. Questa incertezza, *strumentale di lettura*, è dovuta alla risoluzione dello strumento utilizzato.

Continuiamo ancora con l'osservazione della misura diretta con strumenti sensibili alla grandezza sotto osservazione, per introdurre di seguito le incertezze dette di accuratezza.

Incertezze di accuratezza

Nelle misure dirette di grandezze altre incertezze possono derivare dalla non *taratura* (o *calibrazione*) del regolo.

Problema che potrebbe scaturire per difetti di costruzione, per usura nel tempo, per utilizzi impropri e vari altri motivi. Questo tipo di incertezza è detta anche *strumentale* ma "*di accuratezza*".

Per un regolo ci si potrebbe aspettare, che si sia dilatato o contratto.

Un esempio più semplice sarebbe il nostro termometro analogico. Cosa succede se tutto il sistema bulbo-capillare del termometro si abbassa rispetto alla scala graduata[5]?

Ogni lettura di temperatura sarà falsata di un valore sempre positivo, quindi sempre con lo stesso segno.

Supponiamo di poter controllare, con un altro termometro, o con un processo attendibile e riproducibile (per esempio punto di fusione del ghiaccio e punto di ebollizione dell'acqua distillata) il termometro e notare che tutta la scala graduata risulta più in alto di di 2 °C. Allora ad ogni nostra misura dovremmo sottrarre 2 °C.

Questo processo di "controllo" viene detto *calibrazione* o *taratura* dello strumento. E tali incertezze sono dette sistematiche di *accuratezza*.

---

[5] Se osservate, p.e. i termometri di utilizzo domestico, il bulbo-capillare è vincolato a volte con semplici fili metallici.

Uno strumento scientifico, ben calibrato e ben funzionante, per costruzione deve avere un'incertezza di accuratezza inferiore e quindi trascurabile rispetto alla sua risoluzione.

Pensiamo al metro, assumeremo che, se la risoluzione è un mm, sicuramente l'incertezza sull'accuratezza, in quanto fornita dalla ditta per costruzione, sulla base di una calibrazione, sarà inferiore alla risoluzione e quindi trascurabile.

Per il termometro analogico, vale la stessa considerazione, ovvero assumeremo che l'incertezza di accuratezza sia inferiore all'incertezza di risoluzione–lettura.

Il problema dell'accuratezza risulta più articolato per sistemi elettronici o digitali, per i quali le case produttrici forniscono indicazioni sui manuali. Di solito sono fornite come incertezze percentuali e possono variare a seconda delle condizioni ambientali o degli intervalli di misura, in questo caso avremo l'indicazione di un intervallo, entro il quale può trovarsi la misura (comunque l'incertezza sarà sempre dello stesso segno).

Senza prolungarci troppo etichettiamo questo tipo di incertezza come η, possiamo trovarci nel caso, in cui abbiamo calibrato lo strumento, come per il termometro, mediante confronto, o con leggi fisiche di controllo per cui potremmo riportare l'incertezza di accuratezza come

$$+ \text{ oppure } - \eta,$$

dove individuiamo precisamente il segno.

O nel caso in cui, secondo quanto fornito dalla casa costruttrice, ci venga fornito un intervallo di incertezza, senza indicazione del segno, quindi avremo come descrizione:

$$\pm\eta.$$

Le incertezze di accuratezza possono derivare da deformazioni, usura, malfunzionamento degli strumenti e non si potrebbero rilevare, se non per confronto con altri strumenti ritenuti tarati (o calibrati).

Altre incertezze di accuratezza potrebbero derivare proprio dalla lettura sbagliata dell'*operatore*.

Vedremo come catalogare le incertezze sulla base di come si presentano, o delle loro proprietà, piuttosto che dal soggetto, che le potrebbe determinare. L'operatore potrebbe fornire un'incertezza casuale sempre di lettura, come vedremo di seguito, quando affronteremo tali tipi di incertezze.

Una considerazione preliminare alla misurazione è che si deve cercare di eliminare le incertezze, che è possibile evitare.

È formativo, per chi si avvicina allo studio delle leggi naturali, capire, che parte integrante del processo di misura è l'osservatore stesso.

L'osservatore, con la sua attenzione e cura, cerca di farsi "interprete" di quanto la natura voglia comunicare, anche se l'osservatore interagisce con gli strumenti e il processo fisico stesso.

2.3 Incertezze casuali: misure ripetute

Abbiamo visto come riportare una misura, nel caso in cui, nelle stesse condizioni ambientali o sperimentali, non si osservi alcuna variazione del valore misurato.

Abbiamo osservato il termometro digitale, che registrava un solo valore.

Supponiamo invece che, sempre in condizioni ambientali o sperimentali invariate, i valori sul visualizzatore del termometro digitale varino senza alcuna evidente motivazione.

Possiamo fare una serie di ipotesi: correnti d'aria, non sufficiente isolamento della stanza, che permetta una regolazione costante della temperature, ecc., l'operatore che alita sulla parte sensibile del termometro.

Dopo aver cercato di eliminare qualsiasi perturbazione, vediamo, che ancora non siamo in grado di "evitare" delle variazioni, sebbene magari ridotte.

Dobbiamo fornire la misura della temperatura della stanza e quindi dobbiamo trovare un modo per presentare la nostra misurazione.

Si potrebbero presentare due casi, oltre a quanto già discusso per il caso di una lettura sempre costante:

- *1° caso*: le letture oscillano solo tra due valori per esempio tra 25.7 °C e 25.6 °C.
- *2° caso*: rileviamo le misure ogni intervallo di tempo prefissato e registriamo la seguente serie di valori: 25.7, 25.6, 25.7, 25.8, 25.5, 25.9, 25.7, 25.8, 25.6 espressi sempre in °C.

In entrambi i casi si osserva una maggiore incertezza sulla misura, e ci poniamo il problema di quale migliore stima possiamo fornire del valore misurato.

In questa prima parte daremo indicazioni di come si procede, le motivazioni saranno chiare nel corso del libro (Cap. 8).

Nel caso di osservazioni diverse nella misura della stessa grandezza, si considera come *migliore stima della misura* (x_{ms}) la *media aritmetica* di tutte le misure x_i. La media aritmetica di una serie di misure x_i viene indicata con un trattino sopra $\bar{x}$. Nel caso di n valori misurati $x_1\ x_2\ \cdots\ x_n$ si ha:

$$\bar{x} = \frac{x_1 + x_2 + \cdots + x_n}{n}\ .$$

Risulta di più chiara lettura, e migliore utilizzo per le dimostrazioni teoriche, se scritta nel modo seguente:

$$\bar{x} = \sum_{i=1}^{n} x_i \bigg/ n\ ,$$

dove x_i è ogni singola misura registrata, n il numero totale di dati, il simbolo $\sum_{i=1}^{n}$ indica la sommatoria di indice i da uno ad n.

Si considera come *migliore stima dell'incertezza* la cosiddetta *deviazione standard del campione* σ_x, definita nel seguente modo:

$$\sigma_x = \sqrt{\sum_{i=1}^{n} (x_i - \bar{x})^2 \bigg/ (n-1)}\ .$$

Il perché di queste scelte sarà presentato in modo intuitivo in questa prima parte del libro e giustificato in modo rigoroso nella seconda parte.

Applichiamo già queste formule al secondo caso, in cui si ha che la media risulta:

$$\overline{T} = \frac{(25.7 + 25.6 + 25.7 + 25.8 + 25.5 + 25.9 + 25.7 + 25.8 + 25.6)\ °\text{C}}{9} = 25.7\ °\text{C},$$

quindi forniremo come migliore stima della temperatura T_{ms} = la media $\overline{T}$, e come incertezza la deviazione standard del campione:

$$\sigma_T = \sqrt{\textstyle\sum_{i=1}^{9}(T_i - \overline{T})^2/(9-1)} =$$
$$= \sqrt{\left[(25.7 - 25.7)^2 + (25.6 - 25.7)^2 + \cdots + (25.6 - 25.7)^2\right]/(9-1)}\,,$$

da cui si ricava $\sigma_T = 0.12\ °\text{C}$ (il risultato è stato arrotondato a due cifre significative, argomento che verrà affrontato a breve). Quindi forniremo come migliore stima di T 25.70 °C e come incertezza casuale $\sigma_T = 0.12\ °\text{C}$.

L'utilizzo della *sommatoria* non è finalizzato al solo calcolo delle medie e delle deviazioni standard. Si consiglia allo studente di *prendere dimestichezza con questo operatore* già da adesso, perché sarà ricorrente nella seconda parte per chiarimenti e dimostrazioni nella teoria delle incertezze.

La *deviazione standard del campione* è una buona stima dell'*incertezza casuale*.

Ma quanto buona è questa stima e sulla base di cosa la definiamo tale e quanti dati servono?

Osserveremo che la deviazione standard del campione, per variabili casuali e campioni superiori a trenta, permette di affermare che $\approx$ il 68 % delle misure si trovino nell'intervallo $x_{ms} - \sigma_x \leq x \leq x_{ms} + \sigma_x$, questa affermazione riguarda anche la previsione sulla probabilità di ottenere un determinato valore in misure successive.

Combinazione delle varie incertezze

Abbiamo introdotto già diversi tipi di incertezze, rimane da chiarire ancora come combinarle tra loro, facendo attenzione a cosa descrive ogni incertezza e cosa si vuole rappresentare con numeri, che indicano la misura e la sua incertezza.

Partiamo dall'incertezza dovuta alla risoluzione dello strumento, che abbiamo definito di lettura o di risoluzione, ed introduciamo il simbolo ε, per etichettare questa incertezza.

Nel presentare una misura con questa incertezza, dichiariamo, che ci aspettiamo, invece, che il 100 % delle misure cadono nell'intervallo $x_{ms} - \varepsilon_x \leq x \leq x_{ms} + \varepsilon_x$. Per l'esempio della misura con i termometri è evidente che il valore può essere uno qualsiasi tra 25.65 e 25.74, percui tutti i possibili valori sono compresi nell'intervallo $T = 25.7 \pm 0.05$ °C, il 100 % . Sia dei dati osservati che delle previsioni di misure, successive, nelle stesse condizioni e con la stessa strumentazione.

Affrontiamo il problema di come combinare incertezze diverse in modo intuitivo, ritornando al *1° caso*, in cui la misura oscilla continuamente tra due soli valori con la differenza di una unità fondamentale dello strumento.

Per lo strumento che abbiamo utilizzato, l'unità fondamentale è 0.1 °C e i due valori osservati sono 25.7 °C e 25.6 °C.

Possiamo fornire come miglior stima della misura la media $T_{ms} = \overline{T} = 25.65$ °C.

Nel calcolo della deviazione standard del campione si osserva che all'aumentare del numero di misure questa tende a 0.05 °C (provate con la vostra calcolatrice a calcolare nel caso di n misure, σ_x con $n/2$ valori pari 25.6 °C ed $n/2$ valori pari a 25.7 °C ed osservate l'andamento all'aumentare di n).

Potremmo quindi fornire la misura con un'incertezza casuale :

$$T = 25.65 \pm 0.05_{cas} \text{ °C,}$$

dove con il pedice $_{cas}$ abbiamo evidenziato proprio l'incertezza casuale.

Per la risoluzione dello strumento in uso, la lettura 25.6 °C potrebbe cadere nell'intervallo 25.55 – 25.64 °C, mentre la misura 25.7 °C potrebbe essere compresa tra 25.65 – 25.74 °C.

Se forniamo la misura 25.65 $\pm$ 0.05 °C, non abbiamo incluso tali intervalli, percui dovremmo aggiungere anche l'errore di lettura, ovvero avremo come risultato:

$$T = 25.65 \pm 0.05_{cas} \pm 0.05_{lett} \text{ °C.}$$

Questo modo di combinare le incertezze viene detto *somma lineare* tra le incertezze casuali (etichettati con $_{cas}$) e quelle sistematiche di lettura$_{lett}$, si ha pertanto che:

$$\text{incertezza totale } \delta T = 0.05 + 0.05 \text{ °C} = 0.1 \text{ °C,}$$

che ribadiamo abbiamo ottenuto dalla *somma lineare* delle incertezze casuale e di lettura. La statistica sulla base dell'indipendenza tra l'incertezza casuale e quella strumentale ci permette di fornire come miglior stima dell'incertezza la cosiddetta *somma in quadratura*:

$$\text{incertezza totale } \delta T = \sqrt{0.05^2 + 0.05^2} \text{ °C} = 0.07 \text{ °C.}$$

Possiamo intuire quanto sopra: se abbiamo che si osservano solo due valori, ci aspettiamo che ci sia una probabilità maggiore che il valore vero sia centrato proprio fra le due letture, percui sarà meno probabile, che il valore arrivi agli estremi 25.55 °C o 25.74 °C , inclusi nella somma lineare.

È necessario anticipare ora quanto osserveremo alla fine di questo percorso, utilizzando termini, che saranno chiariti in seguito.

In statistica l'incertezza su una misura viene interpretata come dispersione dei risultati della misura da un valore atteso. Tale dispersione viene descritta dalla varianza.

La varianza nel caso delle incertezze di tipo casuale risulta pari al quadrato della deviazione standard.

Osserveremo che nel caso di una variabile, che abbia una probabilità uniforme, che vuol dire che qualsiasi valore nell'intervallo ha la stessa probabilità (quindi 100 %), come il caso dell'incertezza di lettura, si può fornire la varianza, che risulterà $\varepsilon^2/3$.

In un corso di laboratorio del primo anno, con la scusa di semplificare la vita agli studenti, spesso si incorre in imprecise affermazioni.

Rimane una regola o scusa di base, che può essere tollerata per un corso introduttivo, ma che purtroppo poi si trascina anche negli studi futuri.

La *somma lineare* viene "accettata" in quanto è un *limite superiore*, percui l'incertezza non può essere maggiore.

La considerazione suddetta sulla somma tra incertezze casuali e incertezze dovute alla risoluzione vale anche per più misure come espresso nel secondo caso.

Infatti per il *2° caso* l'incertezza totale sarà data da:

$$\text{incertezza totale} \quad \delta T = 0.12 + 0.05 = 0.17\,°\text{C}$$

$$\text{oppure}$$

$$\text{somma in quadratura} = \delta T = \sqrt{0.12^2 + 0.05^2}\,°\text{C} = 0.13\,°\text{C}.$$

Iniziano a comparire una serie di incertezze e forse è opportuno etichettarle in modo definitivo. Useremo per l'*incertezza casuale* di una grandezza x il simbolo σ_x, che non è altro che la deviazione standard del campione, etichetteremo invece l'incertezza di lettura con il simbolo ε_x. Si osservi che per la somma in quadratura:

$$\delta x = \sqrt{\sigma_x^2 + \varepsilon_x^2}$$

se l'*incertezza* dovuta alla *risoluzione* dello strumento, è maggiore dell'incertezza casuale

$$\varepsilon_x >> \sigma_x,$$

ci aspettiamo di non osservare le fluttuazioni statistiche, quindi è dominante ε_x e l'errore totale $\delta x \approx \varepsilon_x$.

Nel caso in cui invece osserviamo per ogni misura ripetuta dei valori diversi, siamo nelle condizioni

$$\varepsilon_x << \sigma_x.$$

osserviamo le fluttuazioni statistiche, quindi è dominante σ_x e l'incertezza totale $\delta x \approx \sigma_x$.

Nel caso di misure dirette è immediato osservare, che al diminuire dell'incertezza dovuta alla risoluzione, si iniziano ad osservare le incertezze casuali, oggetto della statistica, che permetterà sotto alcune considerazioni di ridurle. Ma attenzione, anche se trascurabili, le incertezze sistematiche sono sempre in ballo.

Dopo una presentazione discorsiva delle varie incertezze, facciamo il punto della situazione con un'opportuna catalogazione delle rispettive definizioni o convenzioni, per fornire alla fine il modo corretto per combinarle.

2.4 Catalogazione delle incertezze

Iniziamo quindi a distinguere i vari tipi di incertezza, per i quali utilizzeremo dei simboli, che serviranno per tutte le discussioni successive.

Le incertezze su una misura si possono catalogare come segue :

- *Incertezze (errori) casuali* σ_x:
  incertezze che hanno *pari probabilità di verificarsi sia in eccesso che in difetto sulla misura*. Sono dovute a piccole variazioni (casuali) delle condizioni ambientali, ad azioni (casuali) dell'operatore, fluttuazioni (casuali) di indici di scale. Non sono facili da eliminare, ma possono essere messe in evidenza mediante le misure ripetute e sono trattabili statisticamente. Sono l'argomento di maggiore approfondimento per un corso di laboratorio e della teoria delle incertezze.
- *Incertezze (o errori) sistematiche* che suddivideremo in due sotto gruppi:

  - *Incertezze (errori) a priori o di lettura (o misura)* ε_x:
    sono dovute alla sensibilità di lettura (o di misura) del dispositivo utilizzato. Dipendono dalla
    * minima quantità che si può apprezzare sulla scala nel caso di incertezza di *sensibilità di lettura*, o
    * la minima quantità rilevabile dallo strumento nel caso di incertezza di *sensibilità di misura*.
  - *Incertezze (o errori) sistematiche di accuratezza* η_x:
    sono le incertezze la cui *probabilità di verificarsi con un segno sia maggiore di quella di verificarsi con il segno opposto*. Nell'esempio del termometro tutte le misure saranno spostate di 2 °C. L'origine è varia: uso non corretto di leggi o metodi, strumenti non tarati bene, o usurati, caratteristiche limitate, errori di definizione, errore di lettura e quindi anche l'operatore e le condizioni ambientali, la cui influenza sia sempre nelle stesso verso

La distinzione più chiara tra le incertezze è data dagli effetti, che inducono sulla misura, piuttosto che dal soggetto, che le causa, in quanto lo stesso soggetto potrebbe indurre incertezze di vari tipi.

Si pensi per esempio alle incertezze indotte da un operatore. Nella lettura di una scala graduata spesso si può dare un'incertezza di *parallasse*, se si legge dal basso o dall'alto, nel caso del termometro, oppure da sinistra o da destra nel caso di regoli, di misuratori analogici ad ago ...

Se l'operatore si posiziona un po' da un lato un po' dall'altro, questa incertezza risulta casuale (σ_x). Se si posiziona sempre dallo stesso lato allora diventa sistematica (η_x) di accuratezza.

L'operatore può anche interferire con la misura: si immagini la lettura della temperatura della stanza con il termometro, se lo studente per leggere sta sempre troppo vicino al bulbo e vi alita continuamente sopra, la lettura sarà sempre maggiore. Se prende fra le dita la parte sensibile, anche in questo caso la misura sarà falsata, con un'incertezza del tipo η_x.

La premessa è che ogni esperienza venga condotta in condizioni controllate, con strumenti calibrati e con attenzione, in modo da poter ritenere trascurabili le incertezze sistematiche del tipo η_x.

Ci si può concentrare così nell'individuare il comportamento casuale delle grandezze, grazie all'utilizzo di strumenti con una sufficiente risoluzione, per rilevarne le fluttuazioni, in modo da poter quindi utilizzare la statistica.

In un laboratorio del primo anno si assume, che non si abbiamo incertezze del tipo η_x, e vengono considerate come sistematiche soprattutto le incertezze di sensibilità di lettura.

Questo per evitare, che lo studente debba approfondire le problematiche tecniche degli strumenti utilizzati e quindi non focalizzarsi sul senso generale dell'approccio scientifico allo studio dei fenomeni fisici.

Ma la presenza di incertezze di tipo η_x, a volte indotti dall'operatore stesso, spesso crea qualche problema, a chi si accinge a studiare una scienza esatta, e, pur impegnandosi al meglio, per condurre la misurazione in modo preciso, alla fine non ottiene il risultato atteso.

Chiariamo subito che l'*obiettivo di un corso introduttivo al laboratorio* è imparare a *trattare le incertezze*, per formulare un'ipotesi statistica e verificare con quale *probabilità* possiamo accettare o rifiutare *l'ipotesi*.

Tale discussione si può fare in presenza di incertezze del tipo casuale, anche se "sporcate" da incertezze di accuratezza.

Percui alla fine rigetteremo l'ipotesi, il che nel caso di un'indagine scientifica, significa o formularne un'altra o ripetere in modo appropriato l'esperienza, cercando di individuare gli errori sistematici di tipo η_x.

Ma tutto questo richiede tempo ed un processo di modellizzazione e prove ripetute, cosa certo non possibile in un corso preliminare, per il quale si cerca di far confrontare lo studente con più esperienze, per avere una visione più ampia delle problematiche, piuttosto che concentrarsi su un solo caso sperimentale.

Ci saranno, comunque, alcuni problemi, per i quali si affronteranno alcune tecniche di calibrazione.

Gli studi delle incertezze sistematiche, risultano meglio compresi se affrontati direttamente sulle esperienze in laboratorio in sede operativa e valutati sulla base degli strumenti in uso.

2.5 Precisione ed accuratezza

Spesso si utilizzano, anche su testi universitari molto diffusi, impropriamente i termini precisione ed accuratezza. Cerchiamo di fare luce, per chiarirne meglio il loro significato diffusamente usato nel caso della misura di una grandezza fisica e della incertezza su essa. Osserviamo lo schema presentato in Fig. 2.3 per il gioco delle bocce.

Tale gioco consiste nell'avvicinarsi con le bilie il più possibile al boccino (il valore vero della grandezza). Nel caso che i tiratori facciano lanci molto vicini tra

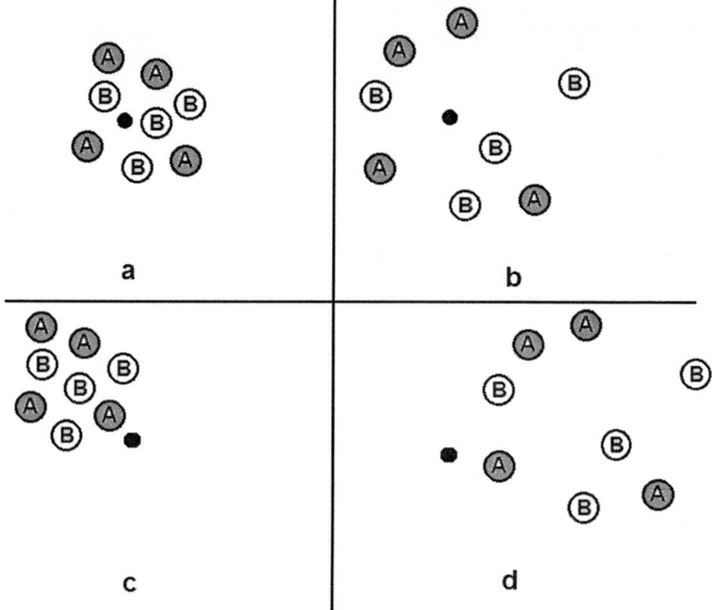

Figura 2.3 Esempio per spiegare la differenza tra precisione e accuratezza: il gioco delle bocce (il boccino è la bilia più piccola nera): **a)** tiri (misura) precisi ed accurati, **b)** tiri accurati ma non precisi, **c)** tiri precisi ma non accurati e **d)** tiri né precisi, né accurati.

loro, diremo che i lanci sono *precisi*, e diremo che sono anche *accurati*, se il centro di massa[6] è in prossimità del boccino in Fig. 2.3**a**).

Le bocce in Fig. 2.3**b**) più distanti tra loro, quindi i tiri sono meno precisi, ma il centro di massa è comunque vicino al boccino, quindi comunque accurati.

Per il caso in Fig. 2.3**c**) si osserva che i tiri fra di loro sono vicini, percui sono precisi, ma il loro centro di massa rispetto al caso in Fig. 2.3**a**) è più distante dal boccino, si parlerebbe in questo caso di misura precisa, ma poco accurata. Infine per il caso in Fig. 2.3**d**) si osserva che le bilie sono più distanti tra loro ed il loro centro di massa è più distante del caso in Fig. 2.3**a**), la misura risulta meno precisa ed anche meno accurata.

L'esempio del gioco delle bocce calza molto a pennello, con una considerazione aggiuntiva. Nella deduzione del valore vero dalle misure di una grandezza, noi non sappiamo quale sia, quindi è come giocare a bocce senza vedere il boccino. Cerchiamo di individuare la sua posizione (valore vero) dai "tiri" medi delle altre squadre, ovvero gli esperimenti dei nostri colleghi magari in laboratori diversi, indicati con le lettere A e B in Fig. 2.3, che devono fornirci indicazioni chiare ed universalmente

---

[6] Il centro di massa è dato dalle somma dei prodotti tra i vettori posizione di ogni bilia per le rispettive masse (qui tutte uguali) divisa per la massa totale, in questo caso sul piano dà la posizione "media" delle bilie.

riconosciute, per poterci permettere di riprodurre l'esperienza, o utilizzare le loro misure, per verificare altre ipotesi e sviluppi.

Quindi è fondamentale in questa ricerca cercare di essere al meglio possibile *onesti* e *precisi*, nel fornire tutti i dettagli utili ai colleghi, interessati ad usare i nostri dati o verificarli.

Forniamo ulteriori chiarimenti sulla terminologia utilizzata, anche perché spesso nel linguaggio comune si crea un po' di confusione, e cerchiamo di uniformarla ai simboli usati per le incertezze:

- **Accuratezza** $= \dfrac{1}{|\eta_x|}$,
- **precisione** $= \dfrac{1}{\varepsilon_x}$,
- **grado di precisione** $= \dfrac{1}{\sqrt{\sigma_x^2 + \varepsilon_x^2}}$,

da tali relazioni speriamo sia chiaro la confusione linguistica nel dire più preciso, più accurato, che equivale a dire avere una corrispondente incertezza minore.

Si faccia attenzione alla differenza tra grado di precisione, riferito al valore della misura, utile per il confronto tra misure diverse, rispetto alla precisione che invece riguarda il metodo di misura e la strumentazione usata. Spesso non viene riportata una distinzione tra questi, in quanto si evince da quanto riportato nel testo.

È opportuno chiarire e ribadire che si parla di *incertezza (errore) assoluta totale*, quando si riporta il valore assoluto dell'incertezza espressa ovviamente con l'unità di misura concorde.

Si parla di *incertezza (errore) relativa*, quando si riporta il rapporto tra l'incertezza assoluta totale e la migliore stima della misura, per questo tale incertezza risulta adimensionale:

$$incertezza \;\; assoluta \;\; totale : \; \delta x \text{ dimensioni di } x_{ms}$$

$$incertezza \;\; relativa : \;\;\;\; \delta x / |x_{ms}| \text{ adimensionale.}$$

L'incertezza relativa permette di individuare nel caso di più grandezze, quale sia la più precisa, quindi con minore incertezza (relativa).

In alcuni casi risulta di più facile lettura presentare l'*incertezza relativa* in forma percentuale:

$$incertezza \;\; percentuale \; (\delta x / |x_{ms}| \times 100)) \; \% \; .$$

riconoscibile dal simbolo %.

Abbiamo usato il simbolo δ per il caso generale, si potrebbe parlare separatamente di incertezza assoluta totale, che abbiamo visto comprende tutti i contributi, o separatamente di incertezza casuale, di lettura e di accuratezza, equivalentemente per l'incertezza relativa, possiamo presentarla separatamente.

L'incertezza assoluta totale indicata con la delta greca (δ) include tutti i tipi, che essendo indipendenti tra loro si sommano in quadratura (vedi Cap. 10):

$$\delta_x = \sqrt{\sigma_x^2 + \eta_x^2 + \varepsilon_x^2},$$

percui la misura sarà riportata come:

$$x = x_{ms} \pm \delta x.$$

In alcuni casi è preferibile evidenziare i singoli contributi in modo separato:

$$x = x_{ms} \pm \sigma_x \pm \varepsilon_x + (o) - \eta_x$$

dove con $+ (o) -$ nel caso si sia individuato il segno dell'incertezza di accuratezza, altrimenti si presenta come $\pm \eta_x$.

Nel caso di una misura diretta la discussione suddetta è lineare e chiara, come riportato nell'esempio iniziale.

Spesso nel corso di laboratorio del primo anno ci si limita a quanto sopra, ma se, come vedremo,

con incertezza indichiamo la dispersione delle misure per una data misura, in grado di fornire una previsione "probabilistica" di ottenere un risultato in intervalli tipici del 68 %, per questo dobbiamo utilizzare per le incertezze, quanto dedotto dalle varianze (Cap. 8):

$$\delta x = \sqrt{\sigma_x^2 + \varepsilon_x^2/3 + \eta_x^2/3} \, . \tag{2.1}$$

Se il segno di η è distinguibile, tale incertezza agisce sulla stima della misura e l'intervallo di incertezza viene descritto semplicemente da $\sqrt{\sigma_x^2 + \varepsilon_x^2/3}$

$$x = x_{ms} + (o) - \eta_x \pm \sqrt{\sigma_x^2 + \varepsilon_x^2/3}.$$

Questa è sicuramente la forma di somma delle incertezze, nel caso si voglia intepretare l'incertezza come previsione statistica e quindi sicuramente nel caso di verifiche di leggi fisiche. È anche una convenzione consolidata a livello internazionale per uso scientifico, tecnico e commerciale secondo le normative e direttive [10] del "Joint Committee for Guide in Metrology", facente capo sempre al "Bureau International de Poids et Mesures" [1].

Chiariamo subito che δx, in quanto dedotta dalle varianze, assume peculiarità statistiche. Le derivazioni della teoria delle incertezze si basano su variabili statistiche ed utilizzano come simbolo per le varianze σ^2, pertanto σ si può confondere con le sole incertezze casuali σ_x. Tali deduzioni si allargano a tutte le incertezze, in quanto dedotte dalle varianze, percui sorge spesso l'equivoco di considerare le sole incertezze casuali, mentre vanno considerate le incertezze totali δx secondo la (2.1).

Cercheremo di ricordarlo periodicamente nel corso del testo, perché dal punto di vista formale e visivamente mnemonico risulterà necessario operare con il simbolo σ, ma bisognerà nell'atto pratico e di utilizzo delle formula ricondursi a quanto espresso come δ, per la combinazione appropriata delle varie varianze.

Nel combinare le incertezze, che si propagano in modo articolato in caso di diverse variabili in gioco, le considerazioni da fare sono più complesse e affronteremo questo argomento in parte nella propagazione delle incertezze (Cap. 4), e nel corso di tutto il testo. Potremo dare le regole appropriate solo dopo la trattazione statistica delle incertezze casuali e l'introduzione delle densità di probabilità, corrispondenti anche agli altri tipi di incertezza.

Risulta in ogni caso evidente, che quanto fornito come misura va chiarito e giustificato nel testo della relazione, rapporto o articolo.

La statistica ci permetterà di abbattere l'incertezza di tipo casuale, e sarà argomento principale della seconda parte, sebbene nella prima parte forniremo indicazioni di come procedere, necessarie anche ad affrontare in modo più preparato la parte teorica.

Bisogna tenere bene a mente che le incertezze sistematiche rimangono sempre in gioco.

Concludiamo questo capitolo proprio presentando una sintesi delle proprietà generali degli strumenti di misura.

2.6 Strumenti di misura e loro proprietà

L'utilizzo di strumenti di misura fa parte della pratica di laboratorio. A strumenti elementari, quali il regolo, il cronometro, si affiancano strumenti più complicati e sofisticati. È indispensabile prima di iniziare una misura essere a conoscenza dei limiti, delle prestazioni e delle specifiche degli strumenti, che ci si appresta ad utilizzare. Spesso si richiede uno studio dello strumento stesso, che non può prescindere dalla lettura del manuale e dai controlli, che lo strumento sia calibrato, cosa che in un corso di laboratorio del primo anno di solito viene tralasciata.

Ciò premesso cerchiamo di tracciare delle linee guida soprattutto per la comprensione della terminologia e la stima delle *incertezze a priori*, chiamate così, perché si possono (e si dovrebbero) stimare prima di effettuare la misura, per verificare se la risoluzione è sufficiente per quanto ci si propone di stimare.

Negli strumenti di misura si possono individuare tre parti costitutive principali: l'elemento rivelatore, il trasduttore e il dispositivo di visualizzazione.

1. L'*elemento rivelatore* è il dispositivo sensibile alla grandezza da misurare.
2. Il *trasduttore* trasforma l'informazione fornita dal rivelatore in una grandezza più facilmente accessibile.
3. Il *dispositivo di visualizzazione* è un indicatore, che fornisce il risultato della misura in modo visivo, con varie possibilità, scala graduata, visualizzatore digitale, registratori grafici o digitali.

Per esempio nel termometro a bulbo, il mercurio (dilatazione volumica) è l'elemento rivelatore, il sistema capillare-bulbo è il trasduttore e la scala graduata è il dispositivo di visualizzazione.

Nella pratica di laboratorio si elimina l'inconveniente delle misurazioni per confronto diretto con i campioni standard, utilizzando apparecchi tarati: sia nel caso di strumenti a confronto diretto: metri, calibri, micrometri ..., che nel caso di strumenti a lettura diretta: cronometri, termometri, amperometri, densimetri, ...

Le caratteristiche di qualsiasi strumento si possono elencare in:

- *portata* o *fondo scala*: limite superiore del campo di misura dello strumento, in alcuni strumenti la portata può essere impostata tra una serie di valori;
- *soglia*: limite inferiore del campo di misura, anche questo potrebbe variare a seconda dell'impostazione della portata;
- *sensibilità di lettura*: minimo spostamento dell'indice stimabile con la scala dello strumento, nel caso di uno strumento a lettura digitale coincide con la più piccola unità di lettura dello strumento detta unità fondamentale (u.f).
- *sensibilità di misura* detta anche errore assoluto massimo a priori o anche *risoluzione di misura* : la minima quantità, che comporta uno spostamento dell'indice dello strumento, in genere è indicato dal costruttore, per un buon strumento deve essere inferiore o al massimo coincidente con l'errore di sensibilità di lettura. Spesso non avendo a disposizione il manuale, ci si affida alla sensibilità di lettura che coinciderà in pratica alla metà della più piccola sensibilità di lettura. Per il metro avente la più piccola graduazione di un millimetro si ha $\varepsilon_x = 0.5$ mm, per un sistema digitale si utilizza $\varepsilon_x = 1/2$ u.f.
- *sensibilità dello strumento*: rapporto fra lo spostamento dell'indice di misura ed il valore della grandezza misurata:

$$\alpha = d\theta/dx \approx \Delta\theta/\Delta x,$$

tale relazione può essere lineare, nel qual caso la sensibilità di misura è costante, diversamente dipenderà dal valore misurato;
- *prontezza* o anche *tempo caratteristico*: rapidità con la quale risponde lo strumento alla variazione della grandezza da misurare;
- *classe di precisione (c.p.)*: il costruttore fornisce la classe di precisione, che esprime, in valore percentuale, l'errore assoluto massimo a priori rispetto alla portata massima c.p. $= (\varepsilon_x/X_{max}) \times 100$. Nota la classe di precisione, si può risalire all'errore massimo a priori. Si assuma il caso di una casa costruttrice, che abbia indicato per un voltmetro la classe 1. Si ha che con un fondo scala di 5 V (Volt) si ha un errore massimo a priori sulla misura pari a 1% di 5 V ovvero il valore sarà V $\pm$ 0.05 V. Ma con un altro fondoscala per esempio di 1000 V si avrà una misura affetta da errore massimo a priori V $\pm$ 10 V.

Un suggerimento per un buon sperimentale o tecnologo è leggere i manuali degli strumenti utilizzati. Cosa che richiede tempo e che per questo spesso in un laboratorio del primo anno viene tralasciata, ma non possiamo esimerci da invitare a considerare, quale debba essere l'approccio corretto allo studio dei fenomeni fisici.

Problemi

2.1. In un multimetro al variare del fondo scala varia la risoluzione. In Tabella 2.1 nella seconda colonna viene riportata la lettura del visualizzatore digitale, completare la tabella fornendo l'incertezza assoluta sulla misura e quella relativa.

Tabella 2.1 misure di tensione al variare del fondo scala

Fondoscala [V]	*Tensione V* [V]	δV [V]	$\delta V/|V|$
1000	2		
100	2.0		
10	2.00		

2.2. Misurate una distanza con una rollina metrica con risoluzione 1 cm ed ottenete la misura di 750 cm. Misurate il lato di una calcolatrice pari a 70 mm con una riga avente risoluzione 1 mm. Riportate l'incertezza relativa delle due misure. Quale è la più precisa?

2.3. Misurate con un multimetro la temperatura di una stanza, le misurazioni hanno oscillazioni casuali, per le quali si osserva un errore causale pari a 0.45 °C su una media aritmetica di 25.72 °C. Con quale risoluzione è possibile trascurare l'incertezza della lettura di scala? (Assumete trascurabile ε_x, quando non si osserverà un effetto sull'incertezza totale espressa con due cifre significative, sommando in quadratura errore casuale e di lettura.)

2.4. Per le nove misurazione di temperatura fornite in questo capitolo, provate ad esercitarvi nel calcolare $\overline{T}$ e σ_T: prima su un foglio di carta senza calcolatrice, poi prendete dimestichezza con la vostra calcolatrice e verificate di essere in grado di utilizzarne le funzioni statistiche. Per chi ha a disposizione un PC, si eserciti con il foglio di calcolo disponibile (p.e. Excel [8]).

2.5. Osservate un misuratore digitale, che oscilla continuamente tra due valori x_1, x_2 con la differenza di una sola unità fondamentale (u.f.). Assumete $n/2$ misure di x_1 ed $n/2$ misure di x_2. Dimostrate per il caso generale di n qualsiasi, che il valore medio è pari a $(x_1 + x_2)/2$ e la deviazione standard del campione tende a 1/2 della risoluzione (o u.f.).

2.6. Se avete difficoltà a formalizzare il Probl. 2.5, provate con la calcolatrice o con un foglio elettronico al calcolatore con la formula, aumentando di volta in volta n, oppure semplicemente aumentando il numero dei due dati.

2.7. Una misura viene effettuata con un termometro digitale, avente risoluzione 1 °C, dalle misure ripetute si ottiene $\overline{T}= 25.4$ °C e $\sigma_T= 1.5$ °C, qual è la misura di temperatura? Leggendo il manuale della strumentazione si ha che nell'intervallo 0-50 °C si ha un incertezza di accuratezza di 0.5 °C. Fornire la misura di T, cercando di utilizzare la (2.1) degli intervalli previsionali con le varianze.

3

Presentazione e confronto di misure

Abbiamo visto l'importanza di fornire l'incertezza nella misura di una grandezza fisica. In questo capitolo ci poniamo il problema di fornire un modo uniforme di presentarne il risultato e confrontare una misura con un valore atteso, o con altre misure. Questo significa confrontare dei valori numerici. È opportuno pertanto discutere alcune problematiche relative alle cifre significative di un numero ed il modo di presentare quindi i valori numerici, che per la fisica significa la misura di una grandezza, in modo chiaro e comprensibile.

3.1 Misura: stima migliore $\pm$ incertezza

Il risultato di una misura di una grandezza è fornito come la migliore stima e l'incertezza assoluta totale[1], presentate come:

$$(\text{misura di } X) \; x = x_{ms} \pm \delta x \,.$$

Questo modo di presentare il risultato indica, che l'intervallo, entro il quale riteniamo ricada il valore della grandezza, è il seguente:

$$x_{ms} - \delta x \leq \; x \; \leq x_{ms} + \delta x \,.$$

Nel caso di incertezze ε_x, dovute alla scala di lettura, ci aspettiamo, che il valore della grandezza ricada in modo uniforme nell'intervallo suddetto: il 100 % dei valori sono inclusi nell'intervallo.

Diversamente per le incertezze di tipo casuale (σ_x) ci si aspetta, che circa il 68 % delle misure cadano nell'intervallo individuato dai due estremi $x_{ms} \pm \sigma_x$.

La statistica ci fornirà gli strumenti, per poter verificare, se le variabili sono di tipo casuale (Cap. 8), e come risultato osserveremo, che potremmo abbattere ulteriormente tale incertezza.

---

[1] Le incertezze sono per convenzione fornite in valore assoluto, percui di seguito diremo semplicemente incertezza totale.

G. Ciullo, *Introduzione al Laboratorio di Fisica*, UNITEXT for Physics,
DOI: 10.1007/978-88-470-5656-5_3, © Springer-Verlag Italia 2014

Un teorema fondamentale ci fornirà i mezzi per discutere anche le variabili affette da incertezze sistematiche secondo le regole della statistica ed uniformare così in intervalli confrontabili le previsioni per le misure successive, per l'utilizzo di quanto misurato in applicazioni e leggi.

È opportuno ribadire qui che, quanto presentato come misura e sua incertezza, sebbene espressa con due numeri, esprime il risultato dell'elaborazione e dell'analisi delle incertezze dal punto di vista statistico.

È opportuno già stabilire dei criteri operativi chiari, su come presentare i valori numerici delle misure e delle incertezze, senza per ora inpelagarsi in problematiche statistiche.

Dato che parliamo di numeri è fondamentale stabilire, quali e quante cifre siano opportune per il numero, che indica la nostra migliore stima della misura, e per quello, che indica l'incertezza su tale stima.

3.2 Misura, incertezza e cifre significative

Se la misura di una grandezza fisica risulta fornita dalla migliore stima e dall'incertezza, può risultare poco chiaro e dispersivo fornire un numero di cifre non utili ai fini della comprensione immediata di quanto sia precisa la misura ed anche immediata e chiara visualizzazione.

Forniremo delle regole convenzionali, per orientare nell'immediato gli studenti. Con l'esperienza, tali regole si apprezzeranno e si riterranno opportune.

Uniformità tra cifre significative

Supponiamo di avere fatto delle misure ripetute e di ottenere 25.756 458 come media e 1.245 787 come deviazione standard del campione (in questo paragrafo per licenza didattica non riportiamo le unità di misura, per dare più risalto ai valori numerici).

Si dice cifra *più significativa* di un numero quella più a sinistra, *meno significativa*, invece, quella più a destra.

Consideriamo l'incertezza totale e osserviamo l'incertezza relativa (percentuale), arrotondiamo di volta in volta la cifra meno significativa dell'incertezza, ed uniformormiamo a questa la migliore stima, avremo quindi in sequenza per l'incertezza 1.245 79, poi 1.245 8 ecc. fino a raggiungere una sola cifra significativa quindi 1.

Per ogni arrotondamento calcoliamo l'incertezza relativa, si osserva che l'incertezza percentuale risulta sempre pari a circa il 5 %, tranne per l'ultimo arrotondamento $(26 \pm 1) \approx 4\ \%$.

Se consideriamo, che esprimiamo l'incertezza relativa in punti percentuali, per essere conservativi e non sottostimare l'incertezza è *opportuno in questo caso riportare*, per l'incertezza almeno *due cifre significative*, ricordiamo che stiamo parlando di stime statistiche, quindi attraverso calcoli.

Questo si ha soprattutto, quando la cifra più significativa, quella più a sinistra, nel numero, che esprime l'incertezza, è un numero basso: 1 o 2.

Provate a verificare cosa avreste ottenuto, se la cifra più significativa dell'incertezza totale fosse stata 5 (p.e. 5.245 787) e, per uniformità con l'incertezza percentuale, considerate una misura pari a 108.455 391. Si osserva che l'incertezza percentuale sarebbe sempre pari al 5 %, anche nel caso di arrotodamento ad una cifra significativa per l'incertezza, quindi per 109 ± 5.

Per queste considerazioni, nel caso di un numero, che esprime l'*incertezza*, con la *cifra più significativa minore o uguale a tre*, è opportuno utilizzare *due cifre significative*. Se la cifra più significativa è *maggiore di tre*, si può fornire l'incertezza con *una cifra significativa*. Prendere più di due cifre significative per le incertezze è inutile ai fini della stima, percui risulta solo un fardello visivo e di calcolo inutile.

Stabilito il numero di cifre significative per l'incertezza, si uniforma il numero della misura, in modo che le sue cifre meno significative coincidano con le posizioni delle cifre significative dell'incertezza.

Nel caso sopra riportato si avrebbe pertanto, una volta stabilito che per l'incertezza servono due cifre significative, quanto segue:

$$25.8 \pm 1.3 \ .$$

E per il caso di una sola cifra significativa:

$$109 \pm 5 \ ,$$

dove si sono uniformate le cifre meno significative delle stime con le cifre significative delle incertezze.

Chiariamo anche quale modo useremo per arrotondare. Per non sottostimare l'incertezza, arrotonderemo sempre per eccesso, partendo dalla cifra meno significativa, quindi da destra, e procedendo ad arrotondare cifra per cifra: quindi il numero 1.245787, passo passo lo arrotonderemo in 1.24579, poi 1.2458, ancora 1.246, poi 1.25 ed infine 1.3.

Uniformità delle unità di misura e notazione in base dieci

Oltre all'uniformità delle posizioni delle cifre significative è opportuno rispettare l'uniformità delle unità di misura. Non ha alcun senso riportare una misura per esempio del tipo 7.506 m $\pm$ 0.5 cm, anzi può solo creare confusione, nel caso del calcolo dell'incertezza percentuale o della propagazione delle incertezze (Cap. 4).

Si deve riportare una misura in uniformità di cifre e di unità di misura nel seguente modo:

$$7\,506 \pm 5 \text{ mm, oppure } 750.6 \pm 0.5 \text{ cm.}$$

Spesso risulta pratico e necessario riportare i valori delle grandezze come esponenti in base 10, ed anche in questo caso è opportuno uniformare l'esponente, sia per la misura, che per l'incertezza. Per esempio per la misura della carica dell'elettrone (misura in coulomb C nel sistema internazionale) è di più chiara lettura

$$(1.60 \pm 0.05)\,10^{-19} \text{ C,}$$

piuttosto che $1.60\,10^{-19}$ C $\pm 5\,10^{-21}$ C. *La notazione con esponenti in base dieci, ci permette di segnalare anche la significatività dello zero.*

Per esempio nel numero 3 700 mm non è chiaro se i due zeri sono significativi, in quanto sono necessari per esprimere le decine e le unità di mm. Diversamente se esprimiamo 3.700 m, dato che riportiamo i due zeri, che non sarebbero necessari, lo facciamo proprio per esprimerne la significatività degli zeri.

Percui invece di scrivere 3 700 W, risulta opportuno riportare $3.7\,10^3$ W, se abbiamo solo 2 cifre significative, o $3.70\,10^3$, se le cifre significative sono 3 e via di seguito.

La notazione con esponente in base dieci risulta non solo utile per segnalare la significatività degli zeri, ma anche per dare immediata visione dell'*ordine di grandezza* di un numero. Un numero secondo questa notazione è espresso come $g = m\,10^n$, dove m è la mantissa ed n l'esponente.

Nel confronto tra due grandezze si parla di differenza di ordini di grandezza in rapporto agli esponenti, per ordine di grandezza si intende l'esponente, percui dovremmo esprimere anche la mantissa in base dieci, e, dato che $10^{0.5} \approx 3.16$ si avrà per un numero $m\,10^n$

$$\text{se la mantissa } m < 3.16 \rightarrow \quad n \text{ ordini di grandezza,}$$
$$\text{se la mantissa } m \geq 3.16 \rightarrow n+1 \text{ ordini di grandezza.}$$

Spesso nei manuali o nelle tabelle si esprime un numero con mantissa ed esponente $g = m\,10^n$, per comodità editoriali, nella cosiddetta *notazione scientifica* (come in alcune calcolatrici) $g = mE + n$. Nel caso di esponente negativo si ha per $g = m\,10^{-n}$ la notazione $g = mE - n$. Per esempio la carica dell'elettrone sarà riportata come $e = 1.60$ E-19 C.

Cifre significative per la presentazione e per i calcoli

Nel corso di laboratorio, spesso abbiamo risultati frutto di calcolo e la scelta delle cifre significative può, se prese in modo ridotto, portare ad una sovrastima dell'incertezza o ad un errore di calcolo nella stima dei parametri. Bisogna distinguere tra la *presentazione del dato finale*, di cui abbiamo parlato finora, e i *calcoli per fornire un risultato o la stima di un parametro.*

Si consiglia di fare i calcoli, una volta stimata l'incertezza e definito il numero di cifre significative, con almeno un'altra cifra meno significativa in più, soprattutto nei casi in cui si deve moltiplicare per l'incertezza, come vedremo nella propagazione delle incertezze.

Nelle moltiplicazioni o divisioni domina la significatività del numero con meno cifre significative e purtroppo bisogna prestare maggiore attenzione nel caso di *differenze tra numeri*, in cui *il numero di cifre significative si può ridurre*. Diamo evidenza a queste problematiche.

Si richiede *nella presentazione dei risultati* di *arrotondare* opportunamente le *incertezze* e uniformare a queste la *migliore stima*.
Nelle moltiplicazioni o divisioni tra due numeri, il numero risultante avrà come numero di cifre significative, il minimo di cifre significative tra i numeri utilizzati.

Segnaleremo ancora questo problema, quando si presenterà, in quanto molto diffuso per esempio nel calcolo dei parametri della regressione lineare (Cap. 9).

Spesso gli studenti in un corso di laboratorio, si troveranno a dover decidere quante cifre significative scegliere, e questo dipende anche dalla situazione sperimentale.

Il problema della significativà delle cifre ed il suo utilizzo nei calcoli si affronta anche nei corsi teorici, con la differenza che nei problemi di fisica le cifre significative sono fornite e si richiede solo di preservarne la significatività nel corso dello svolgimento dei problemi.

In laboratorio, gli studenti, avranno modo di osservare, come anche il calcolo di un valore atteso, dedotto da una formula teorica, può essere frutto di errori sistematici dovuti al numero di cifre significative utilizzate. Questo errore spesso sfugge, in quanto gli studenti, concentrati nella difficoltà dell'esperienza o nell'utilizzo degli strumenti statistici, attribuiscono un'eventuale non verifica del valore atteso alla parte sperimentale.

Ritorneremo su questo, riproponendolo in alcuni problemi, ma molte situazioni nascono nella fase di analisi dei dati ed in laboratorio. Lo scambio con il docente sui propri dati è il momento più fruttuoso per capire e cogliere le questioni concrete.

Torniamo al modo di presentare una misura affetta solo da incertezze di sensibilità di lettura. Per esempio per la misura di temperatura avremo

$$T = 25.7 \pm 0.05\,°C \text{ con scala o strumento analogico,}$$

sulla base delle convenzioni non sarebbe necessario, affermare che tale incertezza è di lettura, in quanto osserviamo che l'incertezza risulta la metà della cifra meno significativa della misura.

Per l'incertezza fornita su una serie di misure, affette da incertezze casuali, abbiamo la deviazione standard del campione ed esprimeremo il risultato come:

$$T = 25.70 \pm 0.12\,°C,$$

in cui si fa notare che lo zero nel numero 25.70 è significativo, e pertanto è necessario presentarlo.

Ci manca ora da chiarire, come ci comportiamo nel caso, che il valore atteso sia preso da un manuale, o preso da una tabella, in cui non sia fornita l'incertezza.

Supponete di trovare su un libro il valore dell'accelerazione di gravità pari a 9.807 m s^{-2}, quale incertezza dovreste supporre?

Se non avete a disposizione informazioni dettagliate, è convenzione ritenere la cifra meno significativa affetta da un errore unitario ovvero (9.807 ± 0.001) m s^{-2}.

In ogni caso è sempre opportuno leggere con attenzione, quanto riportato e controllare, che sia fornita l'incertezza, come deve essere, nella descrizione della misura.

In alcune tabelle di più valori riportati, si può osservare la minima differenza tra i valori e quindi assumere tale differenza come risoluzione dello strumento.

In laboratorio si usano spesso costanti fisiche fondamentali, delle quali alcune sono fornite come esatte, per esempio la velocità della luce nel vuoto è assunta esatta senza alcun errore e la si trova espressa:

$$c = 299\ 792\ 458 \text{ m s}^{-1} \text{ (esatta)}.$$

trovate che anche la costante magnetica nel vuoto μ_0 e la constante elettrica nel vuoto ε_0 sono espresse senza incertezza, per definizione sono esatte [7].

Le costanti fisiche sono tabulate e fornite con incertezze su due cifre per esempio trovate per la carica elementare:

$$e = 1.602176462(63) \times 10^{-19} \text{ C} \quad \text{incertezza relativa } 3.9 \times 10^{-8}.$$

In un laboratorio del primo anno per le costanti fisiche, o valori tabulati, sono sufficienti tre cifre significative, che significa arrivare ad una precisione di qualche per mille. Per un corso di laboratorio pertanto i valori attesi, forniti da manuali per esempio nel Rif. [7] o libri di testo, possono, in prima approssimazione, essere considerate esatte.

3.3 Confronto tra misura e valore atteso, e tra misure

In alcune misurazioni l'obiettivo è ottenere un risultato sperimentale, che permetta di dare una risposta ad una determinata ipotesi. Si immagini, per esempio, che si voglia verificare, misurandone la densità, se un dato oggetto sia tungsteno o platino, le cui densità sono rispettivamente 19.3 g cm^{-3} e 21.5 g cm^{-3} [7]. Supponiamo di aver misurato per l'oggetto una densità pari a 20.4 g cm^{-3} con un'incertezza relativa percentuale pari al $10\,\%$. Riportiamo in Fig. 3.1 il valore misurato 20.4 ± 2.0 g cm^{-3} con il simbolo $\triangle$ e le barre di incertezza, nonché i valori attesi con il simbolo $\diamond$, con i quali dobbiamo confrontarci.

Si deve prendere una *decisione*, se accettare una delle ipotesi, che l'oggetto sia tungsteno, o platino.

Figura 3.1
Confronto tra densità:
$\triangle$ 20.4 g cm^{-3} (10 %),
$\circ$ 20.8 g cm^{-3} (5 %).
$\diamond$ valori attesi per platino
e tungsteno.

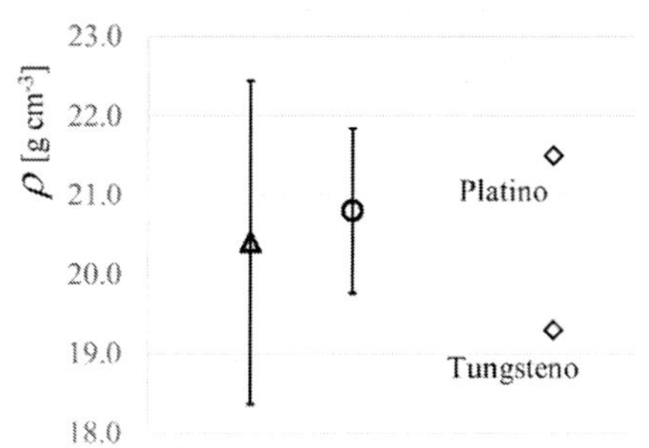

Il criterio per decidere è *non rischiare di rigettare un'ipotesi*, che potrebbe invece essere *corretta*. Quindi si osservi che l'operazione risolutiva sarà rigettare una delle due ipotesi.

Per decidere questo, facciamo il confronto della nostra misura con un valore atteso per volta. Riteniamo di accettare l'ipotesi, per ora come un'indicazione grossolana, se il valore atteso cade nell'intervallo delle nostre misure, ovvero in Fig. 3.1, tirando una riga orizzontale dal rispettivo valore atteso, se intersechiamo l'intervallo individuato dal valore misurato $\pm$ l'incertezza.

Espresso in altro modo accettiamo il rischio di rigettare un'ipotesi, se il valore atteso è fuori dal nostro intervallo di misura, quest'ultimo è il modo che la statistica segue, per ora descritto in modo grossolano, ma per il quale la statistica ci permetterà di quantificare tale probabilità di rischio (Cap. 8).

Si osservi che nel caso della misura con incertezza del 10 % ($\triangle$ in Fig. 3.1), non si riesce a rigettare nessuna delle due ipotesi, perché entrambi i valori cascano nell'intervallo delle nostre misure. Non possiamo decidere quale ipotesi rigettare, senza rischiare che sia corretta. Diremo che tale verifica non è significativa.

Ripetiamo la misura con una maggiore precisione, dalla quale si supponga di ottenere 20.8 $\pm$ 1.0 g cm^{-3} quindi con una precisione del 5 %, riportata in Fig. 3.1 con il simbolo $\circ$ e le rispettive barre di incertezza. L'ipotesi, che sia tungsteno, può essere rigettata, in quanto non rientra nell'intervallo della nostra misura, con un rischio basso di aver rigettato un'ipotesi, eventualmente corretta.

Questo confronto per ora grossolano, sarà utilizzato, per decidere se un'ipotesi, di solito l'ipotesi, che si formula, è che non ci sia differenza tra i materiali, può essere rigettata oppure no, ma in modo quantitativo.

La differenza tra il valore misurato – x_{ms} – e quello atteso – x_{att} – è detta *discrepanza*.

Iniziamo a quantificare qualcosa, almeno quanto è in gioco per il confronto: il rapporto tra discrepanza – in valore assoluto – ed incertezza ci permette di decidere, se il valore atteso ricade nel nostro intervallo e quindi possiamo accettare l'ipotesi, che il materiale sia (o non sia) quello atteso.

Si osservi che, finché tale rapporto risulta minore di uno, siamo all'interno dell'intervallo individuato dalla nostra migliore stima $\pm$ l'incertezza.

Una stima numerica di questo rapporto tra la discrepanza e l'incertezza assoluta totale della misura – in questo caso riportiamo che è assoluta, ma basterebbe dire incertezza totale – è data da:

$$\frac{|\text{discrepanza}|}{\text{incertezza assoluta totale}} = \frac{|x_{ms} - x_{att}|}{\delta x} \; .$$

Per l'esempio riportato, osserviamo che, nel caso della misura meno precisa, otteniamo un rapporto tra la discrepanza e l'incertezza, sia per il tungsteno, che per il platino, pari a 0.55, quindi non possiamo concludere nulla, in quanto non possiamo rigettare nessuna delle due ipotesi.

Rispetto invece al caso della misura più precisa, si osserva che per il confronto con il platino il rapporto tra discrepanza ed incertezza è 0.7, mentre per il tungsteno risulta 1.5, pertanto, dato che il rapporto per quest'ultimo è maggiore di uno,

decidiamo di accettare il *rischio* di rigettare l'ipotesi, che non ci sia differenza tra il nostro materiale ed il tungsteno.

Si dice in questo caso che la *discrepanza è significativa*.

Sebbene questo confronto grafico è grossolano, è utile allo studente, in quanto lo indirizza al modo di affrontare le problematiche relative ad ipotesi e decisioni, che saranno formalizzate nella seconda parte relativa alla statistica.

Prima di tutto la verifica sperimentale è risolutiva dal punto di vista statistico se riusciamo a rigettare un'ipotesi.

La statistica permetterà di fornire la probabilità di ottenere un valore fuori dal nostro intervallo e quindi di definire un certo livello critico di probabilità di rischio, che siamo disposti ad accettare, di rigettare un'eventuale ipotesi corretta.

Per ora *grossolanamente* possiamo dire che siamo fiduciosi, che il materiale sia platino piuttosto che tungsteno, ma non possiamo ancora quantificare questa nostra fiducia, né tantomeno la probabilità di rischio di aver rigettato l'ipotesi, che il nostro materiale possa anche essere tungsteno.

Vedremo (Cap. 8) come quantificare in modo preciso tali probabilità e prendere, sulla base della probabilità di rischio ritenuta accettabile, una decisione appropriata.

Confronto tra due misure

Per il confronto tra due misure potremmo partire dall'osservazione grafica in Fig. 3.1, considerando la misura con il simbolo $\triangle$ e quella con $\circ$, come due misure differenti della stessa grandezza, come in questo caso infatti sono.

La domanda o ipotesi che formuliamo è, se ci sia o no differenza tra le due misure. In questo caso sappiamo che sono relative alla stessa grandezza, ma comunque dovremmo verificare, se possono essere ritenute tali.

In generale tale confronto può anche essere fatto su due misure attribute alla stessa grandezza, fatte da operatori, in sedi e tempi o anche modi diversi.

Graficamente, quindi grossolanamente, accettiamo l'ipotesi, che non ci sia differenza, se tra le due misure c'è sovrapposizione tra le barre di incertezza.

Analiticamente, l'impostazione ci servirà anche per l'approccio statistico, per comodità etichettiamo la misura $x_\triangle$ con A, e la misura $x_\circ$ con B per generalizzare.

In generale parleremo quindi di due misure $x_A \pm \delta A$ e $x_B \pm \delta B$.

Se fossero misure della stessa grandezza, la loro *differenza dovrebbe tendere a zero*.

Etichettiamo $\Delta(A - B) = x_A - x_B$ la loro differenza, che ci aspettiamo tenda a zero, il valore atteso per $\Delta(A - B)_{att} \to 0$. Quindi la discrepanza tra la differenza ed il valore atteso sarà $|\Delta(A - B) - 0|$.

Dobbiamo anticipare quanto già introdotto, che riprenderemo in dettaglio nel Cap. 4 e giustificheremo nel Cap. 10: nel caso di misure indipendenti, le incertezze si sommano al quadrato (detta pertanto somma in quadratura). Quindi l'incertezza sulla differenza sarà data dalla radice quadrata della somma delle incertezza al quadrato: $\delta[\Delta(A - B)] = \sqrt{(\delta A)^2 + (\delta B)^2}$. Pertanto riterremo che le due misure sono confrontabili se il rapporto:

$$\frac{\Delta(A - B) - \Delta(A - B)_{att}}{\delta[\Delta(A - B)]} \, , \tag{3.1}$$

tra discrepanza ed incertezza risulterà minore di uno.

Quanto espresso nella (3.1) si riduce a $|(x_A - x_B) - 0| / [\sqrt{(\delta A)^2 + (\delta B)^2}]$. Otteniamo $0.4/2.3 \approx = 0.17$, che è minore di uno e quindi possiamo accettare l'ipotesi che non ci sia differenza nella grandezza misurata.

Per completezza abbiamo presentato il confronto tra misure, nonostante sia stato necessario anticipare argomenti, che affronteremo nei prossimi capitoli.

Problemi

3.1. Il numero di impulsi registrati da un contatore, utilizzato per misurare il tempo di caduta di un corpo da una data altezza, sono in media 56 450.27 con una deviazione standard del campione di 340.59 impulsi. Decidere, osservando l'andamento dell'incertezza relativa, quante cifre utilizzare per l'incertezza ed armonizzare di conseguenza il valore medio (partite da 340.59, poi arrotondate la cifra meno significativa ed ottenete 340.6, e via di seguito).

3.2. Scrivere in modo corretto le seguenti misure:

$$t = 3\,625 \text{ s} \pm 1' \, 25.03'' , \qquad\qquad l = 1.050\,1 \text{ m} \pm 257 \text{ mm},$$
$$e = 1.603\,456\,7 \; 10^{-19} \text{ C} \pm 3.5 \; 10^{-21} \text{ C}, \qquad g = 9.807 \text{ m s}^{-2} \pm 5.3 \text{ cm s}^{-2},$$
$$m = 0.005\,234\,5 \text{ kg} \pm 1.3 \; 10^{-2} \text{g}, \qquad\qquad L = 10^4 \text{ N m} \pm 10^5 \text{ g m}^2 \text{ s}^{-2}.$$

3.3. Il valore atteso per l'accelerazione di gravità terrestre a Ferrara è fornito sulla base di alcuni modelli teorici ed è pari a 9.807 m s^{-2}, vengono effettuate alcune misure riportate di seguito

$$a \quad 9.7 \pm 0.8 \quad \text{m s}^{-2},$$
$$b \quad 9.74 \pm 0.09 \quad \text{m s}^{-2},$$
$$c \quad 9.749 \pm 0.005 \text{ m s}^{-2}.$$

Chiarire per quali risultati possiamo correre il rischio di rigettare l'ipotesi, che il valore atteso – quindi il modello teorico utilizzato per la deduzione – sia corretto, e per quali esprimiamo la fiducia, che invece lo sia.

3.4. Il raggio medio dell'atomo è 5.29 E-11 m, quello del nucleo 1.2 E-15 m. Qual è la differenza in ordini di grandezza. Convertire prima le mantisse in ordini di grandezza, eppoi vedere il rapporto tra i due valori espressi come 10^n rispetto agli esponenti.

3.5. Supponete di voler confrontare la vostra misura di densità di un materiale pari a 20.4 g cm^{-3} con un'incertezza percentuale del 4 % con quella di un vostro collega pari a 19.3 g cm^{-3} con un errore del 2 %. Riportate su un grafico i dati e le incertezze e dite, se la discrepanza è significativa oppure no e se potete (oppure no) rischiare di rigettare l'ipotesi, che i due materiali siano uguali. Ricontrollate, calcolando il rapporto tra discrepanze ed incertezze totali.

4

Propagazione delle incertezze

In questo capitolo affronteremo le problematiche relative alla propagazione delle incertezze ad una grandezza, dedotta attraverso relazioni funzionali con altre. Inizieremo con le regole per operazioni semplici, che useremo come punto di riferimento per affrontare ed accettare situazioni più generali, trattabili mediante l'utilizzo delle derivate di funzioni.

Per un corso di laboratorio è necessaria la conoscenza della derivazione di funzioni, ma dal punto di vista del loro significato grafico–geometrico, finalizzato alla comprensione della propagazione delle incertezze nel caso di relazioni funzionali.

Per guidare lo studente in modo semplice, in questa prima parte, partiremo proprio dalla descrizione grafica del significato di derivata di una funzione, e la accetteremo grazie alla conferma delle regole di propagazione per operazioni semplici. Con un espediente grafico, sarà anche introdotta la derivazione parziale di una funzione dipendente da più variabili, sempre nel suo aspetto operativo e di utilizzo ai fini della propagazione delle incertezze.

Tale argomento sarà infine "presentato" nel suo aspetto formale, perché necessario alle descrizioni e giustificazioni teoriche delle regole in uso per le misure e la teoria delle incertezze su basi statistico-matematiche.

4.1 Operazioni tra grandezze

Una grandezza fisica si può misurare grazie alla sua dipendenza, mediante relazioni funzionali, da altre grandezze. In questo caso la grandezza risulta determinata indirettamente; le grandezze da cui dipende possono essere misurate direttamente, o a loro volta dedotte da altre relazioni funzionali, quindi indirettamente.

Per esempio, per ottenere la velocità del suono v_s, si può misurare la lunghezza d'onda, etichettata con la lettera greca lambda (λ), attraverso la differenza tra due massimi di interferenza [5], e la frequenza, etichettata con la lettera greca ni (ν), dell'onda di pressione. La velocità del suono v_s è funzione delle grandezze suddette

G. Ciullo, *Introduzione al Laboratorio di Fisica*, UNITEXT for Physics,   45
DOI: 10.1007/978-88-470-5656-5_4, © Springer-Verlag Italia 2014

secondo la relazione $v_s = \lambda v$, dove v_s è espressa in m s^{-1}, se λ è espressa in metri (m) e v in hertz (Hz $\equiv$ s^{-1}).

La lunghezza d'onda, λ, è dedotta dalla differenza di due posizioni di massimi successivi, quindi in modo indiretto. Se etichettiamo il primo massimo x_1 ed il secondo massimo x_2, la relazione per ottenere la lunghezza d'onda è $\lambda = 2(x_2 - x_1)$, dove x_1 ed x_2 sono misurati direttamente su un regolo, con incertezza di lettura. Per una descrizione generale le grandezze indipendenti, le riteniamo affette da incertezze δx_1 e δx_2, totali di varia origine.

Osserviamo che, per la misura della velocità del suono, dobbiamo propagare le incertezze delle grandezze, in questo caso misurate direttamente, (δx_1, δx_2 e δv), tenendo conto che tra esse intercorre la seguente relazione:

$$v_s = 2(x_2 - x_1)v \ .$$

Se consideriamo la relazione funzionale si dice che v_s è una variabile dipendente, mentre x_2, x_1 e v sono variabili indipendenti.

La velocità del suono espressa invece rispetto a λ e v risulta:

$$v_s = \lambda v \ ,$$

dove v_s è misurata indirettamente da λ, misurata anch'essa indirettamente, e da v, misurata invece direttamente.

La propagazione delle incertezze riguarda lo studio della propagazione di piccole variazioni di variabili indipendenti su una variabile dipendente.

Le variabili indipendenti possono essere a loro volta determinate in modo indiretto, quindi in modo dipendente, da altre variabili.

Per semplicità matematica e per un'introduzione didattica, si può procedere passo passo. Prima si considera la misura di λ dalla relazione $\lambda = 2(x_2 - x_1)$, esprimibile quindi come $\lambda_{ms} \pm \delta\lambda$, sulla quale si dovranno propagare le incertezze delle misure dirette di x_1 e x_2.

Eppoi la si combina alla frequenza $v_{s(ms)} \pm \delta v_s$, misurata invece direttamente, per ottenere la misura di $v_s = v_{s(ms)} \pm \delta v_s$.

Abbiamo presentato questo esempio per chiarire, che la propagazione delle incertezze sottostà a relazioni matematiche, che si applicano a piccole variazioni.

Queste piccole variazioni nel nostro caso sono le incertezze sulle misure. Nel caso generale comprendono tutte le incertezze, anche se all'atto pratico ci possono essere casi in cui dominano quelle casuali, o casi in cui dominano quelle sistematiche. Ci capiterà di procedere con il propagare le incertezze secondo i metodi dedotti in questo capitolo, eppoi sulla base delle considerazioni statistiche, riconsiderare il contributo delle varie incertezze e ripercorrere la propagazione nuovamente.

Percui è opportuno che la propagazione delle incertezza venga esplicitata con i simboli, sia per ripercorrere i calcoli, che per un controllo maggiore dell'analisi dei dati.

Affrontiamo ora la propagazione delle incertezze. Osserviamo che le relazioni fra grandezze, come in questo caso, spesso sono descritte da operazioni semplici, quali somme e sottrazioni, moltiplicazioni e frazioni, nonché combinazioni di tali operazioni, come infatti $v_s = 2(x_1 - x_2)v$.

Partiremo da considerazioni sulle operazioni semplici per poi estenderle a situazioni più generali.

Intenderemo per *propagazione passo passo*, utilizzare quanto dedotto per le operazioni semplici, eppoi combinarle nel passo successivo, nell'eventuale combinazione di operazioni.

Nell'esempio utilizzato come primo passo ricaviamo λ dall'operazione di sottrazione, eppoi nel passo successivo la utilizziamo nella moltiplicazione con v per ottenere la migliore stima di $v_s = \lambda v$ e la sua incertezza.

Ricaveremo che per somme e sottrazioni, si avranno le stesse regole, diverse da quelle che si applicano invece per prodotti e frazioni.

Affrontiamo di seguito prima le operazioni di somme e sottrazioni, eppoi quelle di prodotti e frazioni.

Propagazione di incertezze per misure da somme o sottrazioni

Supponiamo di aver misurato due grandezze qualsiasi X ed Y con le migliori stime per le loro misure, x ed y, etichettate x_{ms} e y_{ms}. Consideriamo l'incertezza totale δ, che assumiamo essere piccola. Utilizziamo δ, ma quanto deriveremo vale per qualsiasi tipo di incertezza, la propagazione, ribadiamo è uno strumento matematico, che ci permette di osservare come si propagano piccole variazioni. Se abbiamo solo incertezze di lettura quanto discusso per δ, è trascrivibile per ε (σ, η) sostituendo il simbolo. Il consiglio è dedurre la formula di propagazione per il caso generale dell'incertezza δ eppoi nella fase conclusiva utilizzare simbolo o valore dell'incertezza corrispondente.

Nel caso di presenza di vari tipi di incertezze sta a noi dare al simbolo δ la perculiarità appropriata, e chiarire anche, se è frutto di somma lineare, o somma delle varianze, quindi nel suo aspetto di rappresentare l'intervallo previsionale del 68 %, preferibile per considerazioni statistiche, o del 100 %. Ma questo non riguarda la propagazione in sé.

Puntualizziamo che per la propagazione delle incertezza il simbolo "δ" sta a "indicare", quanto si ha nel calcolo differenziale espresso con il simbolo "d", come variazione infinitesimale.

Da cosa si sia ottenuta tale δ è in parte argomento già affrontato, in parte da approfondire, ma questo non implica nulla, in quanto, lo ripetiamo ancora, la propagazione non è altro che lo studio di come si propagano piccole variazioni da variabili indipendenti ad una variabile dipendente.

Consideriamo una grandezza qualsiasi, che etichettiamo per l'appunto G, la cui misura sarà indicata con g. Supponiamo che g sia dedotta dalla relazione $g = x + y$, dove le misure x e y sono rispettivamente date da $x_{ms} \pm \delta x$ e $y_{ms} \pm \delta y$.

La migliore stima di g, etichettata g_{ms}, è data (Cap. 10) dalla somma delle migliori stime di x e y:

$$g_{ms} = x_{ms} + y_{ms} \ .$$

Ora affrontiamo come si propagano su g le incertezze sulle grandezze x e y, tenendo conto, che vogliamo ricondurre la misura di g all'espressione $g_{ms} \pm \delta g$, che significa che i valori di g ricadono in un intervallo $g_{ms} - \delta g \leq g \leq g_{ms} + \delta g$.

Il massimo valore di g si otterrà dalla somma dei valori massimi di x e y. Il minimo valore di g invece si otterrà dalla somma dei rispettivi minimi x e y:

$$g_{max} = (x_{ms} + \delta x) + (y_{ms} + \delta y), \ g_{min} = (x_{ms} - \delta x) + (y_{ms} - \delta y) \ .$$

Raggruppando opportunamente $x_{ms} + y_{ms}$ e $\delta x + \delta y$, forniamo massimo e minimo di g:

$$g_{max} = (x_{ms} + y_{ms}) + (\delta x + \delta y) \ , \quad g_{min} = (x_{ms} + y_{ms}) - (\delta x + \delta y) \ ,$$

percui otteniamo per l'intervallo, entro il quale ci aspettiamo di trovare g:

$$g_{ms} - (\delta x + \delta y) \leq g \leq g_{ms} + (\delta x + \delta y) \ . \tag{4.1}$$

Per esprimere la misura di G come:

$$g = g_{ms} \pm \delta g,$$

o, se vogliamo rappresentare l'intervallo, nel quale ci aspettiamo sia inclusa la nostra misura:

$$g_{ms} - \delta g \leq g \leq g_{ms} + \delta g \ , \tag{4.2}$$

è immediato osservare che, perché la (4.1) sia equivalente alla (4.2), δg deve soddisfare:

$$\delta g = \delta x + \delta y \ .$$

Lo studente dimostri (Probl. 4.1) per il caso della misura g, ottenuta dalla relazione di sottrazione $g = x - y$, che si ottiene lo stesso risultato per l'incertezza: $\delta g = \delta x + \delta y$. Possiamo per ora affermare quanto segue.

Nel caso di una grandezza g, dedotta da *somme e sottrazioni* di due grandezze x e y, si ha che *l'incertezza assoluta* su g è data dalla *somma delle incertezze assolute* su

x e su y:

$$\text{per } g = x \pm y$$
$$\delta g = \delta x + \delta y \tag{4.3}$$

le incertezze (assolute[1]) sono *sommate linearmente*, vedremo in seguito, quando possono essere sommate in quadratura.

Possiamo *estendere la formula* alla misura g ottenuta dalla somma di tre grandezze x, y e z: $g = x + y + z$.

Se etichettiamo con ζ (lettera greca zeta) la somma di x e y, $\zeta = x + y$, g è data da $g = \zeta + z$.

Applichiamo la regola della propagazione per somme su g, $\delta g = \delta \zeta + \delta z$. Ma dato che a sua volta ζ è somma di x e y, allora $\delta \zeta = \delta x + \delta y$. Percui osserviamo che l'incertezza su $g = x + y + z$ è data dalla somma delle incertezze: $\delta g = \delta x + \delta y + \delta z$.

Si può iterare ed ogni volta aggiungere un'altra grandezza, fino ad un numero qualsiasi di grandezze, sulle quali agiscano operazioni di somme e differenze, osservando che si ottiene sempre la stessa regola.

Pertanto in conclusione nel caso in cui la grandezza g sia dedotta da più grandezze $(x, y, \cdots, z)$ mediante operazioni di somma o differenza, si ha che l'incertezza sulla grandezza g è data dalla somma delle incertezze di tutte le grandezze x, y, $\cdots$ e z, secondo al formula:

$$\delta g = \delta x + \delta y + \cdots + \delta z.$$

Esempio α .... α .... ℵ .... ℵ

Si deve misurare la massa di acqua da inserire in un calorimetro come differenza tra peso lordo del contenitore e tara. Dato che siamo limitati dalla portata della bilancia si devono fare due misure. Nella prima misura otteniamo per il peso lordo 176.5 g mentre la tara risulta 79.7 g, nella seconda misura abbiamo rispettivamente 156.7 g e 79.6 g.

La misura di massa totale d'acqua inserita nel calorimetro è data da (176.5-79.7 + 156.7-79.6) g = 173.9 g . Per propagare l'incertezza, è già il momento di invitare gli studenti ad usare i simboli piuttosto che i numeri, pertanto etichettiamo la massa lorda m_L e la tara m_T per la prima misura, e m'_L e m'_T per la seconda.

La massa totale dell'acqua (m_a) sarà data dalla relazione $m_a = m_L - m_T + m'_L - m'_T$. Applichiamo la regola di propagazione delle incertezze per somme e sottrazioni. Dato che abbiamo misure singole, abbiamo solo incertezza sulla lettura. Dai valori riportati si deduce che l'unità fondamentale o la risoluzione è di 0.1 g, pertanto l'incertezza di lettura (ε) risulta $\varepsilon_m = 1/2$ della risoluzione = 0.05 g, uguale per tutte le misure di massa effettuate con la stessa bilancia.

Si ottiene quindi $\varepsilon_{m_a} = \varepsilon_{m_L} + \varepsilon_{m_T} + \varepsilon_{m'_L} + \varepsilon_{m'_T}$, ovvero $\varepsilon_{m_a} = (0.05 + 0.05 + 0.05 + 0.05)$ g = 0.2 g. La misura di m_a sarà pari a 173.9 g $\pm$ 0.2 g. Facciamo notare

---

[1] Le incertezze sono fornite in valore assoluto, quindi basta indicarle come incertezze totali o percentuali.

come nella regola della propagazione degli errori usiamo in generale il simbolo δ, nell'esempio si è utilizzato il simbolo ε, in quanto abbiamo solo l'incertezza dovuta alla sensibilità di lettura, come premesso le regole di propagazione valgono per qualsiasi tipo di incertezza, l'importante che siano quantità piccole. Se interpretata come espressione della varianza avremo $\varepsilon_{m_a}/\sqrt{3}= 0.12$ g.

Si faccia attenzione perché in tale esempio, introdotto qui, dato che le misure sono indipendenti si potrà applicare la somma in quadratura.

Continuiamo con le regole semplici, per poi dare il quadro generale.

Propagazione di incertezze per misure da prodotti e rapporti

Affrontiamo ora il caso, in cui la grandezza G sia dedotta dal prodotto di due grandezze X e Y, secondo la relazione $g = xy$, le cui misure sono rispettivamente $x = x_{ms} \pm \delta x$ e $y = y_{ms} \pm \delta y$. Per maggiore comodità di scrittura e rappresentazione grafica, etichettiamo con $\tilde{x} = x_{ms}$, $\tilde{y} = y_{ms}$ e $\tilde{g} = g_{ms}$.

Per discutere con chiarezza ed introdurre il simbolismo usato, consideriamo il caso in cui i valori di x e y siano positivi.

Ribadiamo ancora che le incertezze δ, σ, ε si intendono in valore assoluto (quindi positivo), inoltre ricordiamo che l'incertezza relativa è espressa come $\delta x/|\tilde{x}|$, si osservi come si conserva il segno positivo anche per quest'ultima.

Il valore assoluto di $\tilde{x}$ ed $\tilde{y}$ per il caso, in cui sono entrambi positivi, ovviamente non sarebbe necessario, ma lo espliciteremo, perché, si osserverà, le regole dedotte per questo caso, utilizzando i valori assoluti, valgono anche per i casi, in cui $\tilde{x}$ o $\tilde{y}$ sono entrambe negative, o di segno opposto.

Questo vale, se si usa il valore assoluto, quando $\tilde{x}$ o $\tilde{y}$ entrano nel calcolo delle incertezze, cosa che risulterà comprensibile da grafico in Fig. 4.2, su cui torneremo, dopo aver ricavato le formule per il caso in discussione.

Ciò che dobbiamo trovare è l'espressione δg in funzione di δx e di δy. Consideriamo il massimo valore di g, che si ottiene dal prodotto di $x_{max}y_{max}$:

$$
\begin{aligned}
g_{max} &= x_{max}y_{max} = (\tilde{x}+\delta x)(\tilde{y}+\delta y) \equiv \\
&\equiv g_{max} = \tilde{x}\tilde{y}\left(1+\tfrac{\delta x}{|\tilde{x}|}\right)\left(1+\tfrac{\delta y}{|\tilde{y}|}\right) \equiv \\
&\equiv g_{max} = \tilde{x}\tilde{y}\left(1+\tfrac{\delta x}{|\tilde{x}|}+\tfrac{\delta y}{|\tilde{y}|}+\tfrac{\delta x}{|\tilde{x}|}\tfrac{\delta y}{|\tilde{y}|}\right) .
\end{aligned}
$$

Facciamo notare che conserviamo il valore positivo per le incertezze relative, esplicitando nella loro espressione i valori assoluti $|\tilde{x}|$ e $|\tilde{y}|$.

Dato che le incertezze ci si aspetta che siano piccole rispetto al valore misurato, possiamo trascurare il prodotto di due piccole quantità, ovvero il quarto termine nel-

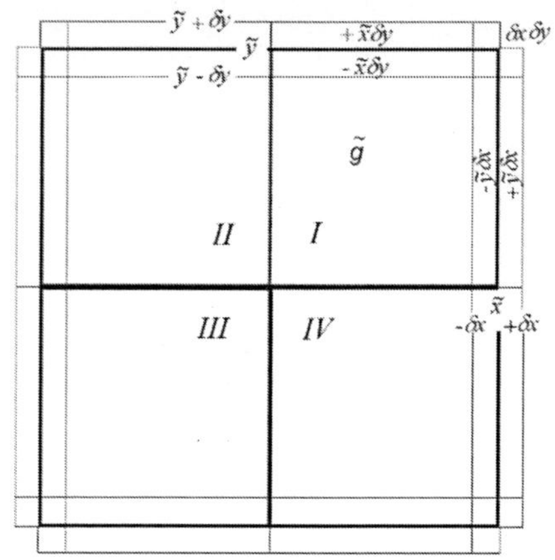

Figura 4.1 Prodotto di xy su un piano cartesiano (x, y): quanto si deriva per il I quadrante (x ed y positivi) risulta valido anche per gli altri quadranti, se si considerano i valori assoluti delle variazioni e del prodotto xy. Le aree $\tilde{y}\delta x$ e $\tilde{x}\delta y$, sommate a $\tilde{g}$, area di bordo più spesso, forniscono g_{max}, a meno di $\delta x \delta y$, sottratte all'area $\tilde{g}$ forniscono g_{min}, a meno di $\delta x \delta y$.

la parentesi a secondo membro rispetto ad uno, e dato che g_{max} vogliamo esprimerlo come $\tilde{g} + \delta g$:

$$\tilde{g} + \delta g \approx \tilde{x}\tilde{y} + |\tilde{x}||\tilde{y}| \left(\frac{\delta x}{|\tilde{x}|} + \frac{\delta y}{|\tilde{y}|} \right) ,$$

per mantenere il segno positivo, per quanto moltiplica la parentesi, che contiene le incertezze relative, abbiamo utilizzato i valori assoluti di $\tilde{x}$ e $\tilde{y}$.

Anche per il valore minimo di g si può osservare (Probl. 4.2):

$$g_{min} = \tilde{g} - \delta g \approx \tilde{x}\tilde{y} - |\tilde{x}||\tilde{y}| \left(\frac{\delta x}{|\tilde{x}|} + \frac{\delta y}{|\tilde{y}|} \right) .$$

Possiamo esprimere l'intervallo della misura come $\tilde{g} - \delta g \lesssim g \lesssim \tilde{g} + \delta g$, che, confrontandolo con quanto dedotto per g_{max} e g_{min}, ci permette di descrivere l'incertezza su g:

$$\delta g \approx |\tilde{x}||\tilde{y}| \left(\frac{\delta x}{|\tilde{x}|} + \frac{\delta y}{|\tilde{y}|} \right) .$$

Dato che $|\tilde{x}||\tilde{y}| = |\tilde{g}|$, risulta più pratico, sia nell'utilizzo, che mnemonicamente, presentarne l'incertezza relativa e fornire la seguente regola.

Nel caso di una grandezza g, dedotta dal prodotto di due grandezze x ed y, si ha che l'*incertezza relativa* sulla misura g è data dalla *somma delle incertezze relative* di x e di y.

$$\frac{\delta g}{|\tilde{g}|} \approx \left(\frac{\delta x}{|\tilde{x}|} + \frac{\delta y}{|\tilde{y}|} \right) .$$

Anche in questo caso abbiamo la *somma lineare*, in seguito presenteremo la situazione generale con i casi, in cui si utilizza la somma in quadratura.

Abbiamo derivato la formula di propagazione per il caso particolare in cui $\tilde{x}$ e $\tilde{y}$ fossero entrambi positivi, quindi nel I quadrante in Fig. 4.1. Quanto discusso per il I quadrante, si può estendere al II quadrante, in cui il prodotto $\tilde{x}\tilde{y}$ risulta negativo. Osservate che l'area è sempre la stessa e le quantità mantenute con il loro valore assoluto, permettono di descrivere la situazione anche per questo quadrante, dato che si ha una simmetria rispetto all'asse y.

Basta solo menzionare che il valore $\tilde{g}$ nel II quadrante sarà $\tilde{x}\tilde{y}$, dato da $-|\tilde{x}||\tilde{y}|$, quindi si riconduce tutto alle considerazioni fatte per il I quadrante, a meno del valore negativo di $\tilde{g}$, mentre per il resto tutto resta invariato, visto che esprimiamo le incertezze in valore assoluto.

Stesse considerazioni a meno di differenze sul segno della migliore stima di g, che abbiamo etichettato $\tilde{g}$, valgono per gli altri quadranti, dato che le variazioni δx e δy sono positive e per quanto riportato nel grafico del I quadrante.

Invitiamo lo studente a verificare la formula sopra, con il seguente esempio che tenga conto delle varie possibilità dei segni di x e y.

Esempio: α ········· α ·············· ········· ℵ ········· ℵ

Supponiamo di avere una grandezza $g = xy$, dove per rendere più immediata la comprensione utilizziamo il piano cartesiano. Abbiamo un punto ($\tilde{x}$) sull'asse delle ascisse ed un altro sull'asse delle ordinate ($\tilde{y}$), per i quali vogliamo stimare il prodotto tra questi valori confrontandoci con il piano cartesiano, ricordiamo che nel piano (x, y) tale prodotto risulta positivo nel primo e terzo quadrante e negativo nel secondo e quarto quadrante.

Facciamo i calcoli per $\tilde{x} = 3$ e $\tilde{y} = 4$, affetti entrambi da un'incertezza relativa del 10 % (0.1)

Quindi riportiamo le misure: $x = 3.0 \pm 0.3$ e $y = 4.0 \pm 0.4$. Si osserva come il valore massimo, ottenuto dal prodotto dei rispettivi massimi, risulta 14.52, la miglior stima 12 ed il valore minimo 9.72. Abbiamo individuato l'intervallo della nostra misura dal semplice prodotto dei due valori massimi e dei due valori minimi rispettivi.

Usiamo ora le regole di propagazione per i prodotti. La migliore stima risulta la stessa $\tilde{g} = \tilde{x}\tilde{y} = 12$ e per l'incertezza applichiamo la formula $\delta g/|\tilde{g}| \approx \delta x/|\tilde{x}| + \delta y/|\tilde{y}|$, $\delta g/|\tilde{g}| \approx 0.1 + 0.1 = 0.2$, ed otteniamo $\delta g \approx 0.2 \times 12 = 2.4$. Quindi si ha $g_{max} \approx 14.4$ e $g_{min} \approx 9.6$. Facciamo notare come nelle formula della propagazione delle incertezze, abbiamo utilizzato il simbolo circa ($\approx$). Osserviamo una lieve differenza, ma teniamo conto che l'incertezza su entrambi le variabili x ed y è del 10 %.

Tale differenza risulterà minore al diminuire dell'incertezza delle variabili di partenza.

Infatti se si suppone di avere un'incertezza sia per $\tilde{x}$ che per $\tilde{y}$ dell'1 %, si osserva, dal prodotto diretto $g_{max} = 12.2412 \approx 12.24$, $g_{min} = 11.7612 \approx 11.76$ e corrispondentemente dalla regola di propagazione si ottiene $g_{max} = 12.24$ e $g_{min} = 11.76$. Per il calcolo abbiamo utilizzato l'uguaglianza, ma dato che sono dedotti dalla propagazione e quindi l'incertezza è un'approssimazione, dovremmo scrivere sempre $g_{max} \approx 12.24$ e $g_{min} \approx 11.76$, che risulta consistente con quanto ottenuto del prodotto tra i rispettivi massimi e minimi.

Nella propagazione degli errori si deve sempre tener conto che effettuiamo approssimazioni, che risultano accettabili.

Sulla base dello schema sul piano cartesiano, possiamo direttamente accettare tale risultato, per valori positivi o negativi di $\tilde{x}$ e $\tilde{y}$.

Lasciamo allo studente la verifica per i casi $x = -3$ e $y = -4$, $x = 3$ e $y = -4$ ed infine $x = -3$ ed $y = 4$, con le incertezze per entrambi dell'1 %.

Si consiglia di fare il disegno sui quadranti, per chiarirsi le idee su cosa si intende per i valori massimi o minimi di g, ed arrivare quindi alla conclusione, che la formula con i valori assoluti è di più immediata fruizione in tutti i casi.

Con un pizzico di matematica in più, si può dimostrare che, anche nel caso di una grandezza g dedotta dal rapporto fra due grandezze $g = x/y$ (Probl. 4.4), l'incertezza relativa su g è data dalla somma delle rispettive incertezze relative di x e y.

In conclusione:

$$\text{per } g = xy \; e \text{ per } g = x/y \, .$$

si ha:

$$\frac{\delta g}{|\tilde{g}|} \approx \frac{\delta x}{|\tilde{x}|} + \frac{\delta y}{|\tilde{y}|} \, . \tag{4.4}$$

Potremmo estendere anche per queste operazioni lo studio della propagazione, considerando un'ulteriore grandezza z, percui la grandezza $g = xyz$.

Etichettiamo $\zeta = xy$, applicando la regola per i prodotti a $g = \zeta z$, avremmo $\delta g/|\tilde{g}| = \delta \zeta/|\tilde{\zeta}| + \delta z/|\tilde{z}|$. Ma dato che $\zeta = xy$ avremo che $\delta \zeta/|\tilde{\zeta}| = \delta x/|\tilde{x}| + \delta y/|\tilde{y}|$.

Pertanto risulterà $\delta g/|\tilde{g}| = \delta x/|\tilde{x}| + \delta y/|\tilde{y}| + \delta z/|\tilde{z}|$.

Possiamo iterare il procedimento, aggiungendo ogni volta una grandezza, ed otterremo sempre, che l'incertezza relativa su g è data dalla somma degli errori relativi delle grandezze, da cui dipende g, pertanto possiamo concludere.

Nel caso di una misura g di una grandezza, ottenuta da *prodotti e/o rapporti* delle grandezze $x, y, \cdots , z$, si ha che l'*incertezza relativa* della grandezza g è data dalla *somma delle incertezze relative* secondo la relazione:

$$\frac{\delta g}{|\tilde{g}|} \approx \frac{\delta x}{|\tilde{x}|} + \frac{\delta y}{|\tilde{y}|} + \cdots + \frac{\delta z}{|\tilde{z}|} \, ,$$

puntualizzando che questo è per ora solo il caso, in cui si utilizza la *somma lineare*. Di seguito includeremo anche i casi in cui si utilizza la *somma in quadratura*.

4.2 Incertezze indipendenti e (casuali): somma in quadratura

Abbiamo osservato che nel caso di grandezze dedotte da somme o sottrazioni, si sommano le incertezze assolute, mentre nel caso di grandezze dedotte da prodotti o rapporti si sommano le incertezze relative.

Nel caso di misure ripetute avremmo una serie di misure di x e y, che forniscono una serie di misure di g, per ogni coppia di misure di x ed y.

Nella derivazione precedente abbiamo attribuito simultaneamente l'incertezza massima per x, coincidente con l'incertezza massima per y, nel calcolo del loro contributo all'incertezza g. Questo è un caso particolare.

Ma come possiamo essere sicuri che succeda veramente questo ed in ogni misura siano sempre combinate in questo modo, oppure, quale sarebbe la probabilità, che ciò avvenga?

Per chiarire rigorosamente tale argomento, dovremmo affrontare una serie di argomenti, anche nell'ambito della statistica.

Anticipiamo per ora il risultato, che giustificheremo in modo formale nel Cap. 10, in quanto utile per utilizzare già le regole appropriate.

Se una grandezza g è ottenuta dalla somma o sottrazione di *grandezze indipendenti tra loro x, y* l'incertezza assoluta è data dalla *somma in quadratura* delle incerte assolute:

$$\delta g = \sqrt{(\delta x)^2 + (\delta y)^2}\,.$$

Questo valore è sempre minore o al massimo uguale alla *somma lineare* delle incertezze $\delta x + \delta y$. Questo si ha per qualsiasi numero reale, potete dimostrarlo, considerando x e y come i due cateti di un triangolo rettangolo, o, come vedremo (Cap. 10), grazie al calcolo vettoriale mediante la cosiddetta disuguaglianza di Schwartz [11].

Come risultato si ottiene da questa disuguaglianza, che l'incertezza della nostra misura è minore, o al massimo uguale, a quanto dedotto dalla somma lineare:

$$\sqrt{(\delta x)^2 + (\delta y)^2} \leq \delta x + \delta y\,,$$

pertanto la valutazione dell'incertezza con la somma lineare risulterà un limite superiore.

Nei casi in cui non abbiamo modo di verificare tale dipendenza tra le due variabili x e y, o abbiamo dubbi, meglio essere conservativi e utilizzare la somma lineare.

Queste considerazioni si estendono anche a grandezze dedotte da frazioni e prodotti, si avrà che se una grandezza g è ottenuta da due variabili x, y, *indipendenti tra loro*, mediante un'operazione di prodotto o rapporto:

$$\sqrt{\left(\frac{\delta x}{\tilde{x}}\right)^2 + \left(\frac{\delta y}{\tilde{y}}\right)^2} \leq \frac{\delta x}{|\tilde{x}|} + \frac{\delta y}{|\tilde{y}|} \ .$$

Le formule suddette per la somma in quadratura si estendono ad un numero qualsiasi delle grandezze x, y, $\cdots$, z.

Per una grandezza, g dedotta da grandezze x, y, $\cdots$, z con operazioni di somme e/o sottrazioni si ha che l'incertezza risulta:

$$\delta g = \delta x + \delta y + \cdots + \delta z, \quad \textit{variabili tra loro dipendenti},$$

$$\delta g = \sqrt{(\delta x)^2 + (\delta y)^2 + \cdots + (\delta z)^2} \ \textit{variabili tra loro indipendenti}.$$

Per una grandezza g dedotta da grandezze x, y, $\cdots$, z con operazioni di moltiplicazioni e/o divisioni si ha che l'incertezza relativa risulta:

$$\frac{\delta g}{g} = \frac{\delta x}{x} + \frac{\delta y}{y} + \cdots + \frac{\delta z}{z} \ , \quad \textit{per variabili tra loro dipendenti},$$

$$\frac{\delta g}{g} = \sqrt{\left(\frac{\delta x}{x}\right)^2 + \left(\frac{\delta y}{y}\right)^2 + \cdots + \left(\frac{\delta z}{z}\right)^2} \ \textit{per variabili tra loro indipendenti}.$$

Le formule qui riportate saranno giustificate nel Cap.10 per *grandezze indipendenti tra loro*. Per potere verificare se due grandezze siano o no indipendenti, dovremo affrontare la regressione lineare (Cap. 9), per fare una verificata sperimentalmente.

A priori si potrebbe intuitivamente presumere o intuire dal modello (legge), se due grandezze sono, o non sono, indipendenti, ma questo è un "abuso" ideologico. Da sperimentali dobbiamo verificare, se le grandezze sono in relazione tra loro dall'osservazione e la misura di entrambi.

Per esempio nel caso di un moto rettilineo uniforme, sappiamo che la velocità $v = s/t$ è costante.

Supponiamo di avere delle misure di posizione s per vari tempi t e a priori presumiamo, che la grandezza s (spazio percorso) e la grandezza t (tempo necessario per percorrerlo) sono dipendenti.

All'aumentare dello spazio aumenterà in modo lineare il tempo ($v =$ costante). Quindi s e t dovrebbero essere dipendenti tra loro, ma attenzione, stiamo presupponendo che il moto sia rettilineo uniforme. Potremmo avere altri tipi di moto e come ci dovremmo comportare?

L'approccio di un fisico non è ideologico a priori, ma deve essere confermato a posteriori, mediante osservazioni quantitative: misurazioni. Quindi si verificherà se s e t sono dipendenti tra loro, eppoi si applicherà opportunamente la somma in quadratura o la somma lineare delle incertezze sulla grandezza v dipendente da esse secondo la relazione $v = s/t$.

Anche questa osservazione e decisione sottostà alla verifica di ipotesi secondo la statistica, come sarà discusso nel Cap. 10.

In ogni caso si dovrà verificare, sperimentalmente, se sussiste una relazione di dipendenza tra le due grandezze, e quantificarla opportunamente.

4.3 Misura da una relazione funzionale

Alcune grandezze fisiche dipendono da altre, misurate direttamente o anche indirettamente, non attraverso semplici operazioni, quali somma, differenza, prodotto o frazione, ma attraverso relazioni funzionali semplici o complesse.

Per esempio nel caso dei massimi di interferenza per un esperimento a due fenditure del tipo alla Young, si osserva che la relazione tra lunghezza d'onda (λ) e l'angolo (θ) (lettera greca theta) per il massimo di ordine n risulta $\lambda = d\,\mathrm{sen}\,\theta/n$, dove d è la distanza tra le due fenditure e θ l'angolo rispetto alla normale al piano, dove si trovano le due fenditure [5].

Consideriamo quindi una grandezza G, che sia misurabile indirettamente secondo una relazione $g(x)$, funzione di x, da tale modo di presentarla si osserva, quanto espresso nell'analisi di funzioni.

Per tale funzione g della grandezza x (misurabile direttamente o sua volta indirettamente), ci chiediamo quale incertezza sia da attribuirle, se la misura di X risulta $\tilde{x} \pm \delta x$, dove, come già fatto, usiamo $\tilde{x} \equiv x_{ms}$, per semplificare la lettura nel corso del testo.

Dalla descrizione grafica della derivata, giungeremo ad una descrizione operativa, analitica, che ci servirà per dare un quadro più rigoroso sulla propagazione delle incertezze.

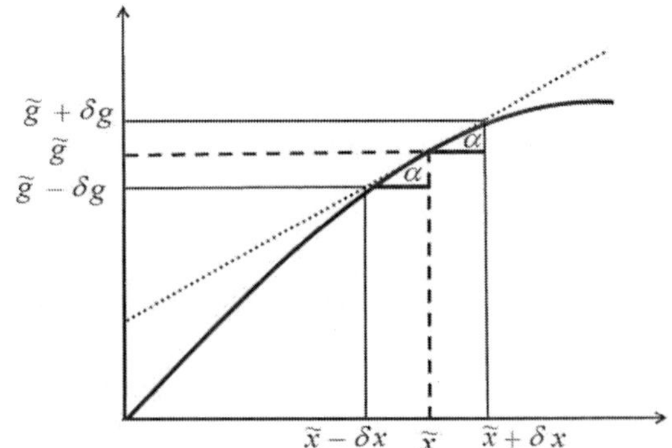

Figura 4.2 Curva $g(x)$ con la tangente nel punto $\tilde{x}$ (retta punteggiata) e stima dell'incertezza su g dovuta a δx, mediante la pendenza della retta tangente ($\tan\alpha$) alla curva nel punto $\tilde{x}$. δg risulta il cateto opposto all'angolo α, e δx il cateto adiacente, pertanto $\delta g = \tan\alpha\,\delta x$, sia per δx, che per $-\delta x$ ($-\delta g$).

La curva continua in Fig. 4.2 nell'analisi matematica si esprime come $g = g(x)$, che significa g è funzione della variabile x. Per noi g risulta la misura di una grandezza, che segue la relazione funzionale $g = g(x)$.

Se tracciamo la retta tangente (linea punteggiata in Fig. 4.2) alla curva nel punto $\tilde{x}$, possiamo ottenere un'approssimazione dell'incertezza su g, dedotta proprio dalla retta punteggiata.

Osserviamo in Fig. 4.2, che la differenza nella posizione $\tilde{x} + \delta x$ tra il punto corrispondente sulla retta e quello sulla curva $g = g(\tilde{x} + \delta x)$ è piccola, leggermente distinguibile dal grafico.

Possiamo stimare l'incertezza δg come la lunghezza del cateto opposto all'angolo α in Fig. 4.2, dove α è l'angolo di inclinazione, rispetto all'asse delle ascisse, della retta tangente alla curva nel punto $\tilde{x}$, punto individuato sul grafico dalla linea verticale tratteggiata.

Si osserva che anche per il minimo x_{min} dato da $\tilde{x} - \delta x$, sottraendo a $\tilde{g}$ la stessa lunghezza del cateto opposto all'angolo α si ha un'approssimazione del valore minimo di $g_{min} = g(\tilde{x} - \delta x)$.

Quindi si ha che $\delta g \approx \tan \alpha \, \delta x$ e $-\delta g \approx \tan \alpha \, (-\delta x)$.

Il simbolo $\approx$ (circa, approssimativamente) indica che g_{max} (g_{min}), che esprime il valore massimo (minimo) della funzione calcolata in $g(\tilde{x} + \delta x)$ ($g(\tilde{x} - \delta x)$), è leggermente diverso da $\tilde{g} + \tan \alpha \delta x$ ($\tilde{g} - \tan \alpha \delta x$).

Questa differenza decresce al diminuire di δx, quanto più ci avviciniamo al punto $\tilde{x}$, tanto più si riduce la differenza tra $g(\tilde{x} \pm \delta x)$ sulla curva e $g = \tilde{g} \pm \tan \alpha \delta x$, ottenuta dalla lunghezza del cateto opposto all'angolo di inclinazione della retta tangente alla curva nel punto $\tilde{x}$.

Dall'analisi matematica si ha che:
la *tangente ad una curva in un punto* $\tilde{x}$ non è altro che la *derivata della funzione*, calcolata proprio *nel punto* $\tilde{x}$.

La *derivata di una funzione* rispetto alla variabile x si indicata con il simbolo d/dx (il simbolo d, che sta per differenziale, è espresso in testo piano).

Lo studente deve soprattutto comprendere il significato geometrico della derivata per il suo utilizzo nella approssimazione di una funzione. Per il calcolo delle derivate può fare riferimento alla Tabella D.1 presentata in App. D.

Si può osservare, facendo un grafico con una curva avente pendenza negativa, che grazie al valore assoluto di δx, possiamo anche per questo caso appellarci al calcolo delle derivate, per ottenere una buona approssimazione dell'incertezza su $g = g(x)$. Nel caso di una curva con pendenza negativa, si avrebbe δg positivo nel caso in cui $\delta g = \tan \alpha (-\delta x)$, dato che la pendenza della curva è negativa. Mentre si avrebbe δg minore di zero nel caso $\tan \alpha \delta x$.

Per tirarsi fuori da ogni problema sul segno, visto che l'incertezza è riportata in valore assoluto, potremmo scrivere $\delta g = |\tan \alpha| \delta x$ per qualsiasi curva e riportare l'intervallo della misura indiretta di g come:

$$\tilde{g} - \delta g \lesssim \tilde{g} \lesssim \tilde{g} + \delta g \ .$$

È opportuno chiarire, che ci sono diversi modi, in cui si esprime la derivazione di una funzione $g(x)$ rispetto alla variabile x, calcolata poi in un punto (p.e. $\tilde{x}$):

$$\left[\frac{\mathrm{d}}{\mathrm{d}x} (g(x)) \right]_{\tilde{x}} \equiv \frac{\mathrm{d}}{\mathrm{d}x} (g(\tilde{x})) \equiv g'(\tilde{x}) \ .$$

La prima forma esplicita tutto e significa, che prima si calcola la derivata della funzione rispetto alla variabile x, poi si sostituisce ad x il valore $\tilde{x}$.

La derivata di una funzione calcolata in un punto $\tilde{x}$, graficamente rappresenta la pendenza $\tan \alpha$ della retta tangente alla curva nel punto $\tilde{x}$.

Nei casi in cui risulti chiaro, si sottintende tutto il simbolismo e si scrive semplicemente:

$$\frac{\mathrm{d}g}{\mathrm{d}x} \text{ o semplicemente } g' \ ,$$

sottintendendo che g è funzione di x $(g(x))$, che per "d/dx" o "'" si intende l'operazione di derivata, e ancora che questa derivata va calcolata nel punto di interesse. Nel caso della teoria delle incertezze il punto di interesse è la migliore stima della misura della grandezza X, ovvero x_{ms}, che per maggiore chiarezza e presentazione abbiamo etichettato $\tilde{x}$. Quindi otteniamo che:

l'incertezza su g, misura di una grandezza G, funzione di x, misura di una grandezza X, è data da:

$$\delta g \approx \left| \frac{\mathrm{d}g}{\mathrm{d}x} \right| \delta x \ . \tag{4.5}$$

Si deriva rispetto a x la funzione $g(x)$, si calcola tale derivata in $x = \tilde{x}$ $(\equiv x_{ms})$, se ne prende il valore assoluto e lo si moltiplica per l'incertezza δx.

Tale modo è detto *propagazione per derivazione o per differenziazione*.

La possibilità di avere un formalismo generale per dedurre l'incertezza, non dovrebbe farci preoccupare del calcolo delle derivate (App. D). L'importante è capirne il significato grafico–geometrico ed il suo utilizzo per la propagazione delle incertezze. Con l'utilizzo della tabella in App. D, lo studente dovrebbe essere in grado di usare operativamente questo strumento.

Sviluppo in polinomi di Taylor

Altro argomento, che riguarda la derivazione di funzioni e che viene utilizzato in un corso di laboratorio, soprattutto per comprendere la teoria delle incertezze, è il calcolo approssimato di funzioni, grazie ad uno sviluppo, detto sviluppo di una funzione in polinomi di Taylor.

Questo argomento fornisce una cornice formale, per l'approssimazione presentata con l'aiuto del significato geometrico-grafico della derivata.

È opportuno chiarire in modo formale, che nel caso di una funzione f (derivabile n volte) di una variabile x, lo sviluppo nel punto x_0 in polinomi di Taylor risulta:

$$f(x) = f(x_0) + \frac{\mathrm{d}f(x_0)}{\mathrm{d}x}(x - x_0) + \frac{1}{2!}\frac{\mathrm{d}^2 f(x_0)}{\mathrm{d}x^2}(x - x_0)^2 + \cdots + \frac{1}{n!}\frac{\mathrm{d}^n f(x_0)}{\mathrm{d}x^n}(x - x_0)^n,$$

che permette l'approssimazione di ordine n della funzione $f(x)$, intorno al punto x_0.

Se sostituiamo ad x_0 la migliore stima $\tilde{x}$, lo sviluppo di una grandezza g (invece di f), in prossimità di $\tilde{x}$ risulta:

$$g(\tilde{x} + \delta x) = g(\tilde{x}) + \frac{\mathrm{d}g(\tilde{x})}{\mathrm{d}x}\delta x + \frac{1}{2!}\frac{\mathrm{d}^2 g(\tilde{x})}{\mathrm{d}x^2}(\delta x)^2 + \cdots .$$

Se trascuriamo gli ordini superiori al primo grado (potenze di δx maggiori di uno), otteniamo l'approssimazione al primo ordine:

$$g(\tilde{x} + \delta x) \approx g(\tilde{x}) + \frac{\mathrm{d}g(\tilde{x})}{\mathrm{d}x}\delta x .$$

che è sufficiente per l'analisi delle incertezze.

Percui possiamo osservare che ad un'incertezza δx della *variabile indipendente* si ha un'incertezza sulla *variabile dipendente* δg data da:

$$\delta g = g(\tilde{x} + \delta x) - g(\tilde{x}) \approx \frac{\mathrm{d}g(\tilde{x})}{\mathrm{d}x}\delta x.$$

Possiamo fare l'approssimazione per $x = \tilde{x} - \delta x$, osservare che comparirà un segno meno a secondo membro.

Possiamo utilizzare anche funzioni con pendenze negative, e studiare qualsiasi possibile situazione.

Dato che esprimiamo δg in valore assoluto, se le variazioni sulla variabile x e sulla grandezza g sono incertezze assolute, possiamo scrivere:

$$\delta g \approx \left| \frac{\mathrm{d}g(\tilde{x})}{\mathrm{d}x} \right| \delta x . \tag{4.6}$$

Si osservi che l'approssimazione mediante lo sviluppo in polinomi di Taylor, abbia condotto alla (4.6), che è ovviamente identica, a quanto derivato con le considerazioni sul significato geometrico della derivata e riportato nella (4.5).

Dal punto di vista analitico non abbiamo bisogno di dire altro, nel caso di una funzione $g(x)$ un'incertezza δx sulla variabile indipendente induce un'incertezza sulla variabile dipendente δg secondo la (4.6).

Abbiamo usato la terminologia tipica dell'analisi di funzione per la variabile dipendente (g), che compare sull'asse delle ordinate, e per la variabile indipendente

(x), che compare sull'asse delle ascisse.

Esempi: α ········ α ·················· $\aleph$ ········ $\aleph$

– Considerare $g = -4x$, come $g = -x - x - x - x$ e ricavare l'incertezza su g, sia per derivazione per la prima espressione, che con la formula per le differenze per la seconda.
  Calcolo dell'incertezza per derivazione: $\delta g = |dg/dx|\delta x = |-4|\delta x = 4\delta x$.
  Calcolo dell'incertezza per differenza: $\delta g = \delta x + \delta x + \delta x + \delta x = 4\delta x$ (stesso risultato per entrambi i modi).

– Ricavare l'errore su $g = -x^3$ dalla formula della derivazione e dalla formula dei prodotti, dato che g può essere espressa anche come $(-x)(-x)(-x)$.
  Calcolo per derivazione: $\delta g = |dg/dx|\delta x = |-3x^2|\delta x = 3x^2\delta x$.
  Calcolo per frazioni: $\delta g/|g| = 3\delta x/|x|$, dato che $\delta g/|g| = \delta g/|-x^3|$, si ottiene $\delta g = 3x^2\delta x$ (lo stesso risultato per entrambi i modi).

$\beth$ ········ $\beth$ ·················· ω ········ ω

I risultati ottenuti per gli esempi, confermano che l'approccio per derivazione fornisce lo stesso risultato delle operazioni semplici. Questo ci auguriamo sia uno stimolo per lo studente a inoltrarsi nel mondo della propagazione per differenziazione, sia perché, una volta acquisito il meccanismo, è di più immediata soluzione, che perché permette un più facile controllo sulle operazioni di calcolo.

Dal punto di vista teorico, dobbiamo spingerci anche oltre, per poter avere in mano gli strumenti necessari a discutere e approfondire la teoria delle incertezze.

4.4 Misura da una relazione funzionale di più grandezze

Molte grandezze fisiche sono dedotte da una relazione funzionale di misure di più grandezze, attraverso la combinazione di varie funzioni, per esempio $\lambda = d\,\mathrm{sen}\,\theta/n$. Si possono avere operazioni di vario tipo su più variabili e/o combinazioni di funzioni varie.

Osserveremo che si può tutto ricondurre al calcolo delle derivate, finora considerate, per una sola variabile, con una piccola accortezza: tenere costante tutto quello, che non dipende dalla variabile, per la quale stiamo studiando le variazione (per la quale stiamo derivando).

Per digerire questo passaggio, partiamo dalla grandezza $g = xy$, che abbiamo già dedotto come prodotto tra grandezze, per la quale si è ottenuto:

$$\delta g = |\tilde{x}|\delta y + |\tilde{y}|\delta x,$$

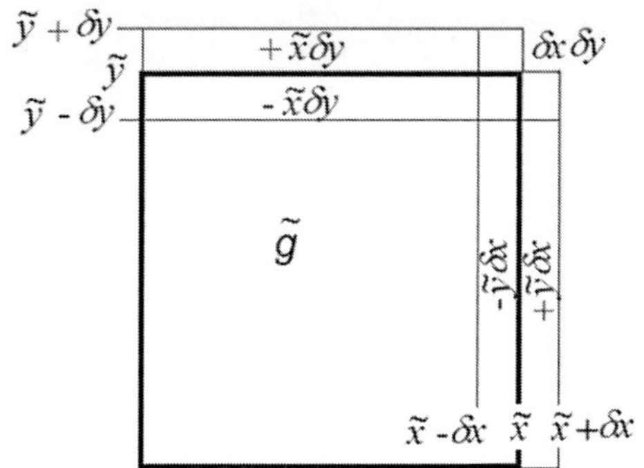

Figura 4.3 Rappresentazione grafica del calcolo delle incertezze per il caso di una grandezza $g = \tilde{x}\tilde{y}$, utilizzato per introdurre le derivate parziali.

e riportiamo in Fig. 4.3 i rettangolini di area $\tilde{x}\delta y$ e $\tilde{y}\delta x$, e l'area $\tilde{g}$ (linea più spessa).

Per stimare l'incertezza su g ovvero la variazione δg nel prodotto xy, esplicitiamo quanto fatto:

- teniamo costante x al valore $\tilde{x}$ e lo moltiplichiamo per la variazione di y ovvero δy, ottenendo $\tilde{x}\delta y$, in Fig. 4.3 abbiamo riportato tali rettangoli in alto, sottratti e sommati all'area $\tilde{g}$,
- teniamo costante y al valore $\tilde{y}$ e lo moltiplichiamo per la variazione di x, ovvero δx, ottenendo $\tilde{y}\delta x$, rettangoli presenti anche in Fig. 4.3 al lato destro, sommati e sottratti all'area $\tilde{g}$,

Se sommiamo entrambi i rettangolini a $\tilde{g}$ ($\tilde{g} + \tilde{x}\delta y + \tilde{y}\delta x$), otteniamo il massimo di g, se sottraiamo tali rettangolini a $\tilde{g}$ otteniamo il minimo di g.

A meno della quantità $\delta x \delta y$, che possiamo trascurare, se entrambe le quantità sono piccole.

4.4.1 Derivazione parziale per prodotti e frazioni

Nel caso della teoria delle incertezze parliamo di δx, che è una quantità piccola, nell'analisi di funzioni si parla di *differenziale* dx, che invece è una quantità infinitesimale ($dx \rightarrow 0$). In analisi matematica si ha che la variazione infinitesimale di g è data da $dg = xdy + ydx$, ovvero in altre parole sulla grandezza g, considero x costante nel prodotto e moltiplico per la variazione infinitesimale di y (dy), poi considero costante y e moltiplico per la variazione infinitesimale dx, e sommo questi due termini per avere la variazione dg, quanto mostrato graficamente in Fig. 4.3.

Questa operazione, di calcolare solo la variazione rispetto ad una variabile, tenendo "costante" il resto, è indicata con il segno di $\partial/\partial x$, che significa derivare xy solo rispetto alla variabile indicata a denominatore del simbolo $\partial/\partial x$ in questo caso la x; questo tipo di *derivazione* è detta *derivata parziale* di g rispetto ad x. Equivalentemente con il simbolo $\partial/\partial y$ si intende derivare solo rispetto alla y, ritenendo costanti tutti gli altri elementi. Nel caso della derivazione parziale, la derivata agisce solo sulla variabile, della funzione, riportata a denominatore del simbolo di derivata parziale, e si considerano tutte le altre variabili costanti, che nel caso di prodotti o frazioni possono essere portate a sinistra del segno di derivazione.

Possiamo quindi ottenere la variazione infinitesimale (differenziale) della grandezza g come:

$$dg = \frac{\partial g(x,y)}{\partial x}dx + \frac{\partial g(x,y)}{\partial y}dy \,,$$

dove dato che $\partial g/\partial x$ significa derivare solo rispetto alla x, si deve considerare che tale operatore agisce solo su quanto dipende da x, riconduncendosi quindi all'operazione di derivata totale, e ritenere quanto dipende dalla y come costante. La situazione si inverte per il caso $\partial g/\partial y$.

Possiamo utilizzare questo strumento, per i casi già noti ed accettarlo, se riproduciamo le formule già ottenute.

Derivazione parziale nel caso di prodotti o frazioni

Applichiamo questa regola al caso semplice $g = xy$:

$$dg = \frac{\partial(xy)}{\partial x}dx + \frac{\partial(xy)}{\partial y}dy = y\frac{\partial(x)}{\partial x}dx + x\frac{\partial(y)}{\partial y}dy,$$

una volta portato fuori dal segno di derivazione parziale ciò che non varia, la derivata si calcola normalmente ovvero in questo caso $\partial x/\partial x \equiv dx/dx = 1$ e $\partial y/\partial y \equiv dy/dy = 1$, percui si ottiene quanto già riportato dalla formula per prodotti e frazioni:

$$dg = ydx + xdy \,.$$

Con le dovute accortezze per le incertezze si ottiene lo stesso risultato.

Queste considerazioni valgono ovviamente per qualsiasi funzione di x, y e/o altra variabile. Rimane sempre la considerazione che rispetto al differenziale, come per il caso di una variabile, l'incertezza non è proprio tendente a zero, percui dobbiamo segnalare che è una approssimazione e che inoltre consideriamo i valori assoluti delle variazioni pertanto:

$$\delta g \approx \left|\frac{\partial g}{\partial x}\right|\delta x + \left|\frac{\partial g}{\partial y}\right|\delta y \,,$$

che applicata alla grandezza $g = xy$, significa fare la derivazione parziale, poi calcolare quanto ottenuto nei valori $\tilde{x}$ e $\tilde{y}$:

$$\delta g \approx |\tilde{y}|\delta x + |\tilde{x}|\delta y \,.$$

E abbiamo ottenuto quanto dedotto per la regola della propagazione per prodotti e/o frazioni.

Derivazione parziale nel caso di somme e sottrazioni

Applichiamo la derivazione parziale al caso di funzioni di più variabili, ottenute da somme o sottrazioni. Consideriamo il caso delle somme e verifichiamo, se otteniamo lo stesso risultato fornito per la grandezza $g = x + y$, dove dobbiamo applicare la proprietà distributiva della derivata, e quindi non possiamo portare fuori dal segno di derivazione le variabili, che non sono da derivare:

$$\delta g = \delta g \approx \left| \frac{\partial(x+y)}{\partial x} \right| \delta x + \left| \frac{\partial(x+y)}{\partial y} \right| \delta y.$$

Percui dobbiamo distribuire la derivata parziale ed otteniamo:

$$\delta g \approx \left| \frac{\partial x}{\partial x} + \frac{\partial y}{\partial x} \right| \delta x + \left| \frac{\partial x}{\partial y} + \frac{\partial y}{\partial y} \right| \delta y.$$

Ora possiamo considerare quindi le derivate come fossero totali, e osservare che la derivata di x rispetto ad x è uno, mentre la derivata di y rispetto ad x, dato che la y è da considerarsi costante rispetto ad x, è zero. Viceversa si ha per le derivazioni rispetto a y, la derivata di x è zero, e la derivata di y è uno. Poi si calcolano le derivate nei valori $\tilde{x}$ e $\tilde{y}$, in questo caso le derivate risultano delle costanti, pertanto si ha:

$$\delta g \approx \left| 1 + 0 \right| \delta x + \left| 0 + 1 \right| \delta y = \delta x + \delta y \,.$$

Si ottiene così la regola, che nel caso di una grandezza g, ottenuta dalla somma di due grandezze, l'incertezza assoluta di g è data dalla somma delle incertezze assolute di x ed y

Ci auguriamo che questo approccio grafico e con la riconferma del risultato ottenuto per i casi semplici, sia convincente per gli studenti, che al primo anno non hanno ancora affrontato l'argomento della derivazione parziale.

Tale argomento risulta utile e necessario per comprendere alcuni risultati ottenuti dalla statistica nella teoria delle incertezze, e dobbiamo quindi spingerci un po' oltre, per formalizzare meglio le approssimazioni di funzioni di più variabili. Come dalla derivata totale siamo passati allo sviluppo in polinomi di Taylor, per una funzione dipendente da una sola variabile, così, dalla derivazione parziale dobbiamo spingerci verso lo sviluppo in polinomi di Taylor per una funzione di più variabili.

Sviluppo in polinomi di Taylor per una funzione di più variabili

La formulazione corretta dell'approssimazione di una funzione g, dipendente da più variabili $(x, y, \cdots, z)$, si basa, anche, sullo sviluppo secondo polinomi di Taylor, di cui, nel campo della teoria delle incertezze risulta sufficiente fermarsi al primo ordine. Esplicitiamo quindi solo il primo ordine:

$$g(x,y,z,\cdots) = g(x_0,y_0,\cdots,z_0) + \left(\frac{\partial g}{\partial x}\right)_{x_0,y_0,\cdots,z_0} (x-x_0) +$$

$$+ \left(\frac{\partial g}{\partial y}\right)_{x_0,y_0,\cdots,z_0} (y-y_0) +$$

$$+\cdots+$$

$$+ \left(\frac{\partial g}{\partial z}\right)_{x_0,y_0,\cdots,z_0} (z-z_0) +$$

$$+\cdots \text{termini di ordine superiore.}$$

La funzione g calcolata in $(x,y,\cdots,z)$ si ottiene dallo sviluppo intorno ai punti $(x_0,y_0,\cdots,z_0)$, dove $dx = x-x_0$, $dy = y-y_0$, $\cdots$, $dz = z-z_0$, di cui abbiamo esplicitato solo il primo ordine. Quindi la variazione della funzione, $dg = g - g_0$, nel caso della propagazione delle incertezze si traduce in δg, per la quale è sufficiente fermarsi al primo ordine, dato che l'incertezza è presa in valore assoluto, dobbiamo prendere i termini dello sviluppo in valore assoluto:

$$\delta g \approx \left|\frac{\partial g}{\partial x}_{(\tilde{x},\tilde{y},\cdots,\tilde{z})}\right| \delta x + \left|\frac{\partial g}{\partial y}_{(\tilde{x},\tilde{y},\cdots,\tilde{z})}\right| \delta y + \cdots + \left|\frac{\partial g}{\partial z}_{(\tilde{x},\tilde{y},\cdots,\tilde{z})}\right| \delta z \ .$$

Per semplicità di scrittura si riporta semplicemente:

$$\delta g = \left|\frac{\partial g}{\partial x}\right| \delta x + \left|\frac{\partial g}{\partial y}\right| \delta y + \cdots + \left|\frac{\partial g}{\partial z}\right| \delta z,$$

sottintendendo, che vanno effettuate prima le derivate parziali, poi calcolate nelle migliori stime di tutte le variabili, ed infine si prende il loro valore assoluto, ed ogni derivata parziale si moltiplica per l'incertezza corrispondente alla variabile di derivazione parziale.

Si osservi che, quanto ottenuto è solo la formalizzazione matematica di quanto ricavato dalla descrizione grafica, partendo dal prodotto xy per presentare l'estensione dalla derivazione totale alla derivazione parziale.

Possiamo anticipare, quanto si ricaverà nel Cap. 10, grazie proprio a questo tipo di sviluppo e la combinazione con una serie di valori misurati, per *variabili che siano tra loro indipendenti* e quindi fornire per la propagazione per derivazione parziale le seguenti formule:

Nel caso di una grandezza g funzione delle variabili x, $y \cdots z$ si ha
 per variabili tra loro dipendenti:

$$\delta g = \left|\frac{\partial g}{\partial x}\right| \delta x + \left|\frac{\partial g}{\partial y}\right| \delta y + \cdots + \left|\frac{\partial g}{\partial z}\right| \delta z,$$

per variabili fra loro indipendenti

$$\delta g \approx \sqrt{\left(\frac{\partial g}{\partial x}\right)^2 (\delta x)^2 + \left(\frac{\partial g}{\partial y}\right)^2 (\delta y)^2 + \cdots + \left(\frac{\partial g}{\partial z}\right)^2 (\delta z)^2} \ ,$$

dove si effettua la derivazione parziale, si calcola per i valori $(\tilde{x}, \tilde{y}, \cdots, \tilde{z})$ delle variabili, e nel caso lineare se ne prende il valore assoluto. Ogni derivata parziale va poi moltiplicata, in modo lineare o quadratico, per l'incertezza corrispondente.

Problemi

4.1. Ricavare nel caso di una grandezza $g = x - y$, che l'incertezza su g è data dalla somma delle incertezze (Si ricavi considerando il massimo di g ed il minimo di g ottenuti dalla relazione).

4.2. Dimostrare nel caso di una grandezza $g = xy$, che il minimo di g risulta $g \approx \tilde{x}\tilde{y}(1 - \delta x/|\tilde{x}| - \delta y/|\tilde{y}|)$.

4.3. Per la relazione $g = 2h/t^2$ trovare l'incertezza su g con la regola dei prodotti e frazioni. Verificate con la regola delle derivate parziali, che si ottenga lo stesso risultato. Controllate che l'equazione sia corretta dimensionalmente, e verificate, che anche l'equazione ottenuta per δg sia corretta mediante l'analisi dimensionale. Calcolate l'incertezza su g nel caso in cui $h = 1.00 \pm 0.01$ m e $t = 452 \pm 5$ ms. Confrontate il vostro risultato con il valore atteso 9.807 m s^{-2} e verificate, se la discrepanza è significativa.

4.4. Dimostrare che nel caso di una grandezza $g = x/y$ si ha che l'incertezza su g si ricava dalla relazione $\delta g/g \approx \delta x/x + \delta y/y$. (Suggerimenti: nel caso x e y positivi $g_{max} = (x + \delta x)/(y - \delta y)$, si deve approssimare $1/(1 - \delta y/y)$ mediante lo sviluppo in polinomi di Taylor al primo ordine.)

4.5. Nel caso della calibrazione di un calorimetro si osserva che la massa equivalente del sistema calorimetrico risulta pari a $m_{equ} = m'_a(T'_1 - T'_{equ})/(T'_{equ} - T'_0) - m_a$. Si stimi l'incertezza sulla massa equivalente.

4.6. La misura dell'attrito statico di un corpo con una superficie è determinata dall'angolo di inclinazione di tale superificie, non appena il corpo scivola sul piano inclinato, ovvero $\mu_s = \tan\alpha$. Si supponga che l'angolo misurato risulti $12.46° \pm 0.46°$. Ricavare la misura di μ_s e la sua incertezza.

4.7. La misura della lunghezza d'onda si deriva dalle posizioni dei massimi e dei minimi rispetto alla normale al piano, in cui si trovano le due fenditure secondo le relazioni $\lambda = d\,\text{sen}\,\theta/n$ e $\lambda = d\,\text{sen}\,\theta/(n + 1/2)$. Supponete che i massimi di ordine

1 ($n{=}1$) si trovino a 6 $^\circ$ e i minimi di ordine 0 ($n{=}0$) invece a 4 $^\circ$. Sapendo che la risoluzione del goniometro è pari a 1° fornire l'errore sulla misura di λ, ritenendo trascurabile l'errore su d.

4.8. Nell'esperienza di Millikan si possono determinare il raggio di una gocciolina d'olio r' e la carica q' dalla misura dei tempi di discesa $t_\downarrow$ e di salita $t_\uparrow$ secondo le relazioni: $r' = cost_r/\sqrt{t_\downarrow}$ e $q' = cost_q r' \left(1/t_\downarrow + 1/t_\uparrow\right)$. Trovate con il calcolo differenziale l'errore su r' e l'errore su q'. E fate l'analisi dimensionale per essere sicuri di non aver fatto errori.

4.9. Dalla regola per differenziazione si ottiene per la grandezza $g = x^2$ l'incertezza relativa $\delta g/|g| = 2\delta x/|x|$. Consideriamo $g = xx$ e utilizzando la somma in quadratura per il prodotto tra due variabili otteniamo $\delta g/|g| = \sqrt{2}\delta x/|x|$. Ovviamente una delle due affermazione è errata, chiarire quale e perché.

4.10. Dalla legge della caduta in grave si può estrarre la misura dell'accelerazione di gravità g dalla relazione $g = 2h/(t + t_0)^2$, dove $h = 1\ 334 \pm 1$ mm, $t = 529 \pm 4$ ms e $t_0 = -10.9 \pm 0.8$ ms. Riportare l'accelerazione di gravità e verificare, se la discrepanza con il valore atteso 9.807 m s^{-2} è significativa.

4.11. Si verifichi che l'equazione $\delta g \approx (\partial g/\partial x)\delta x + (\partial g/\partial y)\delta y + (\partial g/\partial z)\delta z$ sia dimensionalmente corretta, per semplicità si utilizzi il caso particolare $v = v(v_0, a, t)$, dove $v = v_o + at$ e le rispettive dimensioni siano per v e v_0 m s^{-1}, per a m s^{-2} ed infine per t s. Si ricavi l'errore su v dalla formula della propagazione con le derivate parziali e si verifichi che l'errore su v abbia le stesse dimensioni di v.

5

Media e deviazione standard

In questo capitolo daremo indicazioni su come trattare le misure di grandezze affette da incertezze casuali.

Utilizzeremo degli stimatori, che avranno la giustificazione teorica nell'approfondimento della statistica, ma che è opportuno iniziare a capire ed utilizzare, prima di affrontare questioni formali.

Si procederà passo passo, introducendo una semplicissima esperienza, che si può condurre in classe, o a casa, e che sarà utilizzata nel corso del testo per affrontare, partendo da una situazione reale, diversi argomenti.

I dati riportati nel testo sono frutto di questa esperienza, condotta in classe.

Nelle lezioni dirette si possono utilizzare altri dati, rilevati insieme agli studenti, con l'obiettivo di affrontare al momento le situazioni pragmatiche tipiche di un approccio sperimentale, sebbene su un esempio semplice.

Si introdurrano le deviazioni standard, che sono buoni stimatori delle incertezze casuali, e si inizierà ad utilizzare l'operatore sommatoria, strumento necessario, non solo per il calcolo, ma anche per varie dimostrazioni teoriche.

5.1 Misure ripetute e stimatori

Ci proponiamo di misurare una grandezza, supponiamo per esempio il periodo T di oscillazione di un pendolo, con l'assunzione di avere ridotto al minimo le incertezze di tipo sistematico.

Questo esperimento si può condurre in classe, prendendo un cordino (considerato inestensibile), un cronometro (ne sono dotati i cellulari) e un corpo da appendere all'estremità del filo.

Effettuiamo alcune misure per una data lunghezza l del cordino e per ridurre l'incertezza, dovuta al nostro tempo di reazione, misuriamo il tempo di tre o più oscillazioni. Di seguito ne scegliamo tre ed etichettiamo la variabile x misurata direttamente x ($x = 3T$, si concentri l'attenzione su quanto misurato direttamente x).

G. Ciullo, *Introduzione al Laboratorio di Fisica*, UNITEXT for Physics,
DOI: 10.1007/978-88-470-5656-5_5, © Springer-Verlag Italia 2014

Per comodità e generalità, ripetiamo la misura delle tre oscillazioni (x) per sei volte. Supponiamo che i risultati espressi in secondi siano 6.00, 5.78, 5.78, 5.90, 5.94 ed ancora 6.00. Con il cronometro utilizzato per i dati riportati, avente una risoluzione di 1/100 di secondo (cosa che si evince da come sono presentati i dati), si osservano delle fluttuazioni.

Il problema è decidere in questa situazione, quale sia la migliore stima x_{ms}.

Ribadiamo che la variabile, che studiamo, è il tempo impiegato dalle tre oscillazioni, che abbiamo etichettato x e che misuriamo direttamente. Quindi focalizziamo la nostra attenzione su x.

Riportiamo alcuni stimatori statistici, partendo dal *valore più probabile* (detto *moda*), vediamo da subito, che in questo caso ne dovremmo fornire due di valori 6.00 s e 5.78 s, tra l'altro il minimo ed il massimo dei valori registrati.

Abbiamo anche la *mediana*, che è quel valore x, tale che si abbia lo stesso numero di dati sia per valori minori che per valori maggiori di x, che in questo caso risulterebbe 5.92 s, e come si osserva può anche non essere tra i dati registrati. Entrambi i modi non sono soddisfacenti per la nostra situazione.

Per il caso di misure ripetute e affette da incertezze casuali, risulterà (Cap. 8) che la migliore stima è la *media aritmetica*, indicata con $\bar{x}$ e data da :

$$\bar{x} = \frac{(6.00 + 5.78 + 5.78 + 5.90 + 5.94 + 6.00)\ \text{s}}{6} = 5.90\ \text{s}.$$

In caso di n misure di x, x_1, x_2, $\cdots$, x_n, si ha che $x_{ms} = \bar{x}$:

$$\bar{x} = \frac{x_1 + x_2 + \cdots + x_{n-1} + x_n}{n} = \sum_{i=1}^{n} x_i / n = \sum_{i=1}^{n} \frac{x_i}{n} \,, \qquad (5.1)$$

dove il simbolo $\sum_{i=1}^{n} x_i$ indica la *sommatoria di indice i da* uno *ad n di* x_i. Per semplificare la scrittura, nel caso in cui non ci sia rischio di confusione, si utilizza $\sum x$, sottintendendo che si opera la sommatoria di i da uno ad n delle x_i.

Gli elementi che *non* sono *indicizzati* (i) nella (5.1) possono essere portati *fuori dal segno di sommatoria*, infatti abbiamo scritto $(\sum x)/n$ ed equivalentemente $\sum (x/n)$, utilizzando qui le parentesi (non necessarie) per rendere più esplicito il significato. Si consiglia agli studenti di familiarizzare con tale simbolo e le operazioni, svolgendo gli esercizi proposti; molte formule, che saranno discusse nel seguito del corso, si basano proprio su sommatorie e operazioni su di esse.

Per motivare meglio quanto riportato, per ora intuitivamente, presentiamo un altro modo di esprimere delle misure, che utilizzeremo in alcune situazioni, per esempio in caso di pochi dati, o nel caso di voler comprendere tutto l'intervallo delle misure.

Si consideri per questo il cosiddetto *valore centrale* dato dalla relazione:

$$\text{valore centrale} \ \equiv x_{centr} = \frac{x_{max} + x_{min}}{2}, \qquad (5.2)$$

nonché come incertezza (intervallo del 100 %) sulla misura di x, la *semidispersione* dedotta dalla cosiddetta *dispersione* $(x_{max} - x_{min})$:

$$\text{semidispersione} \equiv \frac{x_{max} - x_{min}}{2}, \tag{5.3}$$

Indicheremo la *dispersione* con Δ_x, facciamo notare che la x è al pedice. Questa notazione risulta utile per non confonderla con il simbolo Δx utilizzato per una differenza generica (come per esempio $x_2 - x_1$).

Nel seguito compariranno soprattutto differenze tra le misure x_i e la miglior stima x_{ms}, tali differenze prendono il nome di *scarti*. Dato che gli scarti sono diversi al variare di i, li etichetteremo anche con il pedice i, ovvero Δx_i, dove necessario.

Riprendiamo il discorso sulla dispersione, da cui per la *semidispersione* si ha $\Delta_x/2$.

L'intervallo fornito dal valore centrale più o meno la semidispersione comprende tutti i valori osservati. Quindi permette di fornire:

$$x = x_{centr} \pm \Delta_x/2, \text{ in cui si trova il 100 \% dei dati.} \tag{5.4}$$

Otteniamo per le sei misure $x = 5.89_{centr} \pm 0.22_{semidisp}$ s.

Dato che abbiamo osservato delle fluttuazioni, vogliamo assicurarci di avere un buon numero di dati, che ci permetta di individuare l'intervallo, entro il quale cadano le nostre misure. Immaginate di fare altre misure ed ottenere 6.00, 5.78, 5.92, 5.78, 5.88, 5.91, 5.94, 5.89, e 6.00 s, rispetto alla precedente serie la distingueremo per il numero di dati, che ora sono nove invece di sei. Si ottiene lo stesso valore centrale e la stessa dispersione. Se guardiamo il valore medio è sempre 5.90 s, solo le misure sembrano più frequenti vicino al valore medio.

La semidispersione risulta la stessa, quindi la presentazione della misura con il valore centrale e la semidispersione non permette di distinguere tra quest'ultima misura di nove dati e la precedente di soli sei.

Siamo ancora a pochi dati ed è già opportuno trovare un modo, che dia evidenza di come sono distribuiti i nostri dati, per esprimere, se una misura risulta più o meno precisa di un'altra.

Consideriamo lo *scarto* tra ogni valore ed il valore medio $\bar{x}$, che, abbiamo visto, indicheremo con $\Delta x_i = x_i - \bar{x}$.

Calcoliamo il valore medio (media aritmetica) degli scarti $\sum \Delta x_i/n$, che ordiniamo in Tabella 5.1. La media degli scarti rispetto al valore medio $\bar{x}$, che possiamo anche indicare con $\overline{\Delta x}$, è sempre pari a zero, in generale, non solo in questo caso.

Tabella 5.1 Operazioni sugli scarti: nella 1^a colonna si riporta il numero della misura, nella 2^a il valore e nella 3^a gli scarti $\Delta x_i = x_i - x$. L'ultima riga riporta in ordine: il numero totale dei dati, il valore medio e la media degli scarti

misura i	valore x_i	scarto Δx_i
1	6.00	0.10
2	5.78	- 0.12
3	5.78	-0.12
4	5.90	0.00
5	5.94	0.04
6	6.00	0.10
$n = 6$	$\bar{x} = 5.90$	$\overline{\Delta x} = (\sum_{i=1}^{n} \Delta x_i)/n = 0$

Possiamo dimostrarlo come segue, anche come esercizio per prendere confidenza con l'operatore $\sum$:

$$\overline{\Delta x} = \sum_{i=1}^{n} \Delta x_i/n = \sum_{i=1}^{n} (x_i - \bar{x})/n = \frac{1}{n} \left(\sum_{i=1}^{n} x_i - \sum_{i=1}^{n} \bar{x} \right) ,$$

sappiamo che la definizione di media ci permette di scrivere il primo termine in parentesi dell'ultimo membro come:

$$\sum_{i=1}^{n} x_i = n\bar{x} ,$$

mentre il secondo termine in parentesi dell'ultimo membro è:

$$\sum_{i=1}^{n} \bar{x} = \overbrace{\bar{x} + \cdots + \bar{x}}^{n \text{ volte}} ,$$

cioè $\bar{x}$ sommato n volte, quindi pari a $n\bar{x}$. In conclusione, dato che:

$$\sum \Delta x_i = n\bar{x} - n\bar{x} = 0 , \tag{5.5}$$

$$\text{risulta } \overline{\Delta x} = 0 . \tag{5.6}$$

La media degli scarti è sempre pari a zero.

Per avere indicazioni di come siano distribuiti i dati rispetto al valore medio, ovvero quanto siano distanti in media da questo, risulterà opportuno prendere gli scarti al quadrato $(\Delta x_i)^2$, farne la media ed estrarne la radice:

$$s_x = \sqrt{\sum_{i=1}^{n} (\Delta x_i)^2/n} = \sqrt{\sum_{i=1}^{n} (x_i - \bar{x})^2/n} , \tag{5.7}$$

questa formula non è altro che la distanza media dei punti degli x_i da $\bar{x}$, se consideriamo le x le posizioni su un asse di coordinate. La relazione riportata nella (5.7) in statistica prende il nome di *deviazione standard della popolazione*. Dalla Tabella 5.1 la somma dei quadrati degli scarti risulta: $(0.010 + 0.0144 + 0.0144 + 0.00 + 0.0016 + 0.010)$ s^2 = 0.0504 s^2. La media degli scarti quadratici è 0.0504 s^2, estraendo la radice si ha 0.0917 s, che arrotondiamo a 0.09 s. Se calcoliamo la deviazione standard della popolazione per i nove dati della misura successiva otteniamo invece 0.0756 s, che possiamo arrotondare a 0.08 s.

Questi ultimi dati risultano meno dispersi rispetto alle cinque misure precedenti. Per semplificazione didattica abbiamo considerato un numero limitato di dati, ma già si osserva che la deviazione standard fornisce un'informazione utile per descrivere come essi sono distribuiti.

La statistica indica che la stima migliore, di come siano distribuiti i dati intorno al valore medio, nel caso di dati che siano affetti da incertezze casuali, la si ottiene sostituendo a denominatore n con $n-1$, in quanto s_x in (5.7) è opportuna nel caso, in cui si avesse tutta la popolazione dell'insieme statistico, da ciò il nome *deviazione standard della popolazione*. Nel caso di misure fisiche la popolazione è infinita.

Limitandoci ad un *campione* sufficiente per la stima della incertezza si deve utilizzare:

$$\sigma_x = \sqrt{\sum_{i=1}^{n}(\Delta x_i)^2/(n-1)} = \sqrt{\sum_{i=1}^{n}(x_i-\bar{x})^2/(n-1)} \ , \qquad (5.8)$$

detta *deviazione standard del campione*. Per avere una stima appropriata del valore medio, servono almeno dieci dati, per avere una stima appropriata della deviazione standard, ne servono almeno trenta [16]. Osserveremo che per verificare se veramente la nostra variabile sotto osservazione sia casuale, bisogna invece avere almeno sessanta dati (Cap. 11).

Per ora forniamo giustificazioni intuitive della necessità di utilizzare la deviazione standard del campione, piuttosto che quella della popolazione.

Se effettuassimo una sola misura x_1, il valore medio sarebbe x_1 e la deviazione standard della popolazione:

$$s_x = \sqrt{(x_1 - \bar{x})^2/n} = \sqrt{(x_1 - x_1)^2/1} = \sqrt{0/1} = 0 \ ,$$

risulterebbe che la misura non ha alcuna incertezza. Se prendessimo altre misure si potrebbe osservare un altro valore.

Se usiamo la deviazione standard del campione, nel caso di un solo dato:

$$\sigma_x = \sqrt{(x_1 - x_1)^2/(n-1)} \ \text{si avrebbe} : 0/0 \ ,$$

l'incertezza risulta indeterminata. È impossibile determinare l'incertezza casuale con un solo dato. Non possiamo verificare se il valore varia oppure no.

Questa considerazione intuitiva, per ora, è sufficiente per accettare come migliore stima di misure, che abbiano delle fluttuazioni ritenute casuali, la media aritmetica espressa dalla (5.1) e per la sua incertezza deviazione standard del campione espressa dalla (5.8).

Per i sei dati abbiamo $x = 5.90 \pm 0.10$ s, per i nove dati abbiamo $x = 5.90 \pm 0.08$ s. Per questioni didattiche abbiamo limitato la discussione a pochi dati, ma sufficienti per comprendere la questione.

Se, come vedremo, verifichiamo che la variabile è veramente casuale (Capp. 8, 11), possiamo ridurre l'incertezza statistica, utilizzando la deviazione standard della media.

5.2 Deviazione standard della media

Nel caso in cui la variabile misurata risulti casuale, ovvero una determinata incertezza ha la stessa probabilità di comparire con il segno positivo e con il segno negativo, allora si può stimare come incertezza sulla misura del *valore vero* la *deviazione standard della media* che si ottiene come

$$\sigma_{\bar{x}} = \sigma_x / \sqrt{n} \, . \tag{5.9}$$

La *deviazione standard della media* descriverebbe la dispersione delle misure medie di sperimentatori diversi rispetto al valore medio stimato, quindi descrive l'incertezza statistica dei valori medi da un *valore vero*.

Nel caso del singolo sperimentatore, che conduce l'esperienza, la stima del valore vero è il suo valore medio e la stima dell'incertezza sui valori medi la deviazione standard della media, ottenuta dai suoi dati sperimentali secondo la (5.9)

Quindi in conclusione abbiamo diverse deviazioni standard:

$$s_x = \sqrt{\sum_{i=1}^{n} (x_i - \bar{x})^2 / n} : \quad \text{deviazione standard della popolazione,}$$

$$\sigma_x = \sqrt{\sum_{i=1}^{n} (x_i - \bar{x})^2 / (n-1)} : \quad \text{deviazione standard del campione e}$$

$$\sigma_{\bar{x}} = \sigma_x / \sqrt{n} : \quad \text{deviazione standard della media.}$$

Nel caso di dati sperimentali sono usate la deviazione standard del campione e quella della media. Nelle deduzioni teoriche (la divisione per n o $n-1$ è facilmente manovrabile) compare quella della popolazione.

Facciamo una sintesi del loro significato in campo sperimentale, in combinazione con la semidispersione:

* La *semidispersione* fornisce l'intervallo, entro il quale ci aspettiamo di trovare il 100 % delle misure.

* La *deviazione standard del campione* fornisce un'indicazione della probabilità pari al 68.26 % di ottenere un *dato-risultato x* nell'intervallo $\bar{x} \pm \sigma_x$, al 95.44 % nell'intervallo $\bar{x} \pm 2\sigma_x$ ed infine al 99.74 % nell'intervallo $\bar{x} \pm 3\sigma_x$.

* La *deviazione standard della media* indica la probabilità pari al 68.26 % di ottenere una *misura* $\bar{x}$ entro l'intervallo $\bar{\bar{x}} \pm \sigma_{\bar{x}}$, pari al 95.44 % nell'intervallo $\bar{\bar{x}} \pm 2\sigma_{\bar{x}}$ ed infine al 99.74 % nell'intervallo di $3\sigma_{\bar{x}}$.

Nelle deduzioni teoriche, si usano tali deviazioni al quadrato dette *varianze*, rispettivamente:

$$s_x^2 \text{ per la popolazione, } \sigma_x^2 \text{ per il campione e } \sigma_{\bar{x}}^2 \text{ per la media.}$$

Nel caso si dimostri, che i dati rilevati di una grandezza x seguono una distribuzione gaussiana, è convenzione presentare il risultato di una misura come valore medio e l'incertezza casuale sulle previsioni dei valori medi, quindi con la deviazione standard della media. Si ha quindi che l'incertezza totale nella (2.1) si esprime come

incertezza totale espressa per le varianze nel caso in cui x si verifichi che sia casuale:

$$\delta x = \sqrt{\sigma_x^2/n + \varepsilon_x^2/3 + \eta_x^2/3}. \tag{5.10}$$

Forniamo alcune indicazioni sull'operatore sommatoria utilizzato in questo capitolo. Nelle formule la sommatoria degli scarti, fornisce una visualizzazione immediata del suo significato, ma in caso di calcolo può risultare utile esplicitare il quadrato del binomio:

$$\sum (x_i - \bar{x})^2 = \sum x_i^2 - n\bar{x}^2, \tag{5.11}$$

dove il primo termine è la sommatoria dei quadrati, mentre il secondo è n volte il quadrato della media. Mediante questa formula il calcolo può risultare più facile, si possono controllare i singoli quadrati x_i^2 delle x_i, e fare il quadrato del valore medio, piuttosto che fare la differenza tra loro eppoi farne i quadrati.

5.3 Media pesata

Nel caso di misure della stessa grandezza, accade che le stime e le incertezze risultino diverse. Se si può ritenere – quindi verificare – che *le grandezze appartengano alla stessa popolazione*, la statistica fornirà in questo caso come migliore stima del valore atteso la cosiddetta *media pesata*.

Supponiamo che uno studente A abbia misurato la grandezza X come x_A ed incertezza σ_A, mentre un altro studente B misuri la stessa grandezza come x_B ed incertezza σ_B. Questo argomento si riaggancia a quanto, discusso nel Par. 3.3 per il confronto tra misure. Non è una svista riportare qui le incertezze con il simbolo σ rispetto al simbolo δ. È un modo ricorrente: se affrontiamo le tematiche dal punto di vista statistico, formalmente parliamo di varianze, per le quali di utilizza il simbolo σ. Se parliamo di incertezze dal punto di vista pratico, si usa più comunemente il simbolo δ.

Ricordiamo, che δ dovrebbe essere dedotta dalle varianze, proprio per avere strumenti previsionali nell'ambito della statistica. E comunque anche se si confondono intervalli previsionali diversi, vale sempre la considerazione di utilizzare l'incertezza totale e non la sola casuale.

Nel seguito del testo, nella cornice formale della statistica useremo, non solo per questioni formali, ma anche mnemoniche, il simbolo σ delle varianze. Ma tornando ai casi concreti, e per non indurre nell'errore gli studenti a considerare σ come la sola parte casuale σ_x dell'incertezza, spesso metteremo in guardia sul significato del simbolo, e presenteremo risultati o formule finali, riportandoli con il simbolo più generale δ. Percui iniziamo già ad introdurre lo studente a questo modo elastico di proseguire.

Per ora supponiamo di accettare mediante la verifica grossolana, già affrontata, che A e B appartengono alla stessa popolazione, se $|x_A - x_B| \leq (\sigma_A^2 + \sigma_B^2)^{1/2}$ (vedi Par. 3.3), che significa che la differenza tra le due misure (che dovrebbe essere nulla) sia minore dell'incertezza su $x_A - x_B$. Dato che A e B sono misurate indipendentemente, l'incertezza sulla differenza è dedotta dalla somma in quadratura delle incertezze delle singole misure.

Si dimostrerà (Cap. 8), che *se A e B appartengono alla stessa popolazione*, definiti pesi p_A e p_B le rispettive $1/\sigma_A^2$ e $1/\sigma_B^2$, si avrà come miglior stima del valore atteso:

$$x_{pes} = \frac{p_A x_A + p_B x_B}{p_A + p_B} \ .$$

Si osservi come la formula corrisponda al baricentro tra due corpi di peso (*mg*) p_A e p_B e posizioni x_A e x_B.

La migliore stima per la deviazione standard è data da:

$$1/\sigma_{pes}^2 = 1/\sigma_A^2 + 1/\sigma_B^2 \quad \text{espressa con deviazioni standard,}$$

$$p_{pes} = p_A + p_B \qquad \text{espressa con i pesi.}$$

Possiamo generalizzare da due studenti (misure) alle misure di n studenti (misure), che indicizzeremo con il pedice j, dove ogni studente ottiene come miglior stima $\bar{x}_j$ e la rispettiva varianza σ_j^2 – ribadiamo equivalente all'atto pratico a $(\delta x_j)^2$, dato che parliamo di varianza in generale non solo della varianza casuale. Se scriviamo quindi i rispettivi $p_j = 1/\sigma_j^2$ si ha che la migliore stima è:

$$x_{pes} = \sum p_j \bar{x}_j / \sum p_j$$

e la deviazione standard sarà data da:

$$\sigma_{pes} = 1/\sqrt{\sum p_j}$$

Facciamo notare che nelle precedenti formule, abbiamo ritenuto necessario esplicitare il pedice j in quanto riferito ai vari studenti o sperimentatori.

Si può osservare, che l'utilizzo di questa formula su un campione di dati, per il quale si organizzino sottocampioni, per i quali si calcolano medie e incertezze, la migliore stima tenderà al valore vero e la deviazione standard media pesata tenderà alla deviazione standard della media (Probl. 5.8). Questi argomenti per ora forniti per l'utilizzo pratico saranno discussi e giustificati, quando affronteremo gli argomenti relativi alla distribuzione per variabili casuali nel Cap. 8.

Abbiamo considerato le formule espresse per la media pesata, presentandole nel quadro statistico quindi esprimendo le incertezze deducibili dalle varianze etichettate con il simbolo σ^2. Tali formule vanno tradotte all'atto pratico con le incertezze etichettate con il simbolo δ^2 (dedotte sempre dalle varianze), nella loro caratteristica di stimatori di intervalli previsionali.

Quindi si può applicare la media pesata, se si verifica, che le due misure possono essere considerate appartenti alla stessa popolazione. Appositamente all'atto pratico nelle formule da usare siamo ritornati all'incertezza, espressa con il simbolo δ, cosa che va anche fatta nelle formule della media pesata, fornendo per i pesi $p_j = 1/(\delta x_j)^2$. Se non si verifica che appartengono alla stessa popolazione, si dovrà procedere con la semplice media aritmetica e propagare l'incertezza sulla base della relazione $x_{ms} = (x_A + x_B)/2$, che per misure indipendenti si ha $\delta x = 1/2[(\delta A)^2 + (\delta B)^2]^{1/2}$.

In alcune misure si osserva che l'incertezza di lettura varia al variare di x, si potrebbe utilizzare quindi per la stima del valore medio e dell'incertezza, la media pesata. Ma si faccia però attenzione perché la deviazione standard, che si ottiene tende a quella della media. Per ricondursi alla deviazione standard del campione sarà necessario moltiplicare, per $\sqrt{n}$, che ci riconduce solo alla deviazione standard della popolazione ed ancora per riportarsi alla deviazione standard del campione $\sqrt{n/n-1}$.

Sono stati introdotti termini e simboli, che è opportuno iniziare a riconoscere e a manipolare, per poterne comprendere in seguito le dimostrazioni relative.

Problemi

5.1. Per i seguenti tempi misurati 75, 76, 79, 76, 75, 80, 76, 79 espressi in secondi:

- trovare il valore centrale t_{centr} e la dispersione Δ_t ,
- trovare il valore medio $\bar{t}$ e la deviazione standard del campione σ_t,
- verificare che il valore centrale e il valore medio sono diversi dalla moda.

Riportare le due stime della misura e dell'incertezza. Per questo problema si richiede allo studente di fare i calcoli direttamente, utilizzando le formule riportate nel testo.

5.2. Verificare con la propria calcolatrice o foglio elettronico, quale funzione fornisce la deviazione standard della popolazione s_t e quale quella del campione a σ_t con i dati del Probl. 5.1.

5.3. Verificare per i seguenti dati che la sommatoria degli scarti sia zero, utilizzare il primo membro di $\sum x_i - n\bar{x}=0$, e verificare l'equazione.

$$75 \quad 76 \quad 77 \quad 78 \quad 79 \quad 80 \quad 74 \quad 73 \quad 77 \quad 75 \quad 79 \quad 75$$
$$75 \quad 76 \quad 77 \quad 74 \quad 77 \quad 78 \quad 76 \quad 76 \quad 75 \quad 79 \quad 77 \quad 78$$

5.4. Verificare per il Probl. 5.3 con i calcoli, che $\sum(x_i - \bar{x})^2$ dia lo stesso risultato di $\sum x_i^2 - n\bar{x}^2$ e quindi calcolare la deviazione standard del campione. Trovate il modo più pratico e sicuro di fare i calcoli con gli strumenti a vostra disposizione: su carta, con calcolatrici, con fogli elettronici ...

5.5. Utilizzare la (5.11) e verificare che la media degli scarti quadratici $\overline{(x-\bar{x})^2}$ è uguale alla media dei quadrati meno il quadrato della media $\overline{x^2} - \bar{x}^2$. (Suggerimenti: si ricordi che con il simbolo $\overline{[\quad]}$ si indica la media di quanto riportato sotto il segno espresso qui con le parentesi quadre). Nel caso di n dati risulta espressa da $\sum_{i=1}^{n}[\quad]/n$. In parentesi quadre per la media degli scarti quadratici si ha $[\quad] = (x_i - \bar{x})^2$, per la media dei quadrati $[\quad] = x_i^2$ e per la media semplicemente $[\quad] = x_i$.

5.6. In laboratorio vengono misurati con l'esperimento a due fenditure, grazie ai massimi ed ai minimi di interferenza delle onde di pressione, i seguenti valori di lunghezza d'onda espressi in mm:

$i\backslash j$	1	2	3	4	5	6	7	8	9	10
1	6.9	6.4	8.1	8.6	7.7	8.1	8.3	9.0	7.5	7.6
2	8.4	6.8	7.9	9.7	7.2	8.9	8.9	8.5	7.3	8.1
3	8.2	7.5	8.0	7.5	7.4	7.7	8.8	8.8	7.9	7.9
4	9.5	7.2	8.7	8.4	6.6	7.7	7.2	7.6	8.0	8.5
5	7.9	8.7	7.2	7.3	7.7	8.1	9.2	8.4	8.8	7.6

- Si colcoli la media di tutti i dati $\bar{\lambda}$ e la deviazione standard del campione σ_λ.
- Si consideri ogni colonna come la misura di uno studente j, si trovi la media di ogni colonna $\bar{x_j}$, e la deviazione standard per ogni colonna σ_j.
- Utilizzando le dieci medie e relative deviazioni standard di ogni studente, si calcoli la media pesata e la deviazione standard media pesata e si confronti il risultato con quanto ottenuto da tutti i dati.

5.7. Verificare che le equazioni x_{pes} e σ_{pes}, riportate nel testo, siano dimensionalmente corrette.

5.8. Utilizzando la definizione di media pesata per il valore medio x_{pes} e per la deviazione standard σ_{pes}, assumete che, se le misure sono casuali, il valore medio tenderebbe al valore vero X, e la deviazione standard tenderebbe ad un valore ideale che indichiamo con σ. Verificate che la media delle medie è sempre X e che $\sigma = \sigma_x / \sqrt{n}$. Ovviamente per ottenere questo dovremmo confrontare n misure con n tendente ad infinito, di m studenti con m tendente ad infinito. Per il calcolo si assuma che il numero di misure n sia lo stesso numero degli studenti m, per n e m tendenti ad infinito la differenza sarebbe irrilevante.

6

Organizzazione e presentazione dei dati

Il risultato della misura di una grandezza X viene espressa con due numeri ed un'unità di misura, dei due numeri il primo indica il rapporto di questa grandezza con il campione di riferimento, ed il secondo ne indica l'incertezza sulla misura. Se per la lunghezza di una fune l misuriamo 6 m con un'incertezza di 0.01 m, si devono uniformare le cifre significative di entrambi e quindi riportare

$$l = 6.00 \pm 0.01 \text{ m},$$

secondo le indicazioni del sistema internazionale si riporta il simbolo della grandezza fisica in corsivo, i numeri e l'unità di misura in testo piano, separati da uno spazio.

Nel presentare il risultato non abbiamo dato informazioni, se è frutto di misure ripetute, o se è frutto di una singola misura, né quali considerazioni sono state fatte per l'incertezza.

La misura è frutto di indagini sperimentali più articolate, e non è sufficiente solo l'espressione di un numero, che ne esprima la migliore stima, ed un'incertezza, senza indicazioni ulteriori. Pertanto, comunque, bisogna seguire direttive e convenzioni consolidate, come già introdotto, presentando l'incertezza dedotta dalle varianze con la peculiarità previsionale in un intervallo del 68 %,

È necessario spesso fornire informazioni dettagliate, che sono la sintesi di processi di elaborazione e analisi più complesse, e che, spesso, chiariscano quali tipi di incertezze si sono riscontrare, sistematiche di lettura, sistematiche di accuratezza, casuali, ecc.

Per seguire le direttive e le indicazioni consolidate, bisogna comprenderne il significato.

In questo capitolo partiremo dall'organizzazione dei dati sperimentali, per questo potremmo anche intitolarlo *rappresentazione dei dati sperimentali*, che portino poi ad una loro chiara analisi ed alla possibilità di ricontrollarli.

Organizzare e presentare in modo chiaro i dati é fondamentale, sia nella conduzione ed organizzazione dell'esperimento, che nell'analisi a posteriori, per fornire le

G. Ciullo, *Introduzione al Laboratorio di Fisica*, UNITEXT for Physics,
DOI: 10.1007/978-88-470-5656-5_6, © Springer-Verlag Italia 2014

migliori stime delle misure e delle incertezze. Tali modi aiuteranno poi a sintetizzare le conclusioni.

Lo studente o il ricercatore potrà ritenere utile presentare in parte il processo di organizzazione ed analisi dei dati nella relazione del proprio lavoro, per rendere più comprensibile l'argomento, evitando comunque di appesantire la presentazione con informazion su procedure note dell'analisi.

Per la comprensione di una misura e la distribuzione e fruizione di informazioni correlate, non basta solo fornire il risultato, ma bisogna fornire il modello teorico assunto, il modo in cui si sia condatta la misura, gli strumenti utilizzati, le decisioni statistiche e le conclusioni. Affrontiamo qui il punto di partenza, che è comunque di riferimento per l'analisi, e che uno studente alle prime armi deve imparare a non sottovalutare, né trascurare.

6.1 Presentazione dei dati

I dati sperimentali nella loro prima organizzazione sono riportati in tabelle, per le quali si possono distinguere tre categorie:

- *tabella qualitativa* – dal punto di vista fisico poco significativa, in quanto le grandezze vengono presentate in modo qualitativo, p.e. la forza del vento espressa come:

  - "il vento si percepisce sulla pelle",

  - " il vento scompiglia i capelli"

  - ...

  - "Il vento sradica gli alberi.".

- *tabella statistica* – alcune grandezze sono espresse in modo quantitativo altre solo indicate, p.e. pubblicazioni di censimenti, risultati elettori, lista delle nascite, la tavola periodica degli elementi.
  Una tabella statistica di interesse fisico è quella che riporta il numero di volte che si è ottenuto un determinato dato, dato che ha valore anche quantitativo.
- *tabella funzionale* – che riveste interesse sperimentale e riporta in ordine una variabile g che dipenda da altre; si indica $g = g(x, y, z)$ e si afferma che la grandezza g è dipendente dalle grandezze indipendenti x, y e z.

6.1.1 Tabelle statistiche e istogrammi

Iniziamo a considerare un tipo di tabella, utile nel laboratorio, soprattutto per organizzare i dati di misure ripetute.

Proviamo a discutere la situazione di tre serie di misure di lunghezza d'onda di pressione[1], riportate nella Tabella 6.1, indicata come variabile x per una descrizione del tutto generale, ma per la quale ne riportiamo le dimensioni per segnalare allo studente, che vanno fornite in questa situazione, utili anche ai fini didattici. Nella

Tabella 6.1 Misure della lunghezza d'onda λ di pressione, per la quale si utilizza il simbolo x per generalizzare, e si riportano per correttezza le unità di misura

num. progressivo i	1^a serie x [mm]	2^a serie x [mm]		3^a serie x [mm]		
1	8.6	8.2	8.0	8.6	8.2	8.6
2	8.2	8.4	9.0	8.2	8.6	8.4
3	8.2	8.4	7.8	8.4	8.2	8.2
4	8.4	8.2	8.4	8.4	9.0	8.6
5	8.2	8.6	8.8	8.2	7.8	8.4
6	8.6	8.0	8.4	8.6	8.4	8.0
7	9.0	8.8	8.0	8.0	8.6	8.2
8	8.0	8.6	8.8	8.8	8.4	8.4
9	8.4	8.2	8.4	8.6	8.4	8.o
10	7.8	8.6	8.6	8.8	8.8	8.2

prima colonna è indicato con i il numero progressivo delle misure. Per compattare meglio, abbiamo organizzato i dati in multipli di dieci, quindi la prima serie è di dieci dati, la seconda di venti e la terza di trenta. L'informazione del numero di dati è fondamentale per gli studi di statistica. Nella Tabella 6.1 si osservano alcuni dati, che si ripetono più volte, quindi potremmo osservare quante volte un dato compare più di un altro rispetto al numero totale, ovvero studiarne la *frequenza*.

Se il numero di dati è sostanzioso, risulta più pratico, dopo la registrazione, raggrupparli per valori uguali come in Tabella 6.2, in cui riportiamo nella prima colonna il numero d'ordine dei raggruppamenti (o *classi*), indicati con k, ed individuati dal valore x_k (riportato nella seconda colonna).

Nella terza colonna si riporta il numero di volte n_k (*occorrenze*), che abbiamo ottenuto il valore x_k, e nella quarta colonna si riporta la frequenza (F_k), ovvero il

---

[1] Parliamo di ultrasuoni a frequenze dell'ordine di 40 kHz, che hanno le stesse proprietà di propagazione del suono.

Tabella 6.2 Misure ripetute della lunghezza d'onda ordinate per valore x_k, che ne individua la classe k. n_k è il numero di occorrenze di x_k della rispettiva classe, F_k è la frequenza di tale valore

classe	valore	1^a serie		2^a serie		3^a serie	
k	x_k [mm]	n_k	F_k	n_k	F_k	n_k	F_k
1	7.8	1	0.1	1	0.05	1	0.033
2	8.0	1	0.1	3	0.15	3	0.100
3	8.2	3	0.3	3	0.15	7	0.233
4	8.4	2	0.2	5	0.25	8	0.267
5	8.6	2	0.2	4	0.2	7	0.233
6	8.8	0	0.0	3	0.15	3	0.100
7	9.0	1	0.1	1	0.05	1	0.033
		10	1.0	20	1.00	30	1.000

numero di volte n_k che si è rilevato il valore x_k diviso il numero totale di dati n:

$$F_k = \frac{n_k}{n} \qquad \textit{frequenza} \text{ del valore } x_k \, .$$

I valori riportati nella Tabella 6.2 mostrano come sono distribuiti i dati, si osserva che:

$$\sum_{k=1}^{n} F_k = 1 \, . \tag{6.1}$$

Questa proprietà viene detta *normalizzazione* ed esprime la certezza, che ogni valore osservato appartiene all'insieme dei nostri valori.

Inoltre possiamo scrivere la media in un'altra forma, partendo dalla definizione:

$$\bar{x} = \sum_{i=1}^{n} x_i / n \equiv \tag{6.2}$$

$$\equiv \bar{x} = \sum_{k=1}^{n_{classi}} n_k x_k / n = \sum_{k=1}^{n_{classi}} (n_k/n) x_k = \sum_{k=1}^{n_{classi}} F_k x_k \, . \tag{6.3}$$

Si faccia attenzione che nella (6.2) la sommatoria è su tutti i valori x_i e quindi il pedice i, che va da uno a n. Mentre nella (6.3) la sommatoria agisce sul prodotto del numero di dati osservati per classe (n_k) ed il valore corrispondente della classe (x_k), dove k indica la classe e quindi la sommatoria va da $k = 1$ a $k = n_{classi}$ (numero di classi).

Nei casi in discussione in Tabella 6.2 n_{classi} è sette per tutte e tre le serie, mentre n è diverso.

La disposizione in Tabella 6.2 risulta utile per organizzare i dati, ma non permette di vedere chiaramente come essi siano distribuiti, per questo è opportuna una rappresentazione grafica mediante un *istogramma*.

Istogrammi

L'istogramma delle occorrenze (n_k) si costruisce, riportando sull'asse delle ascisse i valori misurati e sull'asse delle ordinate il numero di volte (n_k), che tali valori sono stati rilevati. Se i dati sono molti, risulta appropriato organizzarli per classi come in Tabella 6.2, e riportare la classe sulle ascisse e il numero di occorrenze sulle ordinate.

Nell'istogramma si può riportare l'intervallo della classe (x minimo e x massimo di ogni classe), o il suo valore centrale (questa seconda soluzione sarà adottata nel testo, per compattare le etichette) e la larghezza dell'intervallo risulta dal grafico stesso, o equivalentemente dal passo tra ogni valore centrale.

Per i nostri dati prendiamo come valore centrale di ogni classe ogni valore osservato e come larghezza dell'intervallo $x_k - 0.1$ mm e $x_k + 0.1$ mm. Tale scelta è stata fatta, in quanto i dati sono riportati con salti di 0.2 mm, e quindi, non avendo altre informazioni, potremmo pensare che questa sia l'unità fondamentale della scala di lettura [2].

Tale informazione, che estrapoliamo dalla tabella, espressa come errore di lettura della scala è $\varepsilon_x = 0.1$ mm.

La frequenza è proporzionale alle occorrenze dei dati in quell'intervallo, percui è possibile costruire un *istogramma delle occorrenze* o equivalentemente un *istogramma delle frequenze*.

Per ora limitiamoci alle considerazioni sull'istogramma delle frequenze, ma anticipiamo che, per poter verificare in seguito (Capp. 8 e 11), se i dati sono affetti da incertezze casuali introdurremo le *densità di frequenza*, che accenneremo in questo capitolo.

Sull'*istogramma delle frequenze* l'*altezza* di ogni barra indicherà la *frequenza* relativa alla classe, mentre la *larghezza* della barre individuerà la *larghezza dell'intervallo* della classe. Per una maggiore chiarezza, ma anche per maggiore congruità, abbiamo scelto una larghezza uguale per tutte le classi.

Riportiamo in Fig. 6.1 gli istogrammi delle frequenze F_k delle tre serie riorganizzate in Tabella 6.2. Si osservi che le barre, che indicano le frequenze per ogni classe, sono contigue, in quanto il valore osservato per ogni classe può cadere proprio nell'intervallo individuato dalla larghezza stessa della classe. Prendiamo la prima classe a sinistra con valore registrato 7.8 mm, preso come centrale per la classe, si otterrebbe per qualsiasi valore compreso tra 7.7 e 7.9, e via di seguito.

Si osserva che, all'aumentare del numero di rilevazioni, se le incertezze sono di tipo casuale, i dati risulteranno distribuiti in modo sempre più simmetrico in prossimità di un valore, che è più frequente. All'aumentare del numero di rilevazioni (e aumentando la risoluzione, quindi riducendo l'incertezza di lettura) si osserva che i dati sembrano poter essere descritti da una curva simmetrica quasi continua.

Tale curva che descrive l'*andamento al limite*, ovvero per un numero infinito di dati, ci aspettiamo sia un'idealizzazione, che ci permetterebbe di stimare il *valore vero* della grandezza, dal *valore di aspettazione* della curva ideale. Chiariremo nella

---

[2] La misura di λ, introdotta nel Cap. 4, si ottiene da $2(x_i - x_{i+1})$, dove ogni x_i e x_{i+1} viene misurato con risoluzione 0.1 mm, pertanto ogni misura risulterà con un passo di 0.2 mm.

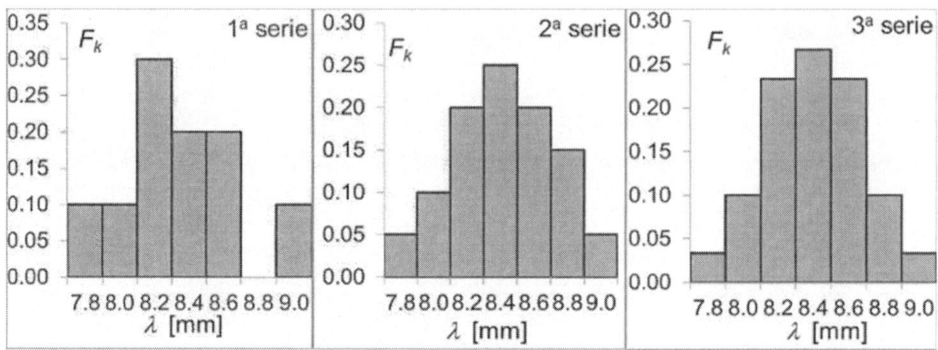

Figura 6.1 Istogrammi delle frequenze F_k per le tre serie di dati, riorganizzati secondo la Tabella 6.2 .

seconda parte (Cap. 8) questo appunto e questi termini. L'andamento al limite di un numero infinito di misure potrebbe essere descritto da una *curva continua*, ma le nostre *misure* sono *discrete*, dobbiamo trovare il modo di mettere questi due mondi in comunicazione e trasferire, quanto finora descritto per *variabili discrete* alle *variabili continue*.

Dal discreto al continuo

Si osservi che, se indichiamo con Δx_k la larghezza di ogni rettangolo e con F_k la sua altezza, l'area del rettangolo risulta $F_k \Delta x_k$, che è sempre proporzionale a n_k. Scegliamo la larghezza degli intervalli uguale, per semplificare la matematica e si osserva che:

$$\sum_{k=1}^{n_{classi}} F_k \Delta x_k = \Delta x \sum_{k=1}^{n_{classi}} F_k = \Delta x \; .$$

Ribadiamo per maggiore sicurezza che n_{classi} indica il numero delle classi (numero di intervalli sull'istogramma), nei casi della tabella 6.2 n_{classi} è pari a sette per tutte e tre le serie.

Si osservi che, per *normalizzare* il prodotto delle frequenze per la larghezza delle classi, ovvero avere l'area totale data dalla somma di tutti i rettangoli, ottenuti dalle F_k, pari ad uno, si deve dividere per la larghezza dell'area Δx_k infatti otterremo:

$$\sum_{k=1}^{n_{classi}} (F_k/(\Delta x_k))\Delta x_k = 1 \; .$$

Possiamo etichettare la $F_k/\Delta x_k$ con f_k, detta *densità di frequenza*, dato che per ottenere la frequenza dobbiamo moltiplicare per Δx_k. Tale definizione può essere compresa, pensando al caso della densità lineare λ di un filo di massa m e lunghezza l, data dalla relazione $\lambda = m/l$. Per ottenere la massa di un tratto di filo Δl si deve moltiplicare λ per Δl, si ha $\Delta m = \lambda \Delta l$

Nello stesso modo per ottenere la frequenza F_k si deve moltiplicare la densità di frequenza f_k per la larghezza dell'intervallo Δx_k :

$$F_k = f_k \Delta x_k \ .$$

Se si è orientati a trovare una funzione continua, che descriva la distribuzione dei nostri dati sperimentali, si deve portare la rappresentazione mediante istogrammi, finora espressa per variabili discrete, ad una rappresentazione per variabili continue, che possono assumere un valore qualsiasi nell'intervallo $[a, b]$ del campo dei numeri reali.

Siano x i valori compresi in $[a, b]$, dividiamo questo intervallo[3] in

$$[x_1, x_2), [x_2, x_3), \cdots, [x_{m-1}, x_m] \ ,$$

intervalli più piccoli di ampiezza Δx. Per ognuno di questi intervalli avremo un certo numero di occorrenze indicato con n_k, che indica il numero di eventi, che hanno il valore compreso nell'intervallo. La frequenza è ottenuta dalla relazione:

$$F_k = \frac{n_k}{n} \ .$$

dove si ricorda n sono il numero di tutti gli eventi $n = \sum_1^{n_{classi}} n_k$. Attenzione si è appositamente esplicitato n_{classi} per indicare il numero di intervalli, la relazione tra n_{classi} ed il pedice degli estremi dell'intervallo è $m - 1 = n_{classi}$.

Se aumentiamo all'infinito il numero di intervalli, quindi per $n_{classi} \to \infty$ (o equivalentemente per $m \to \infty$), avremo la riduzione della larghezza dell'intervallo, fino ad arrivare a un elemento di larghezza infinitesimale ($\Delta x \to \mathrm{d}x$) e la sommatoria di queste quantità tenderà all'area sottesa dalla curva ideale (questo limite in analisi matematica è l'integrale di una funzione). Quindi si ha

$$\lim_{n_{classi} \to \infty} \sum \frac{F_{x_k}}{\Delta x_k} \Delta x_k = \lim_{n_{classi} \to \infty} \sum f_k \Delta x_k = \int_{a=-\infty}^{b=+\infty} f(x)\mathrm{d}x. \tag{6.4}$$

All'aumentare del numero di misure e della risoluzione si ha che la f_k sembra tendere ad una curva continua $f(x)$. Visto che abbiamo chiamato la f_k *densità di frequenza*, chiameremo la $f(x)$ *densità di probabilità*. Tale terminologia sarà giustificata da quanto affronteremo nel Cap. 7, sui cenni di probabilità, nel quale osserveremo che *all'aumentare del numero di prove (misure) la frequenza tende alla probabilità*.

---

[3] Abbiamo usato la notazione di [per intervallo chiuso e) per intervallo aperto, vedremo che questo problema solo formale, per uniformarci all'analisi di funzioni, in realtà verrà superato, utilizzando per gli istogrammi intervalli chiusi, ed attribuendo nel caso di valore uguale al valore che delimita due intervalli contigui, 1/2 a destra ed 1/2 a sinistra.

Inoltre si osservi la corrispondenza anche visiva tra variabili discrete e variabili continue nella (6.4):

- a $\sum$ (sommatoria) discreta corrisponde $\int$ (una s stilizzata, che sta per somma),
- alla densità di frequenza f_k corrisponde la densità di probabilità $f(x)$ e
- alla larghezza della classe Δx_k corrisponde il differenziale dx.

Questa corrispondenza ci permetterà di passare da formule, dedotte per le variabili discrete, di più facile comprensione, a formule per il caso continuo, ovvero per la nostra curva ideale descrittiva di variabili casuali.

Si osservi che nel caso di un intervallo $[a, b]$ l'integrale ha come estremi i valori dati, diversamente la funzione di densità di probabilità è calcolata su tutto il campo reale, dato che l'area sottesa dalla curva risulta nulla nelle zone in cui la funzione è nulla, per questo abbiamo esteso l'integrale nella (6.4) da $-\infty$ a $+\infty$.

Tale argomento verrà ripreso, una volta affrontato l'approccio probabilistico ai dati affetti da incertezze casuali, per quantificare quanto bene una distribuzione di tipo casuale si avvicini ai dati di una grandezza misurata, permettendo di passare dalla frequenza sperimentale alla probabilità teorica, che meglio si adatta ai dati, e quindi potere fornire il *valore vero*, che risulterà una stima del *valore di aspettazione*. Distingueremo in questo testo il *valore di aspettazione*, che è *quanto si ricava da una curva o modello ideale*, e *valore vero* che è quanto possiamo fornire come *stima di una misura sulla base dell'analisi dei dati osservati*. Richiamiamo qui un altro termine, il *valore atteso*, al quale si attribuisce il significato di un valore, con il quale si vuole confrontare una misura, che abbiamo già considerato nel Cap. 3.

6.1.2 Tabelle funzionali e loro presentazione grafica

In fisica non possiamo limitarci alla sola osservazione di una grandezza ed alla misura ripetuta di essa, ma spesso cerchiamo le relazioni tra le grandezze, per questo risulta utile l'organizzazione dei dati in *tabelle funzionali*. Una tabella funzionale viene organizzata in base alla *variabile indipendente*, che di solito indichiamo nel caso generale x, rispetto alla quale si registra la *variabile dipendente*, che di solito indichiamo con y.

Questa organizzazione richiama già la sua rappresentazione grafica delle funzioni, percui avremo che la *variabile indipendente* x si troverà sull'asse delle ascisse e la *variabile dipendente* y su quello delle ordinate.

In Tabella 6.3 se ne riporta l'organizzazione di una tipica, dove nella prima colonna si ha il numero sequenziale di coppie (x_i, y_i) con i, che va da uno ad N. Nell'analisi dei dati, rispetto all'analisi di funzioni, fissata una variabile indipendente x, si osserva come cambiano le altre grandezze osservabili ed assunte come variabili dipendenti. Questo è visibile dall'inversione dell'ordine nella tabella, si fissa un valore per la x_i e si osserva il corrispondente valore y_i.

Tabella 6.3 Esempio di tabella funzionale per la variabile indipendente x e quella dipendente y

| num. | variabile indipendente | | variabile dipendente | |
coppia	[unità di misura]		[unità di misura]	
i	x	δx	y	δy
1	val. num.	val. num.	val. num.	val. num.
2	val. num.	val. num.	val. num.	val. num.
...	val. num.	val. num.	val. num.	val. num.
N-1	val. num.	val. num.	val. num.	val. num.
N	val. num.	val. num.	val. num.	val. num.

Per semplicità non sono riportate eventuali altre colonne relative ad ulteriori variabile indipendenti.

Nell'organizzare le tabelle di tipo funzionale è utile un'organizzazione del tipo:

1. Per la scelta dei valori da assegnare alla variabile indipendente:
   è utile scegliere una variazione costante della mantissa (p.e. 1, 2, 3 ... oppure 2, 4, 6 ...) moltiplicato per 10^n ,
2. individuare correttamente le cifre significative,
3. arrotondare sulla base delle cifre significative i valori numerici.

Sicuramente il primo punto è da osservarsi prima ancora di effettuare la misura, per avere una organizzazione ordinata. I punti secondo e terzo riguardano soprattutto la presentazione di tabelle nelle relazioni o pubblicazioni, cosa che genera spesso equivoci a chi si avvicina al laboratorio di fisica, perché per i calcoli è meglio portarsi dietro più cifre significative e questo dipende dalla situazione. Segnaliamo qui anche un problema ricorrente nella regressione lineare, che affronteremo nel Cap. 9. I parametri della retta sono dedotti da formule, che contengono frazioni fra differenze di stime ottenute dai dati. In questo caso nelle sottrazioni, le cifre significative si possono ridurre, percui bisogna controllare, che non si perda significatività nella stima, e quindi cercare di avere per i numeri in gioco sufficienti cifre significative.

La rappresentazione mediante grafici risulta utile soprattutto per avere una prima idea visiva dell'andamento e nel caso per inoltrarsi a trovare le relazioni funzionali, delle quali la più facile, e che affronteremo in questo testo, è quella lineare (una retta). Anche per questo è opportuno organizzare la raccolta dati con passi costanti della mantissa della variabile indipendente x.

Per introdurre questo argomento, prendiamo l'esperienza semplice già introdotta (Cap. 5) relativa al pendolo, e che utilizzeremo ancora, per presentare dati veri agli studenti. Esperienza che si può proporre in classe nel corso delle lezioni, o farla a casa per conto proprio.

Cerchiamo la *relazione funzionale* tra il periodo di oscillazione T di un pendolo e la lunghezza del filo l. Supponiamo che alcuni teorici propongano due tipi di relazioni:

$$1^a \text{ ipotesi teorica } \quad T = 2\pi\sqrt{l/g}\,,$$

$$2^a \text{ ipotesi teorica } \quad T = \frac{1}{2\pi}\sqrt{l/g}\,.$$

Molti studenti sono in grado di ricordare o verificare, quale sia la relazione corretta, ma cerchiamo di affrontare l'argomento dal punto di vista sperimentale, cioè dimostrare con un esperimento, quale delle due ipotesi può essere accettata.

La condizione necessaria, ma non sufficiente, che le dimensioni siano omogenee, viene rispettata da entrambe le formule.

Invece di prendere un singolo periodo, scegliamo di cronometrare tre periodi, questo per evitare, influenze sistematiche, dovute alla nostra reazione per tempi molto brevi. Prendiamo un numero basso di oscillazioni per una trattazione più facile didatticamente.

Iniziamo a prendere le nostre misure a diverse lunghezze del cordino – basta fare dei nodi a distanze uguali [4] – e riportiamo i dati come in Tabella 6.4.

Tabella 6.4 Misure del tempo di tre oscillazioni di un pendolo con cordino e peso per verificare la relazione funzionale tra periodo di oscillazione T di un pendolo e lunghezza l del cordino. La variabile indipendente $x \equiv l$, la variabile dipendente $y \equiv T$

	$l = 88.5$ cm		$l = 64.5$ cm		$l = 44.0$ cm		$l = 24.5$ cm
i	$3T$ [s]	i	$3T$	i	$3T$ [s]	i	$3T$ [s]
1	6.00	1	4.91	1	4.22	1	3.00
2	5.78	2	5.13	2	4.32	2	2.97
3	5.78	3	5.03	3	4.28	3	3.28
4	5.94	4	5.22	4	4.32	4	2.91
5	5.87	5	5.25	5	4.16	5	3.03
6	6.00	6	5.00	6	4.22	6	3.03
$\overline{3T}$	5.895		5.090		4.253		3.037
σ_{3T}	0.1011		0.1328		0.06408		0.1274
$\sigma_{3T}/\overline{3T}$	0.01716		0.02609		0.01507		0.0419

ricaviamo T e l'errore su T propagato dalla misura di $3T$

	calc.	arrot.	calc.	arrot.	calc.	arrot.	calc.	arrot.
$\overline{T}$	1.965	1.97	1.697	1.70	1.418	1.42	1.012	1.01
σ_T	0.0337	0.03	0.0443	0.04	0.0214	0.02	0.0425	0.04
σ_T/T	0.0172	1.5 %	0.0261	2.4 %	0.0151	1.4 %	0.042	4.0 %

---

[4] Questo infatti ha avuto come risultato, che in Tabella 6.4, non ci sia un passo preciso per la lunghezza.

Nella Tabella 6.4 abbiamo evidenziato in corsivo *arrot.* per ricordare, che questo è il modo corretto di presentare nelle relazioni i risultati. Invece nell'organizzarci i dati per analizzarli, come stiamo procedendo per motivi didattici, teniamo più cifre significative. Quindi per licenza didattica abbiamo riportato più cifre significative, cosa necessaria ed utile nell'analisi dei dati, ma non accettabile nella loro presentazione.

Per motivi didattici nel calcolo dell'incertezza per $y = 3T$, si sta considerando solo quella statistica, non abbiamo fatto menzione alcuna sull'incertezza di lettura, questa si potrebbe dedurre da come sono presentati i dati. y viene misurata con un cronometro che fornisce *n.nn* s ovvero con la risoluzione di 1/100 di secondo, percui avremmo un'incertezza sulla misura dei tre periodi di oscillazione di 1/2(1/100) secondi, per ora la consideriamo trascurabile rispetto all'incertezza casuale, sommare in quadratura 0.005 alle incertezze in tabella non cambia il valore numerico delle incertezze, nell'orrotondamento di solito utilizzato.

Per l'incertezza abbiamo tenuto una cifra significativa, nonostante si osservi un'influenza apprezzabile sull'incertezza (relativa) percentuale. Ma ciò ci permette di focalizzarci sul metodo piuttosto che sulla precisione, e vogliamo ora dare più evidenza a ciò.

Riordiniamo i dati in modo opportuno, ovvero per coppie di variabili indipendenti e dipendenti (x_i, y_i), come riportato in Tabella 6.5.

Tabella 6.5 Tabella funzionale per la variabile indipendente $\sqrt{l}$ in 3ª colonna, dove l è la lunghezza del cordino del pendolo in 2ª colonna, e per la variabili dipendente T in 4^a colonna

		var. indip.	*var. dip.*
coppia i	l	$\sqrt{l}$	T
	[m]	$[\mathrm{m}^{1/2}]$	[s]
i	l	$\sqrt{l}$	$T \quad \delta T$
1	2.45E-01	$4.95 \ 10^{-1}$	1.01 0.04
2	4.40E-01	$6.63 \ 10^{-1}$	1.42 0.02
3	6.45E-01	$8.03 \ 10^{-1}$	1.70 0.04
4	8.85E-01	$9.41 \ 10^{-1}$	1.97 0.03

Ci abbiamo messo un po' ad organizzare i dati, e questo è quanto spesso accade in laboratorio, o nello studio di una relazione fra grandezze, per questo siamo partiti dal caso reale, senza invece presentare numeri, che potrebbero non sembrare legati alle situazioni reali.

Una *relazione funzionale* facile da studiare, è quella *lineare* del tipo $y = A + Bx$, che nel nostro caso particolare si ha, se $y \equiv T$ ed $x \equiv \sqrt{l}$, la relazione risulta quindi:

$$T = \mathrm{cost} \sqrt{\frac{l}{g}} = \mathrm{cost} \frac{1}{\sqrt{g}} \sqrt{l} \equiv y = A + Bx,$$

dove la costante B è la pendenza della retta e ci permette di verificare dal confronto con il caso particolare $\text{cost}/\sqrt{g} \equiv B$, quale costante e quindi quale ipotesi sia da rigettare.

A questo punto si riduce tutto allo studio della relazione tra la variabile dipendente y (nel nostro caso T), sulla quale si ha un'incertezza δy (nel nostro caso particolare δT) e la variabile indipendente x, nel nostro caso $\sqrt{l}$, trascurando l'incertezza sulla variabile x, dato che l'incertezza relativa sulla x al massimo è dell'ordine del due per mille, mentre l'incertezza sulla y è dell'ordine del percento. Questo argomento è opportuno evidenziarlo.

Lo studio di una relazione *funzionale* si effettua, in prima approssimazione, scegliendo come *variabile dipendente* quella con la *maggiore incertezza relativa* e trascurando l'incertezza sulla *variabile indipendente*, che dovrebbe quindi avere l'*incertezza relativa minore*.

Sulla carta millimetrata[5] cerchiamo di trovare una relazione lineare (una retta), che comprenda le misure effettuate e le incertezze sulle misure. Prima di tutto riportiamo i dati come punti, individuati dalle coppie (x, y) dei dati registrati, eventualmente con dei simboli, in Fig. 6.2 sono stati utilizzati dei rombi ($\diamond$), e riportiamo su ogni coppia di dati anche le incertezze con le corrispondenti barre.

Di seguito affronteremo un metodo grossolano, ma che dà l'idea di come in seguito useremo la matematica, per affrontare in modo rigoroso l'argomento, inoltre avvicina gli studenti ad un approccio descrittivo e grafico di organizzare i dati osservati.

Per trovare la relazione lineare, cerchiamo di comprendere l'intervallo di relazioni lineari, quindi rette, che includano i due estremi, ovvero la retta di massima pendenza, che passa dal primo dato meno l'incertezza nel punto $y_1 - \delta y_1$ e l'ultimo dato più l'incertezza nel punto $y_4 + \delta y_4$, che in Fig. 6.2 è riportata con segmento punteggiato, e la retta con minima pendenza che passa rispettivamente per $y_1 + \delta y_1$ e $y_4 - \delta y_4$.

Visto che in questo caso siamo interessati alla stima del parametro B, ci limiteremo soprattutto a questo.

La pendenza di una retta è facile da ricavare anche con nozioni geometriche elementari, osservando che le rette non sono altro che le ipotenuse di triangoli rettangoli, delimitati proprio dai punti scelti.

Si otterrebbe per la curva di massima pendenza $y_{max\ pend} = A' + B_{max}x$, ovvero la retta con linea punteggiata ed una curva di minima pendenza ($y_{min\ pend} = A'' + B_{min}x$) indicata dalla retta tratteggiata.

---

[5]Gli studenti hanno in mano strumenti tecnologici e fogli elettronici, per l'analisi dei dati, ma in un approccio pragmatico, e di prima analisi, consigliamo di utilizzare sistemi, che non distraggano dalla misura, spesso in laboratorio gli studenti si perdono dietro problemi informatici e non prendono in modo corretto e chiaro le misure.

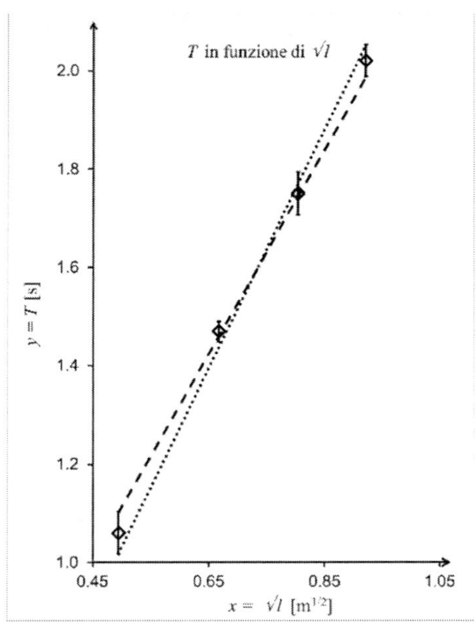

Figura 6.2 Grafico del periodo di oscillazione di un pendolo in funzione di $\sqrt{l}$. I dati vanno riportati sui grafici come singoli punti con, eventualmente, dei simboli (qui ◇) e le incertezze vanno indicate con le barre sui corrispondenti punti. Le relazione funzionali, o modelli, si indicano con linee continue, tratteggiate, punteggiate. Qui con la linea punteggiata ($\cdots$) si indica la curva di massima pendenza, con linea tratteggiata (- - -) quella di minima pendenza.

Per un approccio "grossolano" preliminare possiamo ricavare le rette graficamente sulla carta millimetrata o mediante calcoli, ed utilizzare come migliore stima della curva la relazione $y = A_{ms} + B_{ms}x$, dedotta dalle due rette.

Possiamo fornire come migliore stima della pendenza il valore centrale delle pendenze delle due rette, calcolate o ricavate graficamente, $B_{ms} = (B_{max} + B_{min})/2$, mentre come incertezza sulla pendenza utilizziamo la semidispersione: $\delta B = \Delta_B/2$, dove il Δ_B è la dispersione $(B_{max} - B_{min})$.

È interessante mostrare come per il caso riportato si ottiene B_{min}=1.997 s m$^{-1/2}$ e B_{max}=2.311 s m$^{-1/2}$, da cui $B_{ms} = 2.152$ s m$^{-1/2}$ e $\delta B = \Delta B/2 = 0.157$ s m$^{-1/2}$. Pertanto $B = 2.15 \pm 0.16$ s m$^{-1/2}$. Si ottiene che cost = 6.74 ± 0.49.

Nel calcolo qualsiasi valore è stato arrotondato ad almeno tre cifre significative, provate a calcolare B con x a due cifre significative ed otterrete $B = 2.182 \pm 1.59$ da presentare come misura nel seguente modo $B = 2.18 \pm 0.16$,

Facciamo ora la verifica di significativà con la costante attesa, per il caso del calcolo con arrotondamenti a tre cifre significative almeno. Si osserva per la cost= 2π che il rapporto tra discrepanza ed incertezza risulta $|6.74 - 6.28|/0.49$ =0.94, mentre per cost= $1/2\pi$, si ottiene 14. Possiamo rigettare l'ipotesi che la costante sia $1/2\pi$ e accettare quella in cui la costante è 2π.

Facciamo notare, che, se la verifica venisse fatta con le misure, in cui abbiamo arrotondato a due cifre significative le sole x, avremmo ottenuto $|B_{ms} - B_{att}|/\delta B = 1.1$, percui maggiore di uno e avremmo rigettato anche l'ipotesi con costante 2π.

Questo esempio, già nel caso di un confronto grossolano, permette di vedere come sia importante tenere conto delle cifre significative.

Come per il parametro B anche per il parametro A si possono ottenere $A_{ms} = (A' + A'')/2$ e l'incertezza $\delta A = \Delta_A/2 = (A' - A'')/2$. Questo può essere il caso in cui si vuole ricavare, invece che la pendenza, l'intercetta con l'asse y.

Infine possiamo anche fare previsioni, se impostiamo una data x, su quale sarà il risultato delle y, da $y = A + Bx$, si ottiene che $\delta y = \delta A + x\delta B$, dato che abbiamo considerato trascurabile l'incertezza sulla x.

Tale approccio grafico, risulta utile per una prima osservazione dei dati e per verificare, già durante la misura, se qualcuno di essi sia troppo diverso dagli altri e ricontrollare, quindi ripetendo eventualmente la misura.

Questo approccio risulta anche perseguibile per esempio nelle scuole superiori, o nei casi in cui le basi matematiche risultano ancora insufficienti per affrontare l'argomento dal punto di vista formale nel Cap. 9, dove si forniscono le formule per ricavare A e B, rispettivamente la (9.7) e la (9.8) e le incertezze, rispettivamente la (9.12) e la (9.13)), sulla base di un metodo detto dei minimi quadrati, che estende il procedimento qui riportato su tutte le coppie di dati disponibili.

Si troverà un metodo analitico, per ricavare la curva teorica, che meglio approssima i dati sperimentali, ed un metodo statistico di verifica della fiducia, che la legge teorica, scelta per i dati, sia appropriata.

Ulteriore argomento, che si affronterà, sarà la cosiddetta tecnica di linearizzazione, osserveremo che, nel caso in cui si possa ricondurre una relazione funzionale ad una di tipo lineare ($y = A + Bx$), lo studio risulterà facile da affrontare anche analiticamente.

La linearizzazione è stata già fatta proprio nell'esempio sotto studio, per indicare subito quale direzione prendere nel caso di esperimenti, nei quali si cerca una relazione funzionale.

Infatti abbiamo ricondotto la relazione $T = (\text{cost}/\sqrt{g})\sqrt{l}$ a quella lineare $y = A + Bx$, avendo considerato per la variabile indipendente x la $\sqrt{l}$.

Problemi

6.1. Rifare come esercizio l'organizzazione della Tabella 6.1 nella Tabella 6.2 e riportare su grafico gli istogrammi come in Fig. 6.1.

6.2. Per i dati del Probl. 5.6, utilizzando la media e la deviazione standard del campione,

a) si costruisca una tabella con una larghezza degli intervalli pari a metà della deviazione standard del campione.
b) Si faccia l'istogramma delle "densità di frequenza".
c) Si calcolino le medie di ogni colonna e si riportino sullo stesso grafico tali valori, costruendo un'altra tabella con le stesse classi.
d) Si osservi come cambiano le distribuzioni di tutti dati e dei valori medi di ogni colonna.

6.3. In classe o a casa si possono registrare dati con un semplice pendolo, un cordino sospeso a qualche morsetto con in fondo un pesetto.

Si riporta, quanto osservato in aula il 7 ottobre 2012, con un cordino di nylon, ed un pesetto (piombino da pesca a forma di pera pescato presso l'ex cava di Bauxite ad Otranto). Nella Tabella 6.3 si consideri una variabile generica x. In 2^a riga, le iniziali dei nomi, ma si inizi a ragionare sul pedice j in 1^a riga, che indica il j-esimo studente, e sul pedice i della l'i-esima misura, che indica le righe.

Tabella 6.6 Dati registrati in classe per un certo numero di oscillazioni di un pendolo, che etichettiamo per ora x

j	1	2	3	4	5	6	7	8	9	10	11
i	Mi.	Lo.	Ma.	N.	Mar.	A.	Le.	Si.	E.	F.	So
1	2.23	2.15	2.16	2.22	2.27	2.18	2.24	2.20	2.09	2.20	2.49
2	2.18	2.18	2.19	2.17	2.23	2.12	2.21	2.19	2.21	2.22	2.03
3	2.04	2.18	2.28	2.19	2.09	2.22	2.12	2.29	2.18	2.23	2.15
4	2.24	2.16	2.29	2.29	2.23	2.19	2.20	2.28	2.19	2.19	2.15
5	2.34	2.18	2.22	2.20	2.22	2.17	2.22	2.21	2.26	2.26	2.17
6	2.17	2.13	2.20	2.17	2.13	2.21	2.17	2.22	2.12	2.22	2.08
7	2.19	2.18	2.11	2.17	2.23	2.09	2.17	2.26	2.20	2.27	2.06
8	2.15	2.19	2.21	2.26	2.29	2.13	2.21	2.15	2.20	2.29	2.29
9	2.17	2.16	2.17	2.27	2.20	2.13	2.25	2.23	2.17	2.27	2.20
10	2.09	2.01	2.19	2.16	2.24	2.17	2.26	2.23	2.23	2.20	2.15

a) Si ricavi la media e la deviazione standard, di tutti i dati e si costruisca l'istogramma delle occorrenze. Uno studente ha commesso un errore in una misurazione, provate ad individuare il dato sull'istogramma. Si costruisca poi l'istogramma delle frequenze e delle densità di frequenza.

b) Si considerino poi i dati di ogni studente, quindi dalla colonna $j=1$ alla $j=11$, le medie di ogni studente $\overline{x_j}$, e anche le corrispondenti deviazioni standard del campione σ_j.

c) Si riportino sullo stesso istogramma delle densità di frequenza dei dati, le densità di frequenza dei valori medi.

d) Si consideri poi la deviazione standard dei valori medi. Si facciano considerazioni e ... si confronti la stima, che ogni studente potrebbe fare della deviazione standard della media dai suoi dati.

6.4. Ricavare i coefficiente B_{max} e B_{min}, per i dati della Tabella 6.5, riportata nel testo, con gli strumenti matematici a propria disposizione. Per chi non avesse tali strumenti, si consideri il modo semplice, utilizzabile immediatamente, del considerare le rette come ipotenuse di triangoli rettangoli, rispetto agli assi delle ascisse e delle ordinate.

Provare poi, ottenuti i coefficienti con le coppie di dati estremi disponibili, a ricavare anche le intercette con l'asse y, ovvero i coefficienti A' ed A''.

6.5. Ottenuta la retta dal Probl. 6.4, fare la verifica per le due leggi riportate per il pendolo, mediante la discrepanza ed il rapporto con l'incertezza, ottenuta dalla propagazione della semidispersione sul coefficiente B. Rigettare l'ipotesi che mostra una discrepanza significativa.

6.6. Nel caso di una molla si osserva che, applicandole all'estremità inferiore delle masse m, si registrano degli allungamenti Δl dove l e la lunghezza della molla. Si

m (g)	100	200	300	400	500	600	700	800
δm (g)	2	2	2	2	2	2	2	2
Δl (mm)	1.0	1.9	3.0	4.1	4.9	6.3	7.6	8.5
$\delta(\Delta l)$ (mm)	0.2	0.2	0.2	0.2	0.2	0.2	0.2	0.2

verifichi la legge di Hooke $|F| = k\Delta l$, dove la forza applicata alla molla è pari a mg ($g = 9.81$ m s^{-2}), e k è la cosiddetta costante elastica.

Si fornisca con il metodo grafico il coefficiente B della regressione lineare $y = A + Bx$ e l'incertezza espressa come semidispersione, confrontato con la legge di Hooke tale coefficiente permette di ottenere la costante elastica della molla k.

Verificare se il valore atteso pari a 920 N m^{-1}, rientra nell'intervallo di fiducia $\pm\ \delta k$ e quindi risulta appropriato per i dati rilevati.

Premesse sulla probabilità

Nel caso di dati sperimentali affetti da incertezze casuali si osserva che, all'aumentare del numero di rilevazioni, i dati tendono a distribuirsi intorno ad un valore centrale, con una determinata dispersione. Al limite di n (prove-misure) tendente ad infinito ci aspettiamo di ottenere una distribuzione ideale. Tale distribuzione si può derivare matematicamente proprio dall'assunzione, che ogni incertezza sulla grandezza x sia casuale, ovvero abbia la stessa probabilità di comparire con segno negativo o positivo. Nella discussione compare sempre il termine probabilità e i nomi stessi di tali incertezze, dette per l'appunto casuali, aleatorie, stocastiche, rimandano alla teoria delle probabilità.

Di seguito forniremo solo dei cenni e alcuni chiarimenti sulla terminologia e sulle proprietà, che riguardano la teoria delle probabilità, finalizzati all'utilizzo che ne faremo nel corso del testo.

7.1 Definizioni di probabilità

Il calcolo delle probabilità si interessa dello studio di fenomeni casuali, detti anche aleatori, stocastici, ed è sorto per risolvere problemi posti dal gioco d'azzardo (Ars conjectandi di J. Bernoulli, pubblicazione postuma fatta dal nipote Niklaus nel 1713).

La prima pubblicazione sistematica si deve a P.S. Laplace (1812), la definizione *classica* di probabilità data dallo stesso è:
"la probabilità $P(E)$, che si verifichi un evento E, è il rapporto fra il numero di *casi favorevoli* N_E al verificarsi di E, ed il numero di *casi possibili* N, giudicati *egualmente probabili*":

$$P(E) = \frac{N_E}{N} \ .$$

La probabilità risulta quindi un numero compreso tra zero e uno, in particolare per il valore zero si avrà l'*evento impossibile*, per il valore uno invece l'*evento certo*.

G. Ciullo, *Introduzione al Laboratorio di Fisica*, UNITEXT for Physics,   95
DOI: 10.1007/978-88-470-5656-5_7, © Springer-Verlag Italia 2014

Questa definizione presuppone, che tutti gli eventi siano equiprobabili, quindi risulta alquanto tautologica.

Fu già Bernoulli a introdurre il concetto del *principio della ragione non sufficiente*, detto successivamente *principio di indifferenza*, che asserisce che in mancanza di ragioni, che impongano di assegnare probabilità diverse, tutti gli eventi devono essere considerati equiprobabili.

L'approccio sperimentale ai fenomeni casuali è *diverso*, ovvero si osserva il numero di volte (n_E), in cui si è verificato un evento, e si divide per il numero di prove effettuate (n). Tale rapporto fornisce la *frequenza* dell'evento E. Questo approccio fornisce una definizione della probabilità detta *frequentista*, in quanto si presenta la frequenza degli *eventi verificatisi* rispetto agli *eventi osservati*:

$$F(E) = \frac{n_E}{n}.$$

Anche la *frequenza*, come la probabilità, è un *numero reale*, compreso *tra zero ed uno*.

Con l'approccio frequentista si rischia di incorrere in qualche abbaglio, nel caso di poche prove.

Per la probabilità frequentista si ha zero per l'evento, che non si è mai verificato, ma non necessariamente risulta impossibile. Discorso analogo se $F(E) = 1$, l'evento si è sempre presentato, ma non necessariamente è certo.

Si consideri la situazione del lancio di un dado una sola volta, in cui si ottenga, per esempio, il *"due"*. Con la definizione frequentista ed una sola prova avremmo il paradosso di definire certo tale evento e invece impossibile il complementare, ovvero l'uscita di qualsiasi numero diverso dal *"due"*.

L'esperienza mostra, che all'aumentare del numero di prove n, la frequenza tende alla probabilità classica, a condizione che il sistema (moneta, dado, mazzo di carte...) non sia truccato, ovvero tutti i modi siano equiprobabili.

Tale comportamento prende il nome di *legge empirica del caso*: ed afferma che in una serie di n prove, eseguite tutte nelle stesse condizioni, la frequenza di un evento in generale tende ad assumere valori prossimi alla probabilità, e che l'approssimazione è tanto migliore, quanto maggiore è il numero di prove n:

$$\lim_{n \to \infty} \frac{F(E)}{P(E)} = 1,$$

ovvero la frequenza $F(E)$ tende alla probabilità per $n \to \infty$.

La *probabilità* calcolata con l'impostazione

- *classica* è anche detta *probabilità a priori*,
  mentre quella dedotta dall'impostazione
- *frequentista* è anche detta *probabilità a posteriori*.

Ci sono altri casi in cui la valutazione delle probabilità è del tutto "soggettiva". Per esempio qual è la probabilità che oggi piova, o che un atleta vinca una gara?

Anche in questi casi la probabilità viene espressa mediante un numero da zero ad uno, percui si assume zero per l'evento ritenuto impossibile ed uno per l'evento invece ritenuto certo. Il valore, che si fornisce, dipende dalla fiducia, che il soggetto ripone nell'evento.

Qual è la probabilità, che un vostro amico ricordi l'appuntamento? Dipende dall'esperienza acquisita con tale amico o dalla vostra personale fiducia.

Tale *probabilità* viene detta *soggettiva*.

Sulla base di tutto ciò è risultato necessario formulare una definizione della probabilità matematicamente rigorosa detta *assiomatica o di Kolmogorov*. Le definizioni assiomatiche hanno basi formali, che non sono necessarie ai fini del corso di esperienze di laboratorio, ma possono risultare immediate per dedurre alcune proprietà delle funzioni di distribuzione e per una descrizione chiara e rigorosa.

L'approccio che ci si propone è la presentazione di alcune proprietà della probabilità frequentista di più facile accesso e, grazie alla linearità del limite, la loro estensione alla probabilità classica e di conseguenza assiomatica.

In alcuni casi risulterà pratico ed immediato fare uso anche dei concetti base dell'insiemistica.

Per il seguente corso non ci si formalizzerà nel seguire sempre un profilo rigoroso, ma solo quello più pratico, per accedere alle informazioni necessarie all'utilizzo dei concetti per la studio della teoria delle incertezze.

7.1.1 Frequenza e probabilità

Si supponga di aver definito un determinato evento E e di ottenere dal numero di volte, che si è verificato (n_E), rispetto al numero di prove effettuate (n), la frequenza $F(E) = n_E/n$.

Si può osservare che la frequenza $F(\overline{E})$ del complementare di E (o anche evento contrario), che indicheremo come $\overline{E}$, ovvero tutti gli eventi che non sono E, risulta $F(E)=1- F(\overline{E})$:

$$F(\overline{E}) = \frac{n - n_E}{n} = 1 - \frac{n_E}{n} = 1 - F(E) \,, \tag{7.1}$$

da cui infatti $F(E) = 1 - F(\overline{E})$.

Figura 7.1 Diagramma di Eulero-Venn dell'evento E il suo complementare $\overline{E}$ e tutto lo spazio degli eventi S.

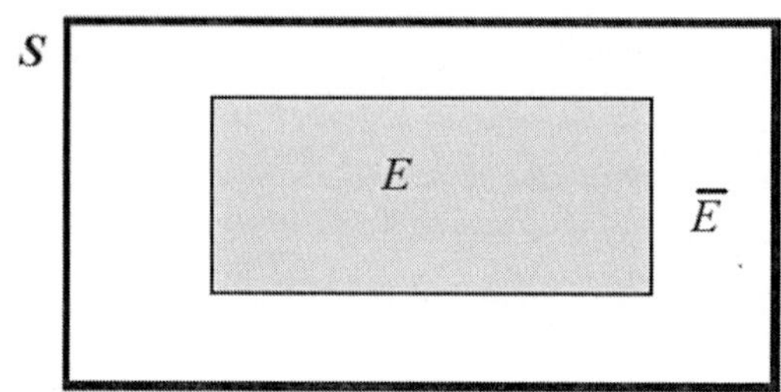

Tale relazione possiamo estenderla alla probabilità classica, grazie all'andamento al limite delle prove ad infinito:

$$\lim_{n \to \infty} F(\overline{E}) = 1 - \lim_{n \to \infty} F(E) \, ,$$

$$P(\overline{E}) = 1 - P(E) \, .$$

Se si definisce S lo spazio degli eventi, si può introdurre la rappresentazione insie-mistica, mediante i diagrammi di Eulero-Venn (Fig. 7.1). Tale rappresentazione è utile, per chiarire intuitivamente come calcolare la probabilità.

Per esempio si osserva in Fig. 7.2 che, nel caso di eventi mutuamente esclusi-vi (nessun elemento appartiene ai due insiemi), tali da coprire tutto lo spazio degli eventi S, si ottiene che la somma delle probabilità dei singoli eventi A_i è pari all'evento certo.

La probabilità che si avveri uno qualsiasi degli eventi di qualsiasi sottinsieme è data da:

$$P(\bigcup_{i=1}^{6} A_i) = \sum_{i=1}^{6} P(A_i) = P(S) = 1 \, ,$$

relazione detta anche *assioma della certezza*.

Dove il simbolo $\cup$ indica l'unione dei sottoinsiemi A_i .

Figura 7.2 Diagramma di Eulero-Venn per uno spazio di eventi (S) ottenuto dall'unione dei sottoinsiemi di eventi A_i mutuamente esclusivi.

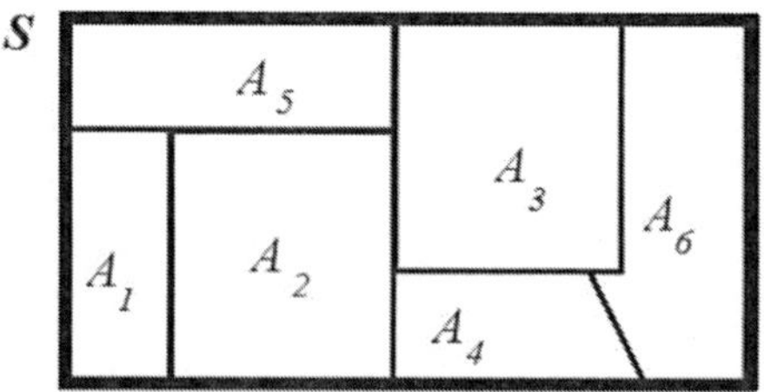

Due insiemi mutuamente esclusivi si hanno, quando l'intersezione ($\cap$) tra loro è l'elemento vuoto ($\emptyset$):

$$A_i \cap A_j = \emptyset \, .$$

Si ottiene, che la probabilità dell'evento impossibile (elemento vuoto $\emptyset$) è pari a 0:

$$P(\emptyset) = 0 \ ,$$

infatti dalla relazione

$$P(S + \emptyset) = P(S) + P(\emptyset) = 1 \ ,$$

dato che $P(S) = 1$, $P(\emptyset)$ deve essere zero.

7.1.2 Probabilità assiomatica

Come anticipato, quanto trovato per la probabilità frequentista è direttamente trasferibile, grazie alla proprietà di linearità del limite, alla probabilità classica.

Per chi ama la formalità matematica, forniamo la definizione di probabilità assiomatica. Si parte da una σ-*algebra* [17], detta anche *tribù*, fondamentale nella teoria delle misure in matematica e strettamente collegata all'insiemistica.

Ogni famiglia F di sottoinsiemi di S avente le proprietà:

- l'insieme vuoto appartiene ad F: $\emptyset \in F$;

- se una infinità numerabile di insiemi $A_1, A_2 \dots \in F$; $\bigcup\limits_{i=1}^{\infty} A_i \in F$,

- se $A \in F$ lo stesso vale per il suo complementare $\overline{A}$.

si chiama σ-*algebra*.

 L'algebra di cui si parla non è altro che l'*insiemistica*.

C'è una corrispondenza biunivoca tra concetti insiemistici e probabilistici, utile per inquadrare il formalismo. Per l'utilizzo come premesse alla gaussiana ci limitiamo alle considerazioni pratiche di un esempio, riportato in vari testi di probabilità e comprensibile in quanto legato ai giochi di carte.

Per esempio, si utilizzi come insieme S un mazzo di carte francesi e definiamo come evento A l'estrazione di un asso, e come evento B l'estrazione del seme di quadri, si otterrà:

- S: l'insieme delle 52 carte;

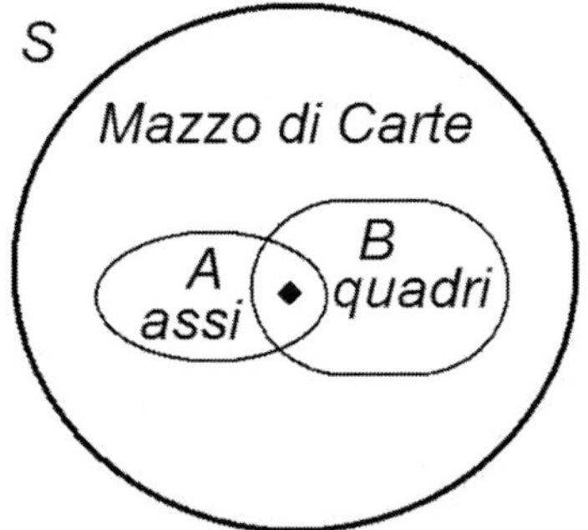

Figura 7.3 Diagramma di un mazzo di carte (S) in cui sono indicati l'evento A: estrazione di un asso e l'evento B: estrazione di una carta di quadri.

- $A \cup B$: seme di quadri o asso di cuori, fiori, picche;
- $A \cap B$: asso di quadri;
- $A - B$: asso di cuori, fiori o picche;
- $\overline{A}$: tutte le carte tranne gli assi.

Queste definizioni formali, se osservate nel diagramma in Fig. 7.3, sono accettate senza problemi.

Probabilità assiomatica o di Kolmogorov

Data P un'applicazione o funzione, che fa corrispondere ad un generico insieme A appartenente ad una σ-*algebra* F un numero reale compreso tra [0, 1] :

$$P : F \rightarrow [0,1],$$

la funzione $P(A)$, che soddisfi a quanto sopra e goda anche delle seguenti proprietà:

$$P(A) \geq 0;$$
$$P(S) = 1;$$

per ogni famiglia finita o numerabile di A_1, A_2, ... di insiemi di F tra loro mutuamente disgiunti:

$$P\left(\bigcup_{i=1}^{\infty} A_i\right) = \sum_{i=1}^{\infty} P(A_i) \text{ se } A_i \cap A_j = \emptyset \; \forall \, i \neq j$$

viene detta probabilità.

Tali assiomi sono verificati sia dalla probabilità classica, che da quella frequentista. Formalmente si definisce *spazio di probabilità* $(\mathscr{E}) \equiv (S, F, P)$ la terna formata da uno spazio campionario S, da una σ-*algebra* e dalla funzione P.

La probabilità assiomatica gode anch'essa delle proprietà:

$$P(\overline{A}) = 1 - P(A),$$
$$P(\emptyset) = 0,$$
$$P(A) \leq P(B) \text{ se } A \subseteq B.$$

Teorema dell'additività

La probabilità dell'evento dato dal verificarsi di A o B in generale con $A \cap B \neq \emptyset$ è data da:

$$P(A \cup B) = P(A) + P(B) - P(A \cap B).$$

Possiamo dedurre tale teorema da considerazioni insiemistiche o, più semplicemente osservando, che se i due insiemi non sono disgiunti (Fig. 7.3), l'insieme $A \cap B$, viene contato due volte.

Nel caso delle carte, etichettando con A l'evento di ottenere un asso dall'estrazione di una carta dal mazzo, e con B l'evento di ottenere il seme di quadri, la probabilità, che si abbia o l'evento A o l'evento B ovvero o un asso o una carta di quadri è pari a 16/52.

Verifichiamo il risultato ottenuto intuitivamente con la formula suddetta:

$$\frac{16}{52} = P(A \cup B) = P(A) + P(B) - P(A \cap B) = \frac{4}{52} + \frac{13}{52} - \frac{1}{52} = \frac{16}{52}.$$

È immediato osservare che, se gli eventi sono disgiunti ($A \cap B = \emptyset$), quindi incompatibili, si ha la definizione assiomatica già data come proprietà:

$$P(A \cup B) = P(A) + P(B).$$

Si pensi per esempio alla probabilità di ottere una carta figurata di picchie o una carta di quadri, in tal caso si ha:

$$\frac{16}{52} = P(A \cup B) = P(A) + P(B) = \frac{3}{52} + \frac{13}{52}.$$

Probabilità composta: eventi dipendenti e indipendenti

Si definisce probabilità di un evento A condizionata (o subordinata) ad un altro evento B e si indica con $P(A/B)$ la probabilità del verificarsi di A nell'ipotesi, che si sia verificato B. Se B non si verifica l'evento A/B non è definito.

Secondo l'impostazione classica, se si indica con b il numero di casi favorevoli al verificarsi di B e con c (inteso come A con B, si verificano A e B) il numero di casi favorevoli al verificarsi di $A \cap B$, la probabilità di A subordinata a B risulta:

$$P(A/B) = \frac{c}{b} = \frac{(c/n)}{(b/n)} = \frac{P(A \cap B)}{P(B)} \tag{7.2}$$

$P(A/B)$ può essere $<$, $>$ o $=$ a $P(A)$.

Si considerino come esempio i numeri da 1 a 90 (si pensi alla tombola o al lotto). Si definisca come evento A = "numero divisibile per 5" si avrà $P(A) = 18/90 = 1/5$.

- Sia B = "numero pari" si ha $P(A/B) = 9/45 = 1/5 = P(A)$
- Sia B = "numero uscito ≤ 22" si ha $P(A/B) = 4/22 = 2/11 < P(A)$
- Sia B = "numero uscito > 22" si ha $P(A/B) = 14/68 = 7/34 > P(A)$

Si ottiene per la (7.2) il principio delle probabilità composte

$$P(A \cap B) = P(B)P(A/B) = P(A)P(B/A)$$

ovvero la probabilità che si verifichi l'evento $A \cap B$ (A e B) è data dal prodotto della probabilità, che si verifichi uno di essi (A o B) per la probabilità dell'altro, condizionata al verificarsi del primo.

Un caso importante, che interessa in seguito, si ha quando $P(A) = P(A/B)$, ovvero quando i due eventi sono indipendenti dal punto di vista del calcolo delle probabilità (ovvero non sono condizionati).

In questo caso per il principio della probabilità composta, che si verifichino A e B:

$$P(A \cap B) = P(A)P(B) \tag{7.3}$$

Questa può essere considerata una condizione necessaria e sufficiente, affinché i due eventi siano *stocasticamente indipendenti*.

Un esempio sarà più chiaro. Si provi a rispondere alla seguente domanda: *qual è la probabilità, che lanciando due volte un dado esca sempre il sei?*

Si contano i casi possibili, per ogni risultato del primo lancio (che ha sei possibilità), si avrebbero poi sei possibili casi ulteriori per il secondo lancio. Abbiamo quindi un caso favorevole sui 36 possibili .

Poiché il verificarsi del primo lancio è del tutto indipendente dal verificarsi del secondo lancio, siamo nel caso di eventi indipendenti e compatibili. Quindi per due eventi A e B indipendenti e compatibili si avrà:

$$P(A \cap B) = P(A)P(B) \tag{7.4}$$

Ovvero per il caso di ottenere sei nel primo lancio e sei nel secondo lancio si avrebbe $1/6 \times 1/6 = 1/36$. Come ottenuto contando i casi favorevoli (1) su tutti quelli possibili (36).

Come esempio provate a calcolare la probabilità di ottenere con tre estrazioni successive sempre l'asso di quadri da 52 carte. Perché gli eventi siano indipendenti e compatibili, non condizionati, ovviamente il mazzo di carte deve essere sempre completo ad ogni estrazione.

E così dovremmo avere esaurito il necessario del calcolo delle probabilità, che utilizzeremo soprattutto per la distribuzione di Gauss (Cap. 8).

Nel caso di una *misura ripetuta* assumiamo di potere *indipendentemente* misurarla *senza essere influenzati dalla misura precedente* o condizionare la successiva. Le *misure ripetute* saranno da considerarsi *eventi compatibili e stocasticamente indipendenti*.

Data una curva ideale, che descrive la distribuzione dei nostri dati casuali, alla quale possiamo associare una probabilità di ottenere un determinato risultato, grazie a quanto osservato, per gli eventi compatibili e stocasticamente indipendenti, potremo valutare la probabilità di ottenere tutti i risultati osservati dal prodotto delle probabilità di ottenere ogni singolo.

Statistica e Teoria delle Incertezze

8

La distribuzione gaussiana

Abbiamo osservato (Cap. 6), nel caso di misure ripetute, che risulta più chiaro organizzarle in istogrammi.

È utile sistemare i dati in classi e riportarne quindi le frequenze. Dall'osservazione di misure ripetute, nel caso di grandezze affette da incertezze casuali, l'andamento al limite (infinito) dei dati sperimentali risulta una distribuzione simmetrica rispetto ad un valore centrale.

La distribuzione limite (ideale), in questo caso, è una curva continua, che prende il nome da C. F. Gauss. Tale curva viene detta in suo onore *distribuzione gaussiana* o *densità di probabilità gaussiana*, ed è nota anche come *distribuzione normale*.

Oltre a questa distribuzione di importanza capitale per la misura di grandezze, considereremo altri tipi di densità di probabilità, che per un teorema fondamentale della statistica, avremo modo di ricondurre, già nel caso di solo due variabili a densità di probabilità uniforme, sempre ad una distribuzione gaussiana. In questo modo le analisi dei dati e le verifiche di ipotesi si basano principalmente quindi sulla distribuzione normale.

Per questo la distribuzione gaussiana è un argomento di importanza capitale nello studio delle leggi naturali e degli strumenti tecnologici sviluppati.

8.1 Dall'osservazione all'idealizzazione: la distribuzione limite

Abbiamo visto (Cap. 7), che, all'aumentare del numero di prove, *la frequenza tende alla probabilità* (legge empirica del caso).

- La teoria delle probabilità sulla base delle *probabilità note a priori* permette di *calcolare* la probabilità di ottenere un determinato risultato;
- la statistica sulla base dei dati disponibili, quindi delle frequenze, *probabilità a posteriori*, si pone l'obiettivo di *stimare* la probabilità di ottenere un risultato.

Il punto di partenza della fisica sperimentale si basa sull'approccio frequentista con l'obiettivo, di stimare l'andamento al limite (infinito) delle osservazioni, per fornire il *valore vero*, come migliore stima del *valore di aspettazione* di una *densità di probabilità*.

G. Ciullo, *Introduzione al Laboratorio di Fisica*, UNITEXT for Physics, 105
DOI: 10.1007/978-88-470-5656-5_8, © Springer-Verlag Italia 2014

Nel caso di misure ripetute le frequenze F_k godono della proprietà detta *norma-lizzazione*: $\sum_{k=1}^{n_{classi}} F_k = 1$.

Nell'organizzazione dei dati su istogrammi con classi di larghezza Δx_k, e altezza F_k, si ha che il prodotto $F_k \Delta x_k$ non risulta normalizzato (Cap. 6).

Si sono introdotte le *densità di frequenza* $f_k = F_k / \Delta x_k$, tali da fornire le frequenze F_k come area individuata dal prodotto $f_k \Delta x_k$ e godere della proprietà di normalizzazione.

L'andamento delle distribuzioni (istogrammi) delle occorrenze n_k, delle frequenze F_k e delle densità di frequenza f_k, risultano simili, ma queste ultime permettono di ottenere dal prodotto $f_k \Delta x_k$ le frequenze, giustificando il fatto, che un dato in una classe può assumere qualsiasi valore nell'intervallo corrispondente e la somma dei loro prodotti è normalizzata, importante per la sua corrispondenza con la probabilità. Infatti l'assioma della certezza richiede che l'area della curva della densità di probabilità sia pari ad uno. È necessario, pertanto, prendere in considerazione l'istogramma delle densità di frequenza f_k, in quanto $\sum_{k=1}^{n_{classi}} f_k \Delta x_k = 1$ è normalizzata, che equivale a dire che qualsiasi evento osservato è incluso nel campione, quindi siamo certi che tutti gli eventi appartengano al nostro spazio degli eventi (vedi assioma della certezza in Cap. 7).

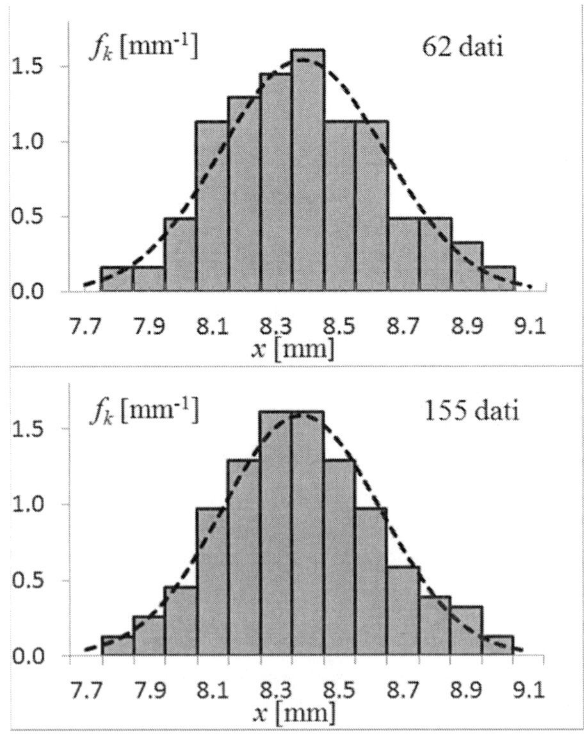

Figura 8.1 Istogrammi delle densità di frequenza f_k all'aumentare del numero di dati. Sulle ascisse la coordinata x, sebbene utilizzata per il caso generale, espressa con le dimensioni in mm, per fare notare che le densità di frequenza e la curva ideale sono da esprimersi con l'inverso delle dimensioni di x. L'integrale, l'area sottessa, è frutto del prodotto tra la due, e, come deve essere, quindi adimensionale, in quanto esprime la probabilità. Per chiarezza grafica i valori centrali delle classi sono riportati per una classe sì e una no. Viene solo riportata una curva (tratteggiate) ideale, che per dati affetti da incertezze casuali sarà la gaussiana.

All'aumentare del numero delle misure, l'istogramma tende ad una curva sempre più simmetrica rispetto ad un valore massimo centrale, intorno al quale si accumulano i dati (Fig. 8.1). Si osservi che, sebbene stiamo considerando una variabile qualsiasi x, per evidenziare, che la densità di frequenza ha le dimensioni dell'inverso della variabile x, abbiamo utilizzato come dimensioni mm per x, che fa sì che f_k e le dimensioni della curva ideale siano l'inverso mm^{-1}. Per una maggiore chiarezza grafica in Fig. 8.1, sulle ascisse si trovano le etichette di una classe sì e la successiva no.

Possiamo aumentare il numero di misure n e, se i dati sono affetti da incertezze casuali, ci aspettiamo una distribuzione sempre più vicina a quanto riportato in Fig. 8.2[1]. A destra e a sinistra di un valore più frequente abbiamo le stesse densità di frequenza (stesso numero di dati osservati). La sovrapposizione della curva ideale risulta sempre più in accordo con la distribuzione delle densità di frequenza reali.

Dati reali, se casuali, avranno la tendenza alla curva ideale (155 dati in Fig. 8.1) all'aumentare del numero di misure. Supponiamo di avere risultati in un intervallo $[a, b]$, p.e. in Fig. 8.2 risulta l'intervallo compreso tra 7.6 mm e 9.2 mm.

Possiamo anche aumentare la risoluzione, ovvero restringere la larghezza delle classi ed aumentare il numero di dati, per averne a sufficienza in ogni classe. Si può esprimere l'aumento del numero di classi, quindi la riduzione della larghezza degli intervalli, con la seguente relazione:

$$\lim_{n_{classi} \to \infty} \sum_{k=1}^{n_{classi}} f_k \Delta x. \tag{8.1}$$

In questo modo l'approssimazione dei rettangoli relativi ad ogni classe con l'area sottesa dalla curva $f(x)$, corrisponderà sempre più a $f(x_k)\Delta x$, e ci sarà l'equivalenza tra $f(x_k) \equiv f_k$

Figura 8.2 Istogramma delle densità di frequenza, f_k, di una variabile casuale rispetto alle classi di larghezza $\Delta x_k = \Delta x$, per ogni k da uno a n_{classi}. I valori x_k centrali delle classi sono riportati uno sì ed uno no. Con la linea continua viene riportata la curva ideale $f(x)$, che si dovrà sovrappore al meglio ai valori centrali di ogni classe dell'istogramma.

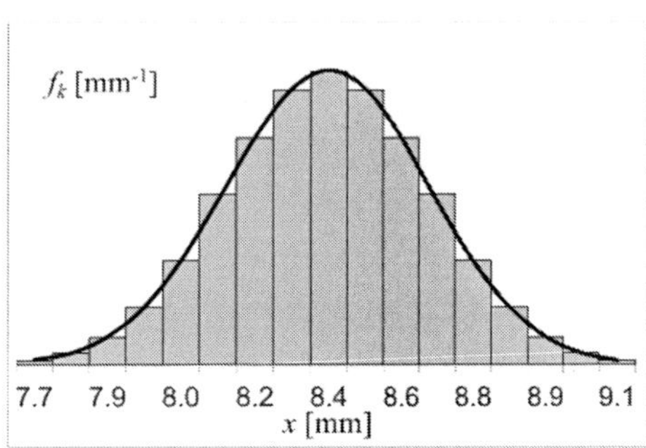

---

[1] Nel caso ideale di avere strumenti con incertezza di risoluzione trascurabile.

Possiamo approssimare la sommatoria suddetta nel modo seguente:

$$\lim_{n_{classi}\to\infty} \sum_{k=1}^{n_{classi}} f_k\Delta x \approx \lim_{n_{classi}\to\infty} \sum_{k=1}^{n_{classi}} f(x_k)\Delta x. \tag{8.2}$$

Il limite per $n_{classi} \to \infty$, della somma delle aree ottenute non è altro che l'integrale definito di una funzione $f(x)$ calcolato nell'intervallo $[a, b]$.

$$\lim_{n_{classi}\to\infty} \sum_{k=1}^{n_{classi}} f(x_k)\Delta x = \int_a^b f(x)\mathrm{d}x$$

Il simbolo $\int$ ricorda per l'appunto una "s" stilizzata, proprio per indicare tale aspetto dell'integrale.

Grazie all'integrale si può calcolare l'area sottesa dalla curva ideale per ogni intervallo $[x_1, x_2]$, anche in $x_k - \Delta x_k/2$ e $x_k + \Delta x_k/2$ della classe k.

Non ci inoltreremo oltre, avendo come obiettivo quello di fornire agli studenti del primo anno gli strumenti utili per un laboratorio di fisica, ci basta comprendere che il calcolo dell'*integrale* per un dato intervallo (integrale definito) non è altro che *l'area sottesa* da una determinata curva, delimitata dall'intervallo considerato.

Grazie alla corrispondenza tra le curva limite per una variabile continua, e le variabili discrete, si possono trasferire altre proprietà o calcoli da una variabile discreta x_k ad una variabile continua x.

Nel capitolo dedicato alla teoria delle probabilità si è osservato che all'aumentare del numero di prove le frequenze tendono alle probabilità (*legge empirica del caso*).

Quindi chiameremo la *curva* continua, che descrive l'andamento al *limite* per il numero di dati tendente ad infinito delle densità di frequenza, *densità di probabilità*: in Fig. 8.2 l'altezza del rettangolo f_k con sfondo grigio indica la densità di frequenza, il valore $f(x)$ calcolato in x_k della curva continua indica la densità di probabilità.

Per ottenere le frequenze bisogna moltiplicare le densità di frequenza per la larghezza dell'intervallo corrispondente $F_k = f_k\Delta x_k$.

Equivalentemente per ottenere la *probabilità* si calcola l'*area sottesa dalla curva* $f(x)$ nel corrispondente intervallo.

Tale area fornisce quindi la probabilità di ottenere un determinato risultato nell'intervallo $[x_k - \Delta x_k/2, x_k + \Delta x_k/2]$.

Quindi è possibile, per un determinato intervallo Δx_k, confrontare la frequenza del risultato ottenuto x_k, data da $F_k = f_k\Delta x_k$, con la probabilità "ideale" di ottenere tale risultato nell'intervallo suddetto mediante il calcolo di $\int_{x_k-\Delta x_k/2}^{x_k+\Delta x_k/2} f(x)\mathrm{d}x$.

Come si può osservare in Fig. 8.3, la probabilità di un elementino di area $\mathrm{d}x$ è data dal prodotto $f(x)\mathrm{d}x$ e, visto che parliamo di infinitesimi, la si indica $\mathrm{d}P$. Possiamo quindi scrivere nel caso generale, in cui sia nota la $f(x)$:

$$\mathrm{d}P = f(x)\mathrm{d}x \quad \text{da cui si ha}$$

$$\forall [x_1,\, x_2] \quad P(x_1 \leq x \leq x_2) = \int_{x_1}^{x_2} \mathrm{d}P = \int_{x_1}^{x_2} f(x)\mathrm{d}x\,.$$

La relazione $dP = f(x)dx$ possiamo scriverla[2] anche come $f(x) = dP/dx$.

La funzione $P(x)$ è detta integrale indefinito e $dP/dx = f(x)$ è la sua derivata. Equivale a dire $d(\int(fx)dx)/dx = f(x)$. La derivata dell'integrale è appunto l'integrando ($f(x)$).

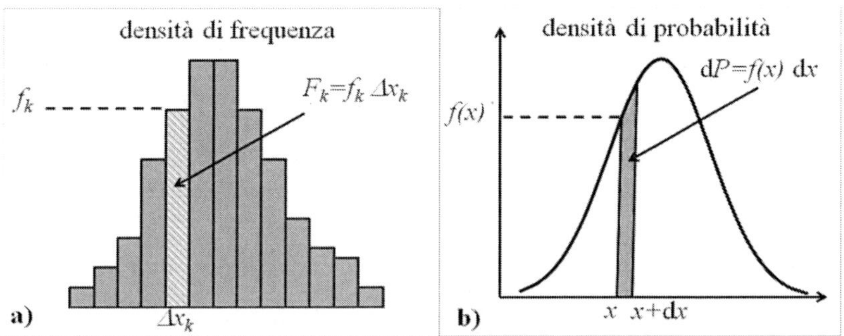

Figura 8.3 Similitudine tra variabili discrete **a)** e variabili continue **b)**. Dalla densità di frequenza alla densità di probabilità.

8.2 Variabili discrete e continue: frequenza e probabilità

Possiamo *trasferire* quanto definito per *le variabili discrete* e *frequenze* alle *variabili continue* e *probabilità*. Avremo che, se alle variabili discrete (x_1, x_2, ... , x_n) associamo le rispettive densità di frequenza (f_1, f_2, ..., f_n), alla variabile continua x associamo la densità di probabilità $f(x)$. Rimane un piccolo dettaglio: dal punto di vista sperimentale lo spazio degli eventi è infinito, ovvero potremmo avere qualsiasi risultato, anche se all'atto dell'osservazione i dati si accumulano intorno ad un valore centrale dispersi in un certo modo. Quindi la variabile continua x, nel caso generale, può assumere un valore qualsiasi nell'intervallo $(-\infty, +\infty)$, osservando che, dove $f(x)$ risulta nulla, l'area sottesa dà contributo nullo.

Elenchiamo le proprietà che è utile trasferire dalla variabile discreta alla variabile continua:

- normalizzazione della densità di probabilità,
- il valore medio della variabile x,
- la varianza, che ci permette di ottenere la deviazione standard.

Tale passaggio implica anche che:

- le sommatorie $\sum$ siano sostituite dal segno di integrale $\int$,

---

[2] L'integrale è l'operazione inversa della derivata, si conosce la funzione $f(x)$ e si deve trovare una funzione P, la cui derivata dia $f(x)$.

- gli intervalli Δx_k dal differenziale dx,
- le variabile discreta x_k dalla variabile continua x,
- le densità di frequenza f_k dalla densità di probabilità $f(x)$.

Lo specchietto riassuntivo in Tabella 8.1 aiuta a collegare il caso discreto al continuo, formalizzando quanto presentato graficamente in Fig. 8.3. È opportuno di-

Tabella 8.1 Corrispondenza tra proprietà di variabili discrete (x_k) $->$ e variabili continue x : 2^a riga normalizzazione, 3^a riga media $->$ valore di aspettazione o speranza matematica, 4^a riga varianza $->$ valore di aspettazione della varianza

	Variabili discrete	$->$	Variabili continue
Normalizzazione	$\displaystyle\sum_{k=1}^{n_{classi}} f_k \Delta x_k = 1$	$->$	$\displaystyle\int_{-\infty}^{+\infty} f(x)\mathrm{d}x = 1$
media - speranza matematica	$\displaystyle\bar{x} = \sum_{k=1}^{n_{classi}} x_k f_k \Delta x_k$	$->$	$\displaystyle E\{x\} = \int_{-\infty}^{+\infty} x f(x)\mathrm{d}x$
Varianza	$\displaystyle s_x^2 = \sum_{k=1}^{n_{classi}} (x_k - \bar{x})^2 f_k \Delta x_k$	$->$	$\displaystyle Var\{x\} = \int_{-\infty}^{+\infty} (x - E\{x\})^2 f(x)\mathrm{d}x$

stinguere tra valore medio, o media ($\bar{x}$, ottenuto dai dati sperimentali), rispetto al valore medio, ottenuto da una distribuzione di densità o da una densità di probabilità. Per questo per indicare il valore medio di una densità di probabilità useremo il simbolo $E\{x\}$, detto *speranza matematica* o *valore di aspettazione* della variabile x (E sta per "*Expectation*" aspettazione in inglese). Per la varianza useremo nel caso di dati sperimentali il simbolo s_x^2 (varianza della popolazione, il caso ideale si riferisce all'andamento al limite e quindi a tutta la popolazione), per la speranza matematica della varianza di una densità di probabilità indicheremo il valore di aspettazione della varianza $E\{(x - E\{x\})^2\}$ il simbolismo intende $E\{\}$, sempre il valore si aspettazione di quanto contenuto dentro la parentesi graffe. Nel corso del testo, per semplificare la scrittura, useremo $Var\{x\}$ per la varianza, di una densità di probabilità, quindi per il valore di aspettazione della varianza, e la chiameremo semplicemente varianza.

Evidenziamo che è necessario indicare in modo diverso la media e la varianza di una variabile, che segue una densità di probabilità, per mettere bene in chiaro che sono "speranze matematiche" o "valori di aspettazione", dedotti dalla densità "ideale" presa in considerazione.

8.3 La distribuzione di Gauss e la variabile standardizzata

Abbiamo parlato di densità di probalità per variabili aleatorie, partendo dalle incertezze casuali. In Tabella 8.1 sono riportate le relazioni generali, utilizzabili per qualsiasi densità di probabilità o funzione di distribuzione. Con la corrispondenza con le variabili discrete pensiamo sia immediato accettare l'equivalente delle variabili continue.

La gaussiana è una curva ideale, ottenuta dall'aver assunto, che le incertezze sulla variabile x siano casuali, ovvero data un'incertezza si ha la stessa probabilità, che essa compaia con il segno positivo e con il segno negativo (deduzioni differenti si possono trovare in [16], e [9]). Le Figure 8.2 e 8.3 mostrano come le densità di frequenza (proporzionali alle occorrenze) siano le stesse a sinistra e a destra della centralità. La funzione $f(x)$ (la curva limite) densità di probabilità, che soddisfi a tale requisito per le incertezze casuali può essere esclusivamente del tipo [9]:

$$f(x) = Ce^{-(x-X)^2/(2\sigma^2)} \ .$$

Approfondiamo tale densità di probabilità $f(x)$ e osserviamo che essa gode delle seguenti proprietà:

- $f(x)$ è continua per x definita nell'intervallo $-\infty$ e $+\infty$,
- è simmetrica con una forma a campana, centrata sul parametro X, detto per questo anche *centralità*,
- il parametro σ descrive quanto sia allargata la campana,
- il parametro σ risulta una distanza rintracciabile sulla curva, in quanto per tale valore si ha una variazione della concavità, e viene usato come distanza standard, da cui il nome *deviazione standard*.

Si riportano nel grafico superiore di Fig. 8.4 alcune curve di Gauss per centralità (X) e larghezze (σ) differenti. Dato che la funzione $f(x)$ è caratterizzata dai

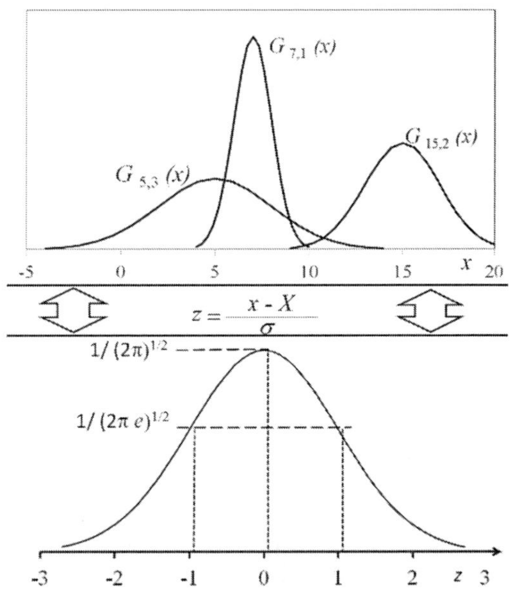

Figura 8.4 Nella figura superiore sono riportate varie gaussiane $G_{X,\sigma}(x)$ con centralità X e larghezza σ differenti. Grazie alla trasformazione delle gaussiane mediante la variabile standardizzata $z = (x - X)/\sigma$, tutte si riconducono a $G_{0,1}(z)$, gaussiana di centralità $Z=0$ e deviazione standard $\sigma=1$.

due parametri X, σ e viene detta appunto curva di Gauss, si è soliti scriverla come $G_{X,\sigma}(x)$.

Per studiare il comportamento di questa funzione in modo generale, risulta conveniente introdurre:

la *variabile standardizzata* z:

$$z = \frac{x - X}{\sigma} \quad (adimensionale).$$

Tale cambiamento di variabile permette di generalizzare le proprietà di qualsiasi $G_{X,\sigma}(x)$ con diverse X e σ, riconducendole allo studio di una funzione $G(z)$, avente centralità in $z = 0$ e deviazione standard pari ad 1. Tale funzione risulta molto più facile da trattare.

Poi si può ricondurre la discussione al caso particolare, ritornando alla variabile di partenza $x = X + z\sigma$.

Si osservi in Fig. 8.4, come tutte le situazioni particolari si riconducano ad una gaussiana standardizzata $G(z)$:

$$G(z) = Ce^{-z^2/2} \, ,$$

percui, quanto discusso per la gaussiana standardizzata z, si può "trasferire" ad ogni caso particolare rispetto alla variabile x.

8.3.1 Valore massimo (più probabile) e deviazione standard

Vogliamo trovare nel caso della funzione $G(z)$ il valore massimo e i punti di flesso, questo significa fare uno studio di funzione. Per ottenere i valori z, in cui si ha un massimo o minimo relativi (detti in generale estremi relativi), si calcola la derivata prima e si cercano le soluzioni in z, percui risulti nulla.

Deriviamo rispetto a z la funzione $G(z)$, applicando la regola della derivazione di funzioni composte, dove per $G(z) = Ce^{-z^2/2} \equiv Cg(f(z))$:

$$\frac{dG}{dz} = C\frac{d}{dz}\left(e^{-z^2/2}\right); \quad \text{da } \tfrac{d}{dz}[g(f)] = \tfrac{dg}{df}\tfrac{df}{dz} \; \text{ si ha } \; \frac{de^{-f}}{df}\frac{df}{dz} = -e^{-f}\frac{df}{dz} \; ;$$

$$\text{visto che } f = \frac{z^2}{2}, \qquad\qquad \text{si ha } \frac{df}{dz} = \frac{2z}{2} \; ;$$

$$\text{quindi } \; \tfrac{dG}{dz} = -zCe^{-z^2/2} \, .$$

Se imponiamo, che si annulli la derivata prima, troviamo gli estremi relativi. Vista la forma della funzione, possiamo affermare che si tratta di un massimo, ma lo confermeremo, per esercizio didattico, osservando il segno della derivata seconda della funzione nel punto, in cui si annulla la derivata prima.

Il valore in z, che annulla dG/dz è lo zero, percui

$$\text{per } z = 0 \ : \ dG(z)/dz = 0 \ ;$$
$$\text{da } z = (x - X)/\sigma = 0 \ ,$$
$$\text{si ha } \ dG(x)/dx = 0 \text{ per } x = X \ .$$

Il parametro X individua il valore di x, percui $G_{X,\sigma}(x)$ è massima. Dato che $G_{X,\sigma}(x)$ è una densità di probabilità, X è il valore *più probabile* della variabile x.

Calcoliamo ora, come esercizio didattico, la derivata seconda:

$$\frac{d^2 G}{dz^2} = \frac{d}{dz}\left(\frac{dG}{dz}\right) \ , \quad \text{quindi } -C\frac{d}{dz}\left(ze^{-z^2/2}\right) = -C\left(e^{-z^2/2} + z(-z)e^{-z^2/2}\right)$$
$$\frac{d^2 G}{dz^2} = -C(1 - z^2)e^{-z^2/2} \ .$$

Per il valore in cui si azzera la derivata prima ($z = 0$), otteniamo che la derivata seconda risulta minore di zero (C è maggiore di zero), condizione perché $z = 0$ risulti un massimo relativo, come già si è evinto intuitivamente.

L'analisi della derivata seconda permette anche di individuare altri due punti sulla curva, detti *punti di flesso*, soluzioni in cui si annulla la derivata seconda. Pertanto dall'imporre pari a zero la derivata seconda si ottengono le soluzioni in z:

$$z^2 = 1 \quad \text{ovvero} \quad z = \pm 1.$$

Quindi abbiamo due punti di flesso, che, espressi nella variabile standardizzata, si hanno quando z è pari a ± 1.

Se si esplicita la variabile standardizzata in funzione della variabile x, si ottengono i due punti di flesso espressi secondo la variabile x:

$$z = \frac{x - X}{\sigma} = \pm 1 \text{ si hanno due soluzioni} : \begin{cases} x_+ = X + \sigma \\ x_- = X - \sigma \end{cases}$$

I punti di flesso sono equidistanti da X uno a destra (x_+) e l'altro a sinistra x_-. Insieme alla centralità X sono gli unici altri punti, individuabili sulla curva dal suo cambiamento di concavità, per questo vengono utilizzati come distanza (*deviazione*) *standard*, da cui il nome.

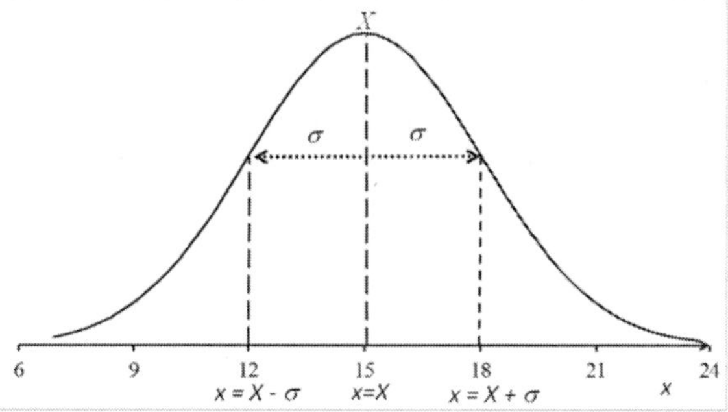

Figura 8.5 Curva della densità di probabilità per variabili casuali, detta curva di Gauss o distribuzione normale. È riportato il parametro X, detto centralità, e i due punti a distanza σ da X, individuabili, in quanto in tali punti si ha la variazione di concavità della curva.

8.3.2 Valore di aspettazione e varianza di una gaussiana

L'integrale di Gauss (area sottesa dalla curva) permette di valutare la probabilità, che un particolare valore cada in un dato intervallo.

Nel caso di una misura fisica sono possibili tutti i valori compresi tra $-\infty$ e $+\infty$. La probabilità di ottenere uno qualsiasi dei valori, è la probabilità dello spazio degli eventi e, come per le frequenze, deve essere pari ad uno: *assioma della certezza*, che implica che l'area della curva deve essere pari ad uno (*normalizzazione*).

Questa operazione (normalizzazione) permette di ottenere la constante C della densità di probabilità:

$$\int_{-\infty}^{+\infty} G_{X,\sigma}(x)\mathrm{d}x = \int_{-\infty}^{+\infty} Ce^{-(x-X)^2/(2\sigma^2)}\mathrm{d}x = 1 \ .$$

Per semplificare e generalizzare il calcolo, operiamo ancora il cambio della variabile x con la variabile standardizzata z, quindi invece della funzione $G_{X,\sigma}(x)$ avremo $G(z) = Ce^{-z^2/2}$, mentre per il differenziale $\mathrm{d}x$ otterremo, differenziando z, $\mathrm{d}z = \mathrm{d}x/\sigma$, percui, se si sostituiscono i vari termini sotto il segno di integrale:

$$\int_{-\infty}^{+\infty} G_{X,\sigma}(x)\mathrm{d}x = \int_{-\infty}^{+\infty} Ce^{-z^2/2}\sigma\mathrm{d}z = C\sigma \int_{-\infty}^{+\infty} e^{-z^2/2}\mathrm{d}z = 1 \ , \qquad (8.3)$$

dove

$$\int_{-\infty}^{+\infty} e^{-z^2/2}\mathrm{d}z = \sqrt{2\pi} \ . \qquad (8.4)$$

L'integrale in (8.4) è un integrale noto [7], quindi la normalizzazione di $G_{X,\sigma}(x)$ impone, che la costante C soddisfi la seguente relazione:

$$C\sigma\sqrt{2\pi} = 1 \equiv C = \frac{1}{\sigma\sqrt{2\pi}} \ .$$

La distribuzione di Gauss, o normale, risulta nomalizzata[3], se espressa come:

$$G_{X,\sigma}(x) = \frac{1}{\sqrt{2\pi}\,\sigma}\, e^{-(x-X)^2/(2\sigma^2)}\ .$$

Ottenuto C calcoliamo la speranza matematica (valore medio) $E\{x\}$, di una variabile x, che segue la densità di probabilità di Gauss. Tale variabile è detta per questo anche gaussiana.

La *speranza matematica* è, secondo quanto riportato in Tabella 8.1, data da:

$$E\{x\} = \int_{-\infty}^{+\infty} xG_{X,\sigma}(x)\mathrm{d}x = \frac{1}{\sqrt{2\pi}\,\sigma}\int_{-\infty}^{+\infty} xe^{-(x-X)^2/(2\sigma^2)}\mathrm{d}x\ .$$

Per semplificare il calcolo usiamo la variabile standardizzata $z = (x-X)/\sigma$, percui dovremo sostituire sotto il segno di integrale $x = X + \sigma z$, $G(z)$ e di conseguenza $\mathrm{d}x = \sigma\mathrm{d}z$. Otteniamo allora:

$$E\{x\} = \int_{-\infty}^{+\infty} xG_{X,\sigma}(x)\mathrm{d}x \equiv \frac{1}{\sqrt{2\pi}\,\sigma}\int_{-\infty}^{+\infty}(X+\sigma z)e^{-z^2/2}\sigma\mathrm{d}z =$$

$$= \frac{1}{\sqrt{2\pi}\,\sigma}\left[\sigma X\int_{-\infty}^{+\infty} e^{-z^2/2}\mathrm{d}z + \sigma^2\int_{-\infty}^{+\infty} ze^{-z^2/2}\mathrm{d}z\right]\ . \tag{8.5}$$

Il primo integrale in parentesi quadre è l'integrale noto della (8.4). Il secondo integrale risulta pari a zero, in quanto per ogni z, che moltiplica l'esponenziale, si ha lo stesso valore ma di segno opposto $-z$, percui i due contributi si annullano.

Si ha pertanto:

$$E\{x\} = \frac{1}{\sqrt{2\pi}\,\sigma}\left[\sigma X(\sqrt{2\pi}) + (0)\right] = X\ , \tag{8.6}$$

la *speranza matematica* della variabile x gaussiana risulta essere proprio il parametro X, detto nell'analisi della funzione centralità, che abbiamo detto anche valore più probabile, in quanto la gaussiana è una densità di probabilità.

Questa coincidenza tra speranza matematica e valore più probabile è un caso particolare, in quanto la curva è simmetrica rispetto a X, cosa che non si ha in tutte le distribuzioni [4].

Passiamo alla *speranza matematica della varianza* $Var\{x\} = E\{(x - E\{x\})^2\}$, che risulterà:

$$Var\{x\} = \int_{-\infty}^{+\infty}(x-X)^2 G_{X,\sigma}(x)\mathrm{d}x,$$

dove abbiamo utilizzato all'interno delle parentesi tonde $E\{x\} = X$, ricavato prima.

---

[3] Si intende che l'area totale è pari ad uno.

[4] Per la distribuzione delle velocità di Maxwell, per esempio, si osserva invece che il valore medio risulta maggiore $\bar{v} = 1.128 v_p$ del valore più probabile v_p [3].

Tale calcolo fornisce come risultato:

$$Var\{x\} = \sigma^2 \; .$$

La varianza di una variabile x che segue una densità di probabilità gaussiana è il quadrato del parametro σ.

Lo studente cerchi di "focalizzare" la sua attenzione sul fatto, che X e σ, risultano dei parametri di una curva ideale, che è la gaussiana, che presenta come sue caratteristiche:

- la *centralità*, che è sia il *valore più probabile* che il *valore medio*, che a rigore dovremmo chiamare *speranza matematica*,
- *la varianza*, che descrive la media degli scarti di x rispetto a X, la cui radice quadrata fornisce il parametro σ, ovvero la distanza, alla quale si trovano "simmetricamente" rispetto alla centralità X i due punti di flesso.

Ribadiamo che la coincidenza dei parametri della funzione, quali valore più probabile e deviazione standard, vista quest'ultima come valore, percui si hanno i due punti di flesso, con la *speranza matematica* e la *varianza* è un caso particolare, che si ottiene per la curva gaussiana. E cerchiamo di distinguere tra quanto dedotto dall'analisi della funzione: centralità e punti di flesso, e quanto calcolato per le proprietà della densità di probabilità: speranza matematica e varianza.

8.3.3 Probabilità di ottenere un risultato

Se $G_{X,\sigma}(x)$ è la densità di probabilità, l'area sottesa da essa tra due valori x_1 e x_2 (l'integrale della curva tra i suddetti valori), fornisce la probabilità di ottenere un valore x, compreso $x_1 \leq x \leq x_2$:

$$P(x_1 \leq x \leq x_2) = \int_{x_1}^{x_2} G_{X,\sigma}(x)\mathrm{d}x \; .$$

Tale integrale non è calcolabile analiticamente, ma si ottiene con tecniche numeriche. Nella Tabella A.1 in App. A, si riporta il risultato di tale integrale in funzione della variabile standardizzata z, riconducibile a qualsiasi $G_{X,\sigma}(x)$ mediante la sostituzione $x = X + z\sigma$ (Fig. 8.5).

In questo modo la Tabella A.1 espressa per la variabile z, si può utilizzare per qualsiasi gaussiana di parametri X e σ.

Si parte dalla variabile x, grazie alla variabile standardizzata $z = (x - X)/\sigma$, e si ricavano le variabili z_1 e z_2, corrispondenti ai rispettivi valori x_1 e x_2.

Nella Tabella A.1 dell'App. A sono riportati gli integrali di $G(z)$ per valori compresi tra $z = 0$ ed una data z, quest'ultima espressa come numero $n.nn$, dove si hanno unità e decimi ($n.n$) nella prima colonna, ed i centesimi ($0.0n$) si trovano nella prima riga.

Iniziamo a prendere confidenza con tale tabella per calcolare per ora semplici situazioni. Per esempio calcoliamo la probabilità di ottenere un risultato x compreso nell'intervallo $[X - \sigma \le x \le X + \sigma]$, la tabella riporta l'integrale da $[0 \le z \le n.nn]$. Convertiamo quindi l'intervallo in x rispetto alla variabile standardizzata, che risulta $[-1 \le z \le +1]$. Dato che la curva è simmetrica, l'area per z nell'intervallo $[0, 1]$ è uguale all'area per z nell'intervallo $[-1, 0]$.

Quindi l'area sottesa dalla curva gaussiana nell'intervallo $[-1, 1]$ si ottiene come il doppio dell'area sottesa tra $z = 0$ a $z = 1$, quindi il doppio valore riportato in tabella nella posizione $z = 1.00$:

$$P(\text{entro} \pm 1\sigma) = \int_{-1}^{+1} e^{-z^2/2} dz = 2 \int_{0}^{+1} e^{-z^2/2} dz = 2 * 0.3413 = 0.6826 \, ,$$

che espressa in percentuale risulta 68.26 %.

Equivalentemente per la probabilità di ottenere x nell'intervallo $[X - 2\sigma, X + 2\sigma]$, che tradotto per la variabile z risulta $[-2, 2]$:

$$P(\text{entro} \pm 2\sigma) = \int_{-2}^{+2} e^{-z^2/2} dz = 2 \int_{0}^{+2} E^{-z^2/2} dz = 2 * 0.4772 = 0.9544 \, .$$

Ed infine nell'intervallo $\pm 3\sigma$:

$$P(\text{entro} \pm 3\sigma) = \int_{-3}^{+3} E^{-z^2/2} dz = 2 \int_{0}^{+3} E^{-z^2/2} dz = 2 * 0.4987 = 0.9974 \, .$$

La probabilità si può presentare in forma percentuale, e, se ci colleghiamo ai dati sperimentali, potremmo affermare che:

se i nostri dati seguissero tale tipo di *curva ideale gaussiana* $G_{X,\sigma}(x)$, *ci aspetteremmo* che le nostre misure cadano

– nell'intervallo $\pm 1\sigma$ per il 68.26 % dei casi,
– nell'intervallo $\pm 2\sigma$ per il 95.74 % dei casi,
– nell'intervallo $\pm 3\sigma$ per il 99.74 % dei casi.

Si faccia attenzione finora abbiamo ricavato *parametri e peculiarità di una curva ideale*.

Il problema che ci poniamo ora è trovare il *collegamento* tra la curva ideale gaussiana e i nostri *dati sperimentalmente osservati*, e come possiamo stimare dai dati i parametri descrittivi di una gaussiana, che *potrebbe forse descriverli* in modo appropriato.

Se riusciamo a fare questo, potremmo usare le caratteristiche predittive della curva, secondo gli intervalli riportati e fornire la probabilità di ottenere risultati in misure successive, o per il loro utilizzo in altre leggi.

8.4 Principio di massima verosimiglianza: $\bar{x}$ migliore stima di X

La distribuzione limite è un'idealizzazione, di quanto ci aspetteremmo per il valore vero di una misura per una popolazione infinita. Diversamente abbiamo a disposizione una serie di misure (campione).

Nel caso di più valori osservati nella misura di una grandezza abbiamo affermato (Cap. 5), che la *migliore stima* della misura, indicata come x_{ms}, è la *media aritmetica* indicata con $\bar{x}$. Possiamo ora giustificare tale affermazione, sulla base della densità di probabilità, dedotta per il caso di incertezze casuali, che risulta essere la gaussiana.

Se le nostre misure seguissero una gaussiana, la *probabilità di ottenere un determinato valore* x_1 sarebbe data da:

$$dP(x_1) = G_{X,\sigma}(x_1)dx \ .$$

$dP(x)$ è una probabilità infinitesimale, in un intervallo dx, che permette di fornire la proporzionalità della probabilità di ottenere x_1 nel seguente modo:

$$P(x_1) \sim G_{X,\sigma}(x_1) \ .$$

Dato che siamo interessati a trovare il massimo della probabilità, tale studio non risulta influenzato da eventuali costanti moltiplicative, percui ci basta ancora solo la proporzionalità e possiamo anche omettere $1/\sqrt{2\pi}$ in $G_{X,\sigma}(x_1)$.

Supponiamo di avere una *serie di osservazioni* $x_1, \ x_2, \ \cdots, \ x_n$, quale sarà la probabilità di ottenerle tutte?

Se *ogni osservazione* x_i è *stocasticamente indipendente* da qualsiasi altra, la probabilità di ottenerle tutte, espressa come $P(x_1, \ x_2, \ \cdots, \ x_{n-1}, \ x_n)$, sarà data dal *prodotto delle probabilità di ottenere ogni singola osservazione* $P(x_i)$:

$$P(x_1, \ x_2, \ \cdots, \ x_{n-1}, \ x_n) = P(x_1)P(x_2)\cdots P(x_{n-1})P(x_n) \ .$$

Il problema, che ci poniamo, è trovare i valori per X e σ, che siano più "verosimili" per i dati sperimentali. I valori X e σ non sono noti. Ci si aspetta che i valori *più verosimili* forniscano *la probabilità massima* di ottenere i risultati sperimentali, questa assunzione prende il nome di *principio di massima verosimiglianza*.

Per trovare la massima probabilità rispetto al parametro X, proviamo vari valori di X, finché non troviamo che $P(x_1, x_2, ..., x_{n-1}, x_n)$ raggiunge il valore massimo. Variare la X per trovare il massimo della probabilità totale equivale ad uno studio, orientato a massimizzare la probabilità, in funzione di X (possiamo considerare $P = P(X)$). Riscriviamo in modo esplicito la probabilità di seguito:

$$P(X) \equiv P(x_1, x_2, ..., x_{n-1}, x_n) \sim$$
$$\sim \frac{1}{\sigma}e^{-(x_1-X)^2/(2\sigma^2)}\frac{1}{\sigma}e^{-(x_2-X)^2/(2\sigma^2)} \ldots \frac{1}{\sigma}e^{-(x_{n-1}-X)^2/(2\sigma^2)}\frac{1}{\sigma}e^{-(x_n-X)^2/(2\sigma^2)}, \quad (8.7)$$

che in modo più compatto e chiaro diventa:

$$P(X) \equiv P(x_1, x_2, ..., x_{n-1}, x_n) \sim \frac{1}{\sigma^n} e^{-\Sigma_{i=1}^{n}(x_i - X)^2/(2\sigma^2)} \ . \tag{8.8}$$

Dobbiamo prendere in considerazione il parametro X, che abbiamo appositamente reso evidente anche nello scrivere la probabilità P come funzione di X, $P(X)$. Dovremmo variare X, mentre i nostri dati $(x_1, x_2, ..., x_{n-1}, x_n)$ rimangono fissati, fino a trovare un valore, per il quale otteniamo il massimo della probabilità, espressa dalla (8.8). Questo non è altro che lo studio degli estremi relativi di una funzione.

La (8.8) risulta massima, quando l'argomento dell'esponenziale negativo è minimo, quindi trovare il massimo della probabilità è equivalente a trovare il minimo di:

$$\sum_{i=1}^{n} \frac{(x_i - X)^2}{\sigma^2} \tag{8.9}$$

dove è stato omesso il fattore 1/2, in quanto è influente nello studio degli estremi relativi.

Per trovare il minimo differenziamo rispetto ad X la (8.9), dato che il resto dobbiamo considerarlo costante, meglio per chiarezza formale utilizzare il simbolo della derivata parziale:

$$\frac{\partial}{\partial X} \sum_{i=1}^{n} \frac{(x_i - X)^2}{\sigma^2} = \frac{1}{\sigma^2} \sum_{i=1}^{n} 2(x_i - X)(-1) = 0 \ .$$

La derivata rispetto ad X si annulla, quando è nullo il numeratore. Si ottiene quindi che la *migliore stima* di X, per il principio di massima verosimiglianza, nel caso di variabili affette da incertezze casuali è:

$$X_{ms} = \frac{\sum_{i=1}^{n} x_i}{n} \qquad \text{ovvero} \qquad \bar{x} \ .$$

Si noti il pedice *ms* (migliore stima) per il parametro X, per rendere evidente, che *non* siamo in grado di ottenere il *vero valore X*, *ma soltanto* di fornire *una stima* di questo valore, mediante la media aritmetica dei dati del campione. X abbiamo visto essere il valore di "*aspettazione*" della gaussiana, che è una curva ideale ed è anche detto per questo *valore aspettato*.

Da ciò ne consegue che nel caso di *grandezze affette da incertezze casuali*, e quindi che seguono la distribuzione (*gaussiana*), la *migliore stima del valore aspettato - vero X* è la *media aritmetica $\bar{x}$*.

Per questo attribuiamo a $\bar{x}$ la migliore stima della misura x_{ms}, nel caso di misure affette da incertezze casuali. Possiamo stimare anche la dispersione delle misure?

Migliore stima della varianza

Stessa considerazione si fa per la varianza, ovvero la distanza media dei valori rispetto al valore vero X, che risulta per la gaussiana σ^2. Ma anche in questo caso possiamo fornire la migliore stima di tale parametro, in base ai dati osservati.

Bisogna trovare sempre il massimo della probabilità, questa volta rispetto a σ, il calcolo è leggermente più complicato, in quanto la probabilità totale di ottenere tutti i dati osservati, espressa sempre dalla (8.8), in funzione di σ risulta meno semplice rispetto alla sua dipendenza da X. Per trovare i valori di σ, percui la probabilità risulti massima, si deriva l'espressione della probabilità rispetto al parametro σ, osservando che si può considerare lo studio degli estremi relativi di P, intesa in funzione σ, $P(\sigma)$:

$$\frac{\partial}{\partial \sigma}\left(\frac{1}{\sigma^n}\,e^{-\Sigma(x_i-X)^2/(2\sigma^2)}\right)=0,$$

dove compare $1/\sigma^n$, che moltiplica l'esponenziale con un esponente a sua volta funzione di σ.

Si ottiene derivando rispetto a σ:

$$-n\frac{1}{\sigma^{n+1}}e^{-\Sigma(x_i-X)^2/(2\sigma^2)}+\frac{1}{\sigma^n}\left(2\frac{\Sigma(x_i-X)^2}{2\sigma^3}\,e^{-\Sigma(x_i-X)^2/(2\sigma^2)}\right)=0.$$

La soluzione rispetto a σ, che annulla la derivata prima di P, risulta:

$$\sigma_{ms}\;(\text{ideale})=\sqrt{\frac{1}{n}\sum_{i=1}^{n}(x_i-X)^2}\,,\tag{8.10}$$

dove abbiamo evidenziato, che stiamo facendo una stima del parametro σ.

Risultato del calcolo è che la migliore stima per il parametro σ è la sommatoria degli scarti al quadrato divisa per il numero totale di dati n, che risulta essere la *deviazione standard della popolazione*, etichettata a suo tempo s_x.

Questo risultato è consistente con quanto descritto finora. Si ha s_x, perché la densità di probabilità gaussiana descrive il caso ideale quindi al limite di $n \to \infty$, quindi tutta la popolazione.

Sono state già introdotte argomentazioni, per le quali la statistica richiede l'utilizzo della deviazione standard del campione σ_x, come migliore stima sulla base delle osservazioni a nostra disposizione.

È il momento di fornire un'altra argomentazione statistica a favore di tale scelta. Questa argomentazione, introdotta qui, ritornerà in modo ricorrente e sarà generalizzata ed usata in altre stime statistiche.

Il parametro X nella (8.10) non lo conosciamo, possiamo fornire solo una sua stima $X_{ms}=\bar{x}$, dedotta dai dati osservati.

Per fornire la stima del parametro σ, dobbiamo utilizzare una stima del parametro

X, percui otterremo la *deviazione standard del campione*:

$$\sigma_{ms}(\text{statistica}) = \sqrt{\frac{1}{n-1} \sum_{i=1}^{n} (x_i - \bar{x})^2} = \sigma_x \,,$$

dove *si è sostituito* nella sommatoria X (speranza matematica) con la *migliore stima* di tale parametro data da $\bar{x}$ e per questo la statistica impone che σ_{ms}^2(ideale) il quadrato della (8.10) venga moltiplicato $n/n-1$.

Elenchiamo le varie argomentazione, che giustificano l'utilizzo della deviazione standard del campione, come migliore stima del parametro σ della distribuzione gaussiana, di cui alcune già anticipate nella prima parte del corso:

1. $\sum_{i=1}^{n}(x_i - \bar{x})^2 \leq \sum_{i=1}^{n}(x_i - X)^2$, percui, se nella (8.10) si sostituisce ad X la sua migliore stima $\bar{x}$, si ha che il parametro σ è sottostimato e quindi è appropriato moltiplicare per una costante maggiore $n/(n-1)$.
2. Se utilizzassimo s_x, si ha s_x=0/1 = 0 nel caso di una singola misura. Ovvero nessuna incertezza. Utilizzando invece σ_x si ha che otterremo $\sigma_x = 0/0$, incertezza indeterminata, infatti con una sola misura non si può determinare l'incertezza statistica.
3. In statistica nel calcolare uno stimatore, ottenuto come valore medio, si deve dividere per i *gradi di libertà statistici d* (da "*degrees of freedom*"), che risultano dal *numero dei dati n*, utilizzati nella stima, meno il *numero di vincoli statistici c* ("*constrains*"). I *vincoli statistici* sono *parametri, ottenuti utilizzando i dati*.
   Per esempio nella (8.10) per calcolare σ serve il parametro X, per il quale si utilizza una stima $\bar{x}$, che si ottiene dai dati ed è quindi un vincolo statistico.

$$\text{(gradi di libertà) } d = n \text{ (num. di dati) - } c \text{ (vincoli)}$$

Si faccia attenzione, che, per ottenere il numero di dati usati si deve osservare la formula dello stimatore. Quindi in questo caso dalla (8.10) il numero di dati disponibili per la stima del parametro, come valore medio, è l'estremo della sommatoria, che è n.

Nel caso quindi del parametro σ, dove utilizziamo $\bar{x}$ (un vincolo statico), si ottiene per i gradi di libertà $d = n - c = n - 1$.

Questo argomento ricomparirà ancora, quando affronteremo altri parametri statistici, ottenuti come valore medio, ma richiamiamo l'attenzione già adesso nell'osservare le formule, utilizzate per dedurre il numero di dati disponibili.

8.5 Densità di probabilità: costante e triangolare

Una volta definito in modo generale, riportato nello specchietto di Tabella 8.1, le proprietà delle densità di probabilità, possiamo introdurne altre, che sono di interesse nella fisica sperimentale o comunque in campo tecnologico per la misura di grandezze fisiche. Il calcolo delle densità proposte di seguito, si può fare in modo grafico, permettendo allo studente di accettare con maggiore confidenza, quanto discusso per la gaussiana, e nel caso di capacità e conoscenza sufficienti dello studente, provare a ricontrollare il risultato con il calcolo integrale.

Tali densità vedremo che risultano opportune, per descrivere le incertezze di lettura (densità costante) e la combinazione di due grandezze di densità costante (densità triangolare).

Grazie ad un teorema fondamentale della statistica, sarà possibile giustificare rigorosamente, come combinare insieme vari tipi di incertezza e riportare le situazioni più frequenti sempre alla distribuzione gaussiana.

Densità di probabilità costante: incertezze di tipo ε

La densità di probabilità costante riguarda una variabile, per la quale ci si aspetta, che la probabilità, di ottenere un determinato valore, sia sempre la stessa in un determinato intervallo e invece sia nulla fuori (Fig. 8.6 a).

Tale densità può essere descritta da:

$$f(x) = \begin{cases} C \ \text{per} \ -a \leq x \leq a \,, \\ 0 \ \text{per} \quad |x| > a \,. \end{cases}$$

Figura 8.6 Altre densità di probabilità di interesse per le misure fisiche:
a) densità di probabilità uniforme costante, intervalli di incertezza al 100 %.
b) densità di probabilità triangolare, ottenuta dalla combinazione di due variabili a densità di probabilità costante. L'area sottesa negli intervalli $\pm\sigma$, $\pm 2\sigma$ e $\pm 3\sigma$, è molto simile a quanto dedotto per una gaussiana.

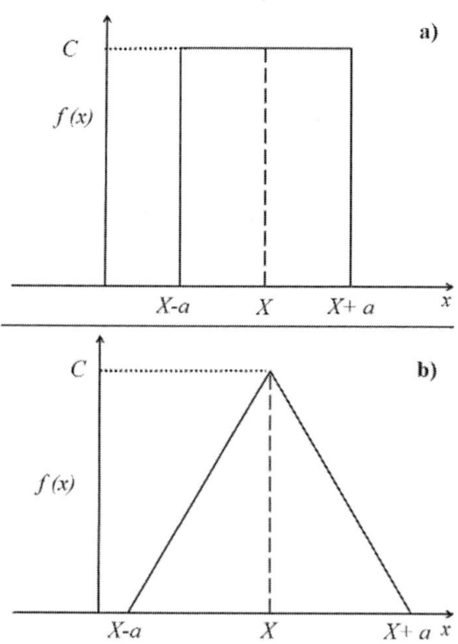

Tale tipo di densità descrive l'incertezza di lettura o sensibilità di misura, dove ad a si sostituisca il simbolo ε, usato per le incertezze strumentali di lettura (anche accuratezza, se presentata come intervallo $\pm\eta$). Anche per questa densità di probabilità per semplificare i calcoli, si può attuare uno spostamento lungo l'asse x, in modo da centrarsi sullo zero, con $z = x - X$ (Probl. 8.2).

Le proprietà di una variabile, che segua tale distribuzione sono riportati nella Tabella 8.2. Si osservi che il valore medio risulta pari al valore centrale e la varianza

Tabella 8.2 Normalizzazione, speranza matematica e varianza di una densità di probabilità costante.

normalizzazione	$\displaystyle\int_{-\infty}^{+\infty} f(z)\mathrm{d}z = 1$	$C = 1/2a$
valore di aspettazione	$\displaystyle E\{z\} = \int_{-\infty}^{+\infty} zf(z)\mathrm{d}z$	$E\{z\} = 0 \equiv x = X$
varianza	$\displaystyle Var\{z\} = \int_{-\infty}^{+\infty} (z - E\{z\})^2 f(z)\mathrm{d}z$	$Var\{z\} = a^2/3$

risulta pari a $a^2/3$, se traduciamo questa costante a utilizzata per semplificare il calcolo alla nostra ε_x risulta che la varianza è

$$Var\{x\} = \frac{\varepsilon_x^2}{3} = \frac{\Delta_x^2}{12} \, ,$$

dove abbiamo riportato anche il modo di presentare la varianza rispetto alla dispersione, dato che la dispersione $\Delta_x = 2\varepsilon_x$.

Si osservi come la probabilità di trovare un valore tra $\pm\,\sigma_x$ (per $\sigma_x = \sqrt{Var\{x\}}$) risulti pari al 57.7 %, e già per $\pm\,2\sigma_x$ risulti il 100 %, in quanto $2a/\sqrt{3} > a$.

Per questo nell'interpretazione probabilistica dell'incertezza di un variabile x, dedotta dalla varianza della densità costante, abbiamo utilizzato ed utilizzeremo per le incertezze di lettura $\varepsilon_x/\sqrt{3}$ e di accuratezza $\eta_x/\sqrt{3}$, queste ultime se fornite come intervallo, ovvero nel caso non si sia identificato il segno.

Densità triangolare

Si può dimostrare che in presenza di due densità di probabilità costanti, si ottiene come risultato una densità triangolare come in Fig 8.6 **a)** [16]. Anche per questo caso è possibile calcolare graficamente il valore medio e la varianza, spostando il valore centrale sullo zero, mediante il cambiamento di variabile $z = x - X$. Per questo tipo di densità di probabilità (Probl. 8.3) si ottengono le proprietà presentate nella Tabella 8.3.

La cosa interessante di questa densità di probabilità è che la probabilità di ottenere un risultato compreso

Tabella 8.3 Normalizzazione, speranza matematica e varianza per una densità di probabilità triangolare

normalizzazione	$\displaystyle\int_{-\infty}^{+\infty} f(z)\mathrm{d}z = 1$	$C = 1/a$
speranza matematica	$\displaystyle E\{z\} = \int_{-\infty}^{+\infty} z f(z)\mathrm{d}z$	$E\{z\} = 0 \equiv x = X$
varianza	$\displaystyle Var\{z\} = \int_{-\infty}^{+\infty} (z - E\{z\})^2 f(z)\mathrm{d}z$	$Var\{z\} = a^2/6$

- tra $\pm\,1\ \sigma_f$ risulta pari a 0.650 ,
- tra $\pm\,2\ \sigma_f$ risulta pari a 0.966,

- tra $\pm\,3\ \sigma_f$ risulta pari a 1.00.

$3\sigma_f$ risulta maggiore di a, ma la funzione per $|z| > a$ è nulla, percui il calcolo si limita tra $-a$ e $+a$ e l'area sottessa è proprio pari ad uno, in quanto $f(z)$ è normalizzata per $C = 1/a$.

Le probabilità per una densità triangolare, sono molto simili alle probabilità, dedotte per una gaussiana, negli stessi intervalli individuati dalle rispettive σ.

Questo argomento sarà di notevole importanza, una volta introdotto il teorema del limite centrale nel prossimo paragrafo.

Una grandezza f data $f(x,y)$, misurata dalla relazione con due grandezze x e y (indipendenti tra loro), che seguono densità di probabilità costanti e hanno semidispersioni $\Delta_x/2$ e $\Delta_y/2$, segue una distribuzione di densità triangolare con varianza σ [16]:

$$\sigma_f^2 = \left(\frac{\partial f}{\partial x}\right)^2 \frac{\Delta_x^2}{12} + \left(\frac{\partial f}{\partial y}\right)^2 \frac{\Delta_y^2}{12} \ .$$

Quindi la $Var\{z\}$ calcolata nel caso generale di una funzione triangolare nell'intervallo $[-a, a]$ (Tabella 8.3), è espressa nel caso di una grandezza f da σ_f^2.

La varianza risulta equivalente, a quanto si deduce dalla legge di propagazione delle incertezze con la somma in quadratura delle varianze delle rispettive densità di probabilità costante, delle variabili x e y.

8.6 Il teorema del limite centrale

Enunceremo un teorema della statica senza dimostrarlo, la sua dimostrazione è presente in vari testi di statistica (p.e. [16]).

Questo teorema è di fondamentale importanza, per capire come comportarsi per la combinazione delle incertezze, che seguono densità di probabilità varie, e per la conclusione, che ne consegue, ovvero che la grandezza derivata da tale combinazione risulta gaussiana.

Per questo possiamo ricondurre l'analisi delle incertezza anche nel caso di variabili con densità di probabilità uniforme, quindi per misure con incertezze del tipo di lettura e di accuratezza, sempre alla tendenza ad una densità di probabilità gaussiana.

Teorema del limite centrale : una combinazione lineare di $g = a_x x + a_y y + a_z z + \cdots$, di *variabili aleatorie indipendenti* $x, y, z, \cdots$, ciascuna avente *legge di distribuzione qualsiasi*, ma con valori aspettati comparabili e varianze finite dello stesso ordine di grandezza, *all'aumentare del numero di variabili* aleatorie (casuali), tende alla distribuzione normale con valore aspettato G e varianza σ_g^2, dati rispettivamente da

$$G = a_x X + a_y Y + a_z Z + \cdots \quad \text{e}$$

$$\sigma_g^2 = a_x^2 \sigma_x^2 + a_y^2 \sigma_y^2 + a_z^2 \sigma_z^2 + \cdots,$$

dove $X, Y, Z, \cdots$ sono i valori di aspettazione delle rispettive variabili e $\sigma_x^2, \sigma_y^2, \sigma_z^2, \cdots$ le rispettive varianze.

Questo teorema sarà utilizzato per varie situazioni ricorrenti nelle misure fisiche e giustificherà alcuni modi di presentare e combinare le incertezze.

Teorema del limite centrale: deviazione standard della media

Questo teorema è di una potenza notevole per noi fisici. Lo usiamo in questo paragrafo, per giustificare la deviazione standard della media, il cui andamento si è osservato per ora a livello pratico (Probl. 6.3), per il quale avevamo già organizzato i dati.

Siete n_s studenti a condurre un'esperienza della misura di una determinata grandezza x con un numero di misure n_m. Indichiamo con x_{ij} la i-esima misura del j-esimo studente e quindi con $\bar{x}_j$ la media ottenuta dalla j-esimo studente.

Il teorema afferma che, se i campioni di misure dei vari studenti seguissero distribuzioni qualsiasi, le medie $\bar{x}_j$ delle n_s serie di misure della stessa grandezza x sono distribuite normalmente intorno alla media $\bar{\bar{x}}$ dei valori medi $\bar{x}_j$, che fornisce una stima migliore del valore vero.

Dato che la variabile aleatoria è la stessa, lo studente, potrebbe riprodurre nel suo laboratorio, o organizzare i dati dei colleghi, in modo da avere sulla prima riga la prima misura di ognuno, nella seconda riga la seconda misura di ognuno e via di seguito, fino alla n_m–esima riga per le ultime misure di tutti gli studenti.

Possiamo considerare le misure lungo le colonne, per esempio la media di ogni singolo studente j, si ottiene lungo le singole colonne e la possiamo esprimere come:

$$\bar{x}_j = \frac{1}{n_m} \sum_{i=1}^{n_m} x_{ji} = \frac{1}{n_m} x_{j1} + \frac{1}{n_m} x_{j2} + ... + \frac{1}{n_m} x_{jn_{m}-1} + \frac{1}{n_m} x_{jn_m}, \qquad (8.11)$$

che può essere considerata una combinazione lineare di variabili aleatorie con coefficienti identici $a_x = a_y = a_z...$ tutti uguali a $1/n_m$.

Questa media è stata effettuata nel Probl. 6.3, e può servire da appiglio per non perdersi sui vari pedici, l'organizzazione riportata è tale, che le colonne indicano gli studenti e le righe l'ordine sequenziale delle misure.

Consideriamo la media delle prime misure di tutti gli studenti, significa fare la somma lungo ogni riga i fissata, al variare di j, che va dal primo studente all'ultimo etichettato n_s, si otterrà $\bar{x}_i = \sum_{j=1}^{n_s} x_{ji}$.

Possiamo calcolare la media di ogni valore medio, ottenuto lungo le righe, come media di tutte le $\bar{x}_i$, per i che va da uno a n_m come:

$$\bar{\bar{x}} = \frac{1}{n_m}\bar{x}_1 + \frac{1}{n_m}\bar{x}_2 + ... + \frac{1}{n_m}\bar{x}_{n_m-1} + \frac{1}{n_m}\bar{x}_{n_m}, \qquad (8.12)$$

Osserviamo che $\bar{\bar{x}}$ è l'espressione della media della variabile $\bar{x}_j$ della (8.11) di una grandezza g espressa come combinazione lineare di n_m grandezze $\bar{x}_i$, che richiama quanto richiesto dal teorema del limite centrale.

Se tutti i campioni ordinati per sequenza di misurazione *appartengono* alla *stessa popolazione*, di una *variabile, che assumiamo segua la distribuzione gaussiana*, allora per ogni campione i relativo alla $i - esima$ misura di tutti gli studenti, si avrà che $\bar{x}_i$ tenderà a X per ogni i da 1 a n_m.

Quindi sostituendo nella (8.12) per ogni $\bar{x}_i$ lo stesso valore di aspettazione X si avrà:

$$\bar{\bar{x}} = \sum_{i=1}^{n_m} X \Big/ n_m = X.$$

Osserviamo quanto ci aspetteremmo, che il valore medio delle medie dia il valore di aspettazione.

Vediamo invece cosa otteniamo per la varianza di tutti i valori medi.

Per quanto riguarda la varianza possiamo calcolare anche per ogni riga la varianza della prima misura σ_1^2 di ogni studente e via di seguito, abbiamo osservato che la grandezza $\bar{\bar{x}}$ espressa secondo la (8.12) ricorda proprio una grandezza g secondo i requisiti del teorema del limite centrale, pertanto per il suddetto teorema la varianza si esprimerà come:

$$\sigma_{\bar{x}}^2 = \frac{1}{n_m^2}\sigma_1^2 + \frac{1}{n_m^2}\sigma_2^2 + ... + \frac{1}{n_m^2}\sigma_{n_m-1}^2 + \frac{1}{n_m^2}\sigma_{n_m}^2 ,$$

ma anche per le varianze dei campioni ordinati per sequenza di misurazione, etichettate σ_i, dato che il campione appartiene alla stessa popolazione, tenderanno tutte alla stessa deviazione standard σ, percui si osserva per la varianza dei valori medi:

$$\sigma_{\bar{x}}^2 = \frac{1}{n_m^2} \sum_{i=1}^{n_m} \sigma^2 = \frac{n_m \sigma^2}{n_m{}^2} = \frac{\sigma^2}{n_m} . \tag{8.13}$$

Ovvero si dimostra che la varianza dei valori medi è proprio la deviazione standard della media al quadrato, espressa nella (8.13).

Nel caso di una misura effettuata da un solo studente (sperimentatore) si ha a disposizione un campione di dati, ottenuti da misure ripetute n, dai quali possiamo fornire le seguenti stime.

- La migliore stima che possiamo fornire del valore di aspettazione X è la media aritmetica, $\bar{x}$,
- la migliore stima che possiamo fornire per la larghezza vera σ è la deviazione standard σ_x del campione, dedotta dalla varianza del campione σ_x^2,
- Se la *variabile risulta gaussiana* si può fornire la stima della larghezza della gaussiana dei valori medi mediante la relazione:

$$\sigma_{\bar{x}} = \sigma_x / \sqrt{n} .$$

Dato che il confronto tra misure risulta di solito sui valori medi è una convenzione consolidata riportare l'incertezza statistica, *nel caso di grandezze "riconosciute" gaussiane*, come deviazione standard della media.

Vedremo come "riconoscere" una grandezza gaussiana e fare verifiche (Cap. 11) per valutare la probabilità, che un campione di dati possa essere funzionale a definirla tale.

Teorema del limite centrale: tendenza ad una gaussiana

Il teorema del limite centrale fornisce anche gli argomenti, per giustificare l'utilizzo della distribuzione gaussiana per grandezze, o combinazioni di grandezze, che non siano necessariamente gaussiane.

Riportiamo in Tabella 8.4 le rispettive probabilità di ottenere un valore compreso tra gli intervalli individuati da una, due e tre σ per le densità di probabilità gaussiana e triangolare.

Tabella 8.4 Confronto tra le probabilità di una densità triangolare ed una densità gaussiana

distribuzione	$P(|z| \le \sigma)$	$P(|z| \le 2\sigma)$	$P(|z| \le a < 3\sigma)$
triangolare	0.650	0.996	1.00
gaussiana	0.6826	0.9544	0.9974

Il teorema del limite centrale afferma, che per variabili con *"legge di distri-buzione qualsiasi," "... all'aumentare del numero di variabili"* .. g tende *ad una distribuzione normale* (gaussiana). Il problema è:

qual è il *numero minimo di grandezze* per poter considerare g *gaussiana*?

E qui rientra in gioco la densità triangolare: dalla Tabella 8.4 si osserva che sono *sufficienti due variabili*, per considerare la grandezza g gaussiana, perchè si ha cor-rispondenza tra le probabilità nei rispettivi intervalli definiti da deviazioni standard dedotte dalle varianze.

Questo teorema permette di considerare una grandezza g gaussiana, anche nel caso fosse derivata da almeno due variabili con incertezze sistematiche di lettu-ra e quindi fare verifiche di ipotesi statistiche, in riferimento della grandezza così ottenuta, riferendosi sempre ad una distribuzione normale.

È intuitivo inoltre che tale tendenza sarà più forte se la g derivata è funzione di una variabile gaussiana (incertezza σ) e di un altra che segue una densità costante (p.e. $\varepsilon/\sqrt{3}$, o $\eta/\sqrt{3}$) (si sono riportati solo i simboli delle incertezze, ma si intende il contributo dovuto a due rispettive grandezze, quindi comprendendo i termini della propagazione ovvero $\partial g/\partial$(variabile)) si osserva che nella somma

$$\sigma_g^2 = \sigma^2 + \varepsilon^2/3$$

per $\sigma \geq \varepsilon/\sqrt{3}$ la probabilità è simile a quanto atteso per una gaussiana, e solo per valori di $\sigma \ll \varepsilon/\sqrt{3}$ di due ordini di grandezza inferiore domina la densità di probabilità uniforme [16].

Incertezze di accuratezza combinate con incertezze casuali

L'incertezza di accuratezza abbiamo visto che si presenta sempre con lo stesso se-gno, un caso particolare e semplice è quello, in cui l'incertezza non varia per tutti i valori di x. Questo caso è di facile trattazione didattica, in quanto si applica a tutti i valori misurati.

Supponiamo di effettuare delle misure ripetute ed avere ottenuto una stima di X e della deviazione standard σ, per semplicità di scrittura di seguito utilizziamo per la gaussiana X e σ, pertanto abbiamo $G_{x,\sigma}(x) \propto e^{-(x-X)^2/2\sigma^2}$.

A posteriori ci accorgiamo che ogni valore è spostato di $+ |\eta_x|$, quindi per ogni valore x, dovremmo correggerlo con il valore accurato $x_{acc} = x - \eta_x$. La gaussiana accurata $G_{X_{acc},\sigma}(x_{acc})(X) \propto e^{-(x_{acc}-X_{acc})^2/2\sigma^2}$, sarà riconducibile alla curva ricavata per x se l'argomento dell'esponenziale è lo stesso, quindi $x_{acc} - X_{acc} = x - X$.

Dato che $x_{acc} = x - \eta_x$ si ha $x - \eta_x - X_{acc} = x - X$, per cui $\eta_x + X_{acc} = X$, si ottiene per $X_{acc} = X - \eta_x$.

Se conosciamo il segno dell'incertezza di accuratezza ed esso non varia per ogni misura, possiamo sottrarre tale incertezza a posteriori dalla stima effettuata.

In caso di incertezze di accuratezza del tipo η_x, si può affrontare lo studio statistico dei dati registrati e dedurre le stime per una distribuzione gaussiana, eppoi calibrare successivamente la misura, o con strumenti accurati, o con tecniche di calibrazione.

Se non siamo in grado in individuarne il segno, ed abbiamo indicazioni di intervalli del tipo uniforme come per l'incertezze di lettura, dobbiamo considerarle come descrittive di un intervallo del 100 % dei dati ed eventualmente considerare la varianza $\eta_x^2/3$, come descrittiva delle probabilità previsionali tipiche di una gaussiana, soprattutto nella combinazione con altre incertezze sia di tipo di lettura che di tipo casuale.

Si consideri il Probl. 8.10, in cui particolari relazioni tra grandezze affette da incertezze di accuratezza (sottrazione tra due misure effettuate con lo stesso strumento, affetto da incertezza di accuratezza) danno come risultato l'elisione di tali incertezze.

Nel caso di incertezze di accuratezza, che variano a seconda del valore della misura, si dovrebbe applicare la correzione ad ogni dato o intervallo, eppoi fare l'analisi statistica sui dati corretti.

8.7 Presentazione del risultato di una misura e intervalli di fiducia

Possiamo ora giustificare il modo di presentare una misura come *migliore stima* ed *incertezza* con annesso il *livello di fiducia*, che riponiamo nella misura stessa.

L'integrale di Gauss per una singola misura permette di stimare la probabilità, che un particolare valore della misura cada in un determinato intervallo $[a, b]$:

$$P(a \leq x \leq b) = \frac{1}{\sqrt{2\pi}\,\sigma} \int_a^b e^{-(x-X)^2/(2\sigma^2)} dx \ .$$

È pratico calcolare tale probabilità grazie alla variabile standardizzata $z = (x - X)/\sigma$

$$P(a \leq x \leq b) \equiv P(z_a \leq z \leq z_b) = \frac{1}{\sqrt{2\pi}} \int_{z_a}^{z_b} e^{-z^2/2} dz \ .$$

Segnaliamo che la distribuzione gaussiana è utilizzabile nel caso, che i dati siano maggiori di 30 (*grandi campioni*), altrimenti si dovrebbe utilizzare (per piccoli campioni $n < 30$) la cosiddetta "distribuzione t di Student", proposta da Gosset [15, 16]. Per questo corso introduttivo ci limiteremo a distribuzioni gaussiane, in diversi esperimenti possiamo ripetere le misure per un numero desiderato e sufficiente di prove.

Se i dati seguono una gaussiana, avremo che:

- la migliore stima del valore vero è la media aritmetica,
- la miglior stima dell'incertezza della misura è la deviazione standard della media.

Nel caso di un campione di misure affette da incertezze casuali, che seguano la distribuzione di Gauss, si ha che nell'intervallo

$$x = \left(\bar{x} \pm \frac{3\sigma_x}{\sqrt{n}} \right)$$

ci aspettiamo cadano il 100 % di altre misure ottenute come valori medi.

La probabilità che un valore atteso cada entro un determinato intervallo individuato dal nostro campionte si dice *fiducia* e il corrispondente intervallo prende il nome di *intervallo di fiducia*.

Le procedure statistiche che permettono di decidere, se accettare, o rigettare un'ipotesi prendono il nome di *verifiche di significatività*.

Per valutare l'intervallo di fiducia o la significatività, si utilizza il rapporto tra la discrepanza e la migliore stima della deviazione standard.

Mediante il campione disponibile e l'ipotesi di una densità di probabilità, per esempio la gaussiana, si controlla che un valore proposto come atteso x_{att} appartenga alla stessa popolazione individuata dal campione.

Possiamo calcolare la variabile standardizzata attesa:

$$z_{att} = \frac{|x_{ms} - x_{att}|}{\sigma_{\bar{x}}} \, .$$

Si osservi che stiamo confrontando i valori rispetto alla deviazione standard della media.

Nel caso di una gaussiana, se chiamiamo z_c *valore critico* della variabile standardizzata quel valore, oltre il quale riteniamo che la differenza tra la misura ed il valore di confronto sia significativa, possiamo fornire una tabella del *livello di fiducia* $P(-z_c \leq z \leq z_c)$ per la z compresa nell'intervallo di fiducia e il *livello di significatività* $P(|z| \geq z_c)$, dove $P(|z| \leq z_c) = 1 - P(|z| \geq z_c)$.

Se la z_{att} cade nell'intervallo di fiducia, si accetterà l'ipotesi, che tale valore appartenga alla popolazione, individuata dal nostro campione, fornendone quantitativamente il livello di fiducia.

Ci sono alcuni livelli convenzionali di fiducia, che presentiamo in Tabella 8.5. Se la distribuzione attesa è una gaussiana, forniamo anche i valori di z detti critici

z_c, oltre i quali si ha un livello di significatività del confronto, di cui sono riportati quelli convenzionalmente riconosciuti del 5 % e dell 1'%.

Tabella 8.5 Livelli di Fiducia (LF) con i corrispondenti intervalli, il valore critico z_c per una gaussiana, livello di significatività: riportati i più usati.

Livello di fiducia	Intervallo di fiducia	zeta critico (z_c)	Livello di significatività
68.27 %	$\bar{x} - \sigma_{\bar{x}}, \bar{x} + \sigma_{\bar{x}}$	1.00	
95.00 %	$\bar{x} - 1.96\sigma_{\bar{x}}, \bar{x} + 1.96\sigma_{\bar{x}}$	1.96	5 %
95.45 %	$\bar{x} - 2\sigma_{\bar{x}}, \bar{x} + 2\sigma_{\bar{x}}$	2.00	
99.00 %	$\bar{x} - 2.58\sigma_{\bar{x}}, \bar{x} + 2.58\sigma_{\bar{x}}$	2.58	1 %
99.73 %	$\bar{x} - 3\sigma_{\bar{x}}, \bar{x} + 3\sigma_{\bar{x}}$	3.00	

Ricondurre ogni misura ad una gaussiana

Per il teorema del limite centrale si può considerare gaussiana una grandezza ottenuta da almeno due variabili con densità costante uniforme, a condizione che si consideri come incertezza la deviazione standard, dedotta dalla varianza della variabile, che si assume segua la densità uniforme ($\Delta_g^2/12$, o $\varepsilon_g^2/12$, etichettiamo così il contributo all'incertezza su g, dovuto ad incertezze di tipo di lettura di variabili da cui dipende g).

Quindi presenteremo come risultato in questo caso la misura

$$g = \bar{g} \pm \delta g \,,$$

con un livello di fiducia del 68 %, dove

$$\delta g = \sqrt{\sigma_{\bar{g}}^2 + \Delta_g^2/12} \,,$$

per il teorema del limite centrale, la grandezza g segue la distribuzione gaussiana.

Possiamo calcolare la variabile standardizzata attesa:

$$z_{att} = \frac{|g_{ms} - g_{att}|}{\delta g} \,.$$

Si osservi che stiamo confrontando i valori rispetto all'incertezza totale, dove per la *parte statistica si sia verificato, che la grandezza è gaussiana* e quindi abbiamo usato la *deviazione standard della media*, per la *parte sistematica* abbiamo utilizzato la corrispondente *varianza della densità uniforme*.

In presenza di incertezze di accuratezza, nel caso in cui conosciamo il segno, possiamo separare questa dalle altre e quindi scrivere la misura come

$$g_{ms} = \overline{g} \pm \delta g + (segno)|\eta_g|.$$

Quindi si sposta il valore della stima della quantità η_g, positiva o negativa a seconda del caso, e si discute quanto il valore atteso sia vicino al nostro accurato $g_{acc} = \overline{g} + (segno)\eta_g$, assumendo ancora come deviazione standard la somma in quadratura delle incertezze casuali e quelle di sensibilità di lettura.

Nel caso in cui non si riuscisse ad isolare il segno dell'incertezza di accuratezza, allora il confronto tra discrepanza ed incertezza va fatto con tutte le incertezze sommate in quadratura:

$$\delta g = \sqrt{\sigma_{\overline{g}}^2 + \varepsilon_g^2/3 + \eta_g^2/3}$$

Anche nel caso in cui le incertezze non siano sommabili in quadratura, in quanto dipendenti tra di loro (come vedremo in Cap. 10), l'approccio delle verifiche è con l'utilizzo del contributo alle incertezze sommate linearmente, assumendo che la grandezza segua la distribuzione di Gauss.

8.8 Verifica di ipotesi e di significatività

Risulta utile fissare i termini statistici della verifica di ipotesi. La statistica si propone di prendere delle decisioni relative ad una popolazione sulle base delle informazioni ricavate dall'analisi di un campione.

Si vuole verificare sulla base del campione e della relativa distribuzione di probabilità attribuita, che permette di stimare il valore vero della popolazione, se un dato valore atteso può appartenere alla popolazione sulla base della precisione della nostra misura.

La decisione dipende ovviamente dall'ipotesi formulata e le considerazioni successive dipendono da tale ipotesi.

La prima ipotesi che si formula è che non ci sia differenza tra valore vero stimato dal campione e valore atteso, che quindi appartengano alla stessa popolazione, descritta dalla densità di probabilità.

Questa ipotesi viene di solito detta *ipotesi nulla* ed indicata con H_0. Qualsiasi altra ipotesi è detta *ipotesi alternativa*.

Per esempio nel caso di moto per rotolamento di una sfera sul piano inclinato, potremmo assumere come ipotesi, che l'accelerazione sia di tipo punto materiale, cilindro ed infine sfera e di volta in volta rigettare l'ipotesi non accettabile.

Si effettuano esperimenti *significativi per il rigetto di ipotesi*.

Quindi se supponiamo, che l'ipotesi nulla sia vera ed invece troviamo, che i risultati osservati in un campione differiscono in maniera notevole da quelli, che ci saremmo aspettati, allora diremo che le differenze (discrepanze) sono *significative* e quindi non accettiamo l'ipotesi.

Non si potrà mai avere la certezza di non aver scartato un'ipotesi, che invece potrebbe essere giusta per i dati rilevati.

La statistica fornisce anche criteri o convenzioni, perché non si corra il rischio di rigettare un'ipotesi vera e tutto il meccanismo dello studio decisionale si basa proprio sul limitare tale rischio. Tali procedure sono dette *verifiche di ipotesi* o *di significatività*. Dato che c'è sempre il rischio di rigettare un'ipotesi valida si stabilisce il massimo di probabilità di rischio accettabile di rigettarne una vera, detto *livello di significatività*.

Questa probabilità di rischio viene denotata con α e la decisione, su quale sia questo limite si deve prendere prima di analizzare i dati.

Forniamo alcune convenzioni statistiche, che stabiliscono i livelli di significatività al 5 % o all'1 % [10]. Nel caso in cui si sia posto il limite del livello di significatività al 5 % possiamo trovarci nelle due seguenti situazioni:

- se verifichiamo che l'ipotesi è corretta possiamo affermare di essere fiduciosi al 95 % di avere preso la decisione giusta nell'accettarla.
- Se decidiamo di rigettare l'ipotesi prendiamo la decisione di rischiare con una probabilità del 5 % di aver rigettato un'ipotesi, che poteva essere accettata: potremmo aver sbagliato con una probabilità del 5 %.

Questi due intervalli sono ovviamente complementari (Fig. 8.7). Considerazioni statistiche inducono a catalogare nel modo seguente gli intervalli di significatività:

- Se un campione è significativo per rigettare l'ipotesi al *livello* del 5 %, si dice che il campione è *probabilmente significativo*.
- Se un campione è significativo per rigettare un'ipotesi al *livello* dell'1 %, si dice che il campione è *altamente significativo*.

Nel caso del livello del 5 % si consiglia di approfondire ulteriormente le indagini sperimentali. Diversamente per il livello dell'1 % si rigetta un'ipotesi con un probabilità molto bassa di avere preso una decisione sbagliata.

Figura 8.7 Intervalli fiduciari al 95 % e di significatività al 5 % per una distribuzione di probabilità normale. Sono indicate le variabili standardizzate critiche, oltre le quali siamo nel caso di un campione probabilmente significativo. Si osservi come l'intervallo di significatività prenda le due code (verifica di significatività a due code).

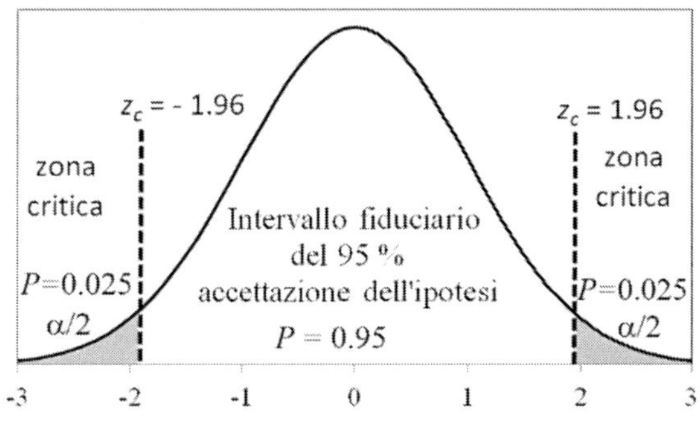

Ai fini del rigetto delle ipotesi livelli superiori al 5 % non sono considerati significativi.

Si osservi inoltre come gli intervalli di significatività sono complementari degli intervalli di fiducia presentati in Tabella 8.5, percui la z_c individua proprio il valore della variabile standardizzata, oltre il quale si supera il livello di significatività corrispondente.

Come può evincersi in Fig. 8.7, la verifica di cui sopra riguarda una verifica a due code, questo di solito si ha quando l'ipotesi alternativa non impone alcun vincolo. Questo nel caso della gaussiana, se siamo interessati alla verifica, che un determinato valore atteso appartiene alla popolazione.

Diversamente se siamo interessati a vedere, se il dato risulta maggiore o minore di un preciso valore, allora si deve effettuare una verifica ad una coda, per la quale non cambiano i livelli di significatività (al 5 % ed all' 1 %), ma ovviamente cambia la variabile standardizzata critica z_c corrispondente, in quanto sarà l'area di una singola coda a dover soddisfare le condizioni, richieste per le verifiche

In questo corso introduttivo ci limiteremo a verifiche a due code.

Verifica di significatività su grandezze gaussiane

Se è verificato che i dati seguono la distribuzione di Gauss come *incertezza casuale* sulla misura si utilizza $\sigma_{ms} = \sigma_x/\sqrt{n}$.

Esempio α .... α .... $\bar{x}$ .... $\bar{x}$

Supponiamo di aver misurato una costante di accelerazione gravitazionale con 50 dati ed aver ottenuto $g = 9.75 \pm 0.55$ m s^{-2}. Vogliamo verificare che non ci sia differenza con il valore atteso $g = 9.807$ m s^{-2}. L'incertezza sistematica sia trascurabile anche rispetto a $\sigma_{\bar{x}}$. Il confronto si basa sulla differenza con il valore atteso in rapporto alla deviazione standard della media quindi $\sigma_{\bar{x}} = 0.078$ m s^{-2}. La discrepanza tra il valore medio ed il valore atteso è ≈ 0.06 m s^{-2}, da cui $z_{att} = 0.73$.

Abbiamo osservato che la z critica (z_c) per il livello di significatività al 5 % è $|z_c| = 1.96$. Siamo all'interno dell'intervallo di fiducia del 95 %.

Dato che, per effettuare una verifica di significatività, ci serve calcolare la probabilità, che un valore sia maggiore del valore atteso, dobbiamo mediante la tabella dell'intergrale normale in App. A, valutare questa probabilità. Se abbiamo ottenuto z_c si ha che

$$P(|z| \geq z_{att}) = 1 - P(|z| \leq z_{att}) \,.$$

Quindi dalla tabella in appendice riusciamo a calcolare la probabilità di ottenere z entro l'intervallo $\pm z_{att}$ e, sottraendo tale quantità ad uno, otteniamo la probabilità dell'evento complementare, quello che a noi serve, ovvero la probabilità di ottenere z fuori dall'intervallo $\pm z_{att}$.

Dalla Tabella A.1, che riporta solo $P(0 \leq z \leq z_{att})$ otteniamo $P(|z| \geq z_{att}) = 2 \times (0.5 - 0.2673) = 0.4654$, quasi il 47 % ben superiore al limite del 5 %. Quindi il campione non è significativo, per rigettare l'ipotesi.

Consideriamo una situazione differente. Se dalla misura si ottiene invece $\bar{x} = 9.60$ m s^{-2}, con la stessa deviazione standard. Per la z_{att} si osserva invece che la probabilità $P(|z| \geq 2.65)$ risulta pari a 0.8 % sotto la soglia critica dell'1 %, percui il campione è altamente significativo, per rigettare l'ipotesi, che il valore atteso appartenga alla popolazione stimata con il campione dei dati.

$$\beth \ldots\ldots\ldots \beth \ldots\ldots\ldots \ldots\ldots\ldots \omega \ldots\ldots\ldots \omega$$

Si faccia attenzione che per "*grandi campioni*", che seguono una densità di probabilità gaussiana, lo studio del livello di significatività viene fatto sulla gaussiana dei valori medi, parlando spesso di popolazione. Il valore atteso si aspetta che faccia parte della popolazione, dedotta dai dati sperimentali.

Di seguito vedremo l'utilizzo della gaussiana relativa ai dati osservati, nel caso un dato rilevato sembri non appartenere al campione. Quindi tale misura potrebbe non fare parte del campione stesso.

Affronteremo come verificare se una grandezza possa considerarsi gaussiana nel Cap. 11 e come comportarsi nel caso in cui una grandezza non risulti gaussiana, ovviamente per le conseguenze sulla stima delle incertezze.

Rigetto di dati: criterio di Chauvenet

Rigettare i dati non è una pratica, che uno sperimentale dovrebbe utilizzare, piuttosto si dovrebbe cercare di evitare di commettere errori, che inducono ad ottenere risultati, che vistosamente sono fuori dalla distribuzione attesa. In ogni caso questo può essere fatto solo a posteriori.

Dopo aver ottenuto la stima del *valore vero* (stima di X per una gaussiana ad esempio) e la deviazione standard del campione. Si osserva la misura sospetta x_{sosp} e, se tale misura avesse una probabilità di essere osservata fuori dall'intervallo 3σ, allora si potrebbe rigettare:

$$1 - P(|\bar{x} - x_{sosp.}| \leq 3\sigma_x) = 0.0013.$$

La verifica è fatta sulla gaussiana dei propri dati, in quanto vogliamo verificare se una rilevazione possa appartenere al campione dei nostri dati, per il quale si assume una distribuzione gaussiana. Stiamo osservando se possiamo accettare, che un singolo valore x sospetto possa essere ritenuto non appartenente al nostro campione. Se verifichiamo che possiamo escluderlo, si deve ricalcolare la $\bar{x}$ e la σ_x, senza tale dato sospetto.

Un altro criterio attribuito a Chauvenet [18] afferma che nel caso di n misure, se per il valore sospetto otteniamo z_{sosp} ed il numero di misure sospette n_{sosp} atteso, ottenuto dalla distribuzione di Gauss, è minore di 1/2, allora è improbabile che tale valore appartenga al campione e possiamo rigettarlo:

$$n_{sosp} = nP(z \text{ fuori } z_{sosp}) < \frac{1}{2}.$$

Diamo poco peso a tale criterio in quanto, molti fisici lo ritengono un arbitrio.

Nel caso fosse possibile ripetere le misure, si consiglia di farlo.

Diversamente nel caso non fosse possibile si accetta l'applicazione, ma *solo su un singolo dato sospetto*, altrimenti ovviamente, reiterando tale procedimento, si restringerebbe sempre più la stima della larghezza della gaussiana, escludendo i valori sempre più esterni, con una manipolazione arbitraria dei dati osservati.

Molte scoperte in fisica sono state fatte proprio dall'analisi più dettagliata di misure, che deviavano dalla distribuzione o legge attesa. È buona attitudine, per chi si avvicina all'approccio sperimentale, non "cancellare" dati, piuttosto segnalare il problema e riverificare le misure intorno al valore sospetto con più dati.

8.9 Massima verosimiglianza: media pesata

Il principio di massima verosimiglianza applicato ad una variabile aleatoria, che segua la distribuzione gaussiana, ci permette di giustificare la media pesata tra più misure di una stessa grandezza, già fornita nel Cap. 5 .

Supponiamo di avere due misure, che etichettiamo $x_A \pm \delta A$, ed $x_B \pm \delta B$, le cui incertezze siano ottenute secondo le regole dell'analisi delle incertezze.

Per uniformità formale, sebbene le misure siano espresse con la valutazione delle rispettive incertezze totali δ, useremo il simbolo σ per la deduzione teorica. Abbiamo visto che per una grandezza dedotta da due variabili possiamo assumere, che tenda ad una gaussiana. Tale considerazione è sicuramente rafforzata da quanto detto sopra, tali misure saranno già frutto di analisi statistiche e propagazione di incertezze, percui molto probabilmente a loro volta gaussiane.

Supponiamo quindi che le due misure x_A e x_B seguano la stessa gaussiana di $G_{X,\sigma}(x)$ di centralità X e deviazione standard σ.

La probabilità di ottenere la misura x_A sarà proporzionale a:

$$P(x_A) \propto \frac{1}{\sigma_A} e^{-(x_A - X)^2/(2\sigma_A^2)},$$

ed equivalentemente la probabilità di ottenere la misura x_B:

$$P(x_B) \propto \frac{1}{\sigma_B} e^{-(x_B - X)^2/(2\sigma_B^2)} .$$

Dato che le due misure sono stocasticamente indipendenti, la probabilità di ottenerle entrambe sarà data dal prodotto delle singole probabilità:

$$P(x_A, x_B) = P(x_A)P(x_B) \propto \frac{1}{\sigma_A}\frac{1}{\sigma_B}e^{-1/2\left[(x_A-X)^2/\sigma_A^2 + (x_B-X)^2/\sigma_B^2\right]} .$$

Grazie al principio di massima verosimiglianza, cerchiamo il valore di X tale da rendere massima la probabilità. Questo significa rendere minimo l'argomento dell'esponente:

$$\chi^2 = \left(\frac{x_A - X}{\sigma_A}\right)^2 + \left(\frac{x_B - X}{\sigma_B}\right)^2 .$$

Abbiamo etichettato χ^2, la somma dei rapporti tra gli scarti e la deviazione standard al quadrato, è già comparsa e comparirà ancora, iniziamo a darle un nome.

Chiamiamo questi rapporti χ, (lettera greca che si pronuncia *chi*), in questo caso particolare χ_A e χ_B, e chiamiamo χ^2 (*chi–quadro*) la somma dei χ_i^2 ($\chi^2 = \sum \chi_i^2$), per questo caso: $\chi^2 = \chi_A^2 + \chi_B^2$.

Per trovare il valore X, per il quale sia minimo il χ^2, si deve derivare rispetto ad X e trovare le soluzioni in X, che annullano la derivata prima:

$$2\left(\frac{x_A - X}{\sigma_A}\right)\left(-\frac{1}{\sigma_A}\right) + 2\left(\frac{x_B - X}{\sigma_B}\right)\left(-\frac{1}{\sigma_B}\right) = 0 .$$

La soluzione, percui si annulla la derivata, permette di ottenere la miglior stima del valore vero X:

$$X_{ms} = \frac{x_A/\sigma_A^2 + x_B/\sigma_B^2}{1/\sigma_A^2 + 1/\sigma_B^2} .$$

Si osservi che definiti *pesi* $p_A = 1/\sigma_A^2$ e $p_B = 1/\sigma_B^2$, si ottiene una formula più compatta e di più pratico utilizzo:

$$X_{ms} = \frac{x_A p_A + x_B p_B}{p_A + p_B} \equiv x_{pes} .$$

Questa formula ricorda quella del baricentro di due corpi aventi i pesi suddetti e le rispettive posizioni lungo la coordinata x. Inoltre la misura con minore incertezza peserà maggiormente nella stima. Etichettiamo questa *migliore stima* con x_{pes}, detta *media pesata*.

Dobbiamo ora cercare la migliore stima dell'incertezza, che dedurremo dalla varianza.

Per ottenerla applichiamo la propagazione delle incertezze alla migliore stima di X, considerando come variabili x_A e x_B:

$$\sigma_{ms}^2 = \left(\frac{\partial x_{pes}}{\partial x_A}\right)^2 \sigma_A^2 + \left(\frac{\partial x_{pes}}{\partial x_B}\right)^2 \sigma_B^2 . \tag{8.14}$$

Dato che $\partial x_{pes}/\partial x_A = p_A/(p_A + p_B)$ e $\partial x_{pes}/\partial x_B = p_B/(p_A + p_B)$, sostituendo nella (8.14) e tenendo conto che $p = 1/\sigma^2$ si ha come risultato:

$$\sigma^2_{pes} = \frac{1}{p_A + p_B},$$

che risulta più facilmente comprensibile se chiamiamo peso totale $p_{pes} = 1/\sigma^2_{pes}$:

$$p_{pes} = p_A + p_B \ .$$

Si potrebbe estendere quanto riportato per due misure a più misure $\bar{x}_j \pm \sigma_j$ di sperimentatori diversi j da 1 ad n, per le quali definiamo i corrispondenti pesi $p_j = 1/\sigma^2_j$.

Verificato che tutte le misure seguono una gaussiana, potremmo fornire come migliore stima del valore vero x_{pes}, data da:

$$x_{pes} = \left(\sum p_j x_j\right) / \sum p_j \ , \tag{8.15}$$

e per il peso totale avremo:

$$p_{pes} = \sum p_j,$$

da cui si ricava la deviazione standard della media pesata:

$$\sigma_{pes} = 1/\sqrt{\sum p_j} \ . \tag{8.16}$$

La media pesata x_{pes} e σ_{pes} sono state dedotte dall'avere assunto, che *tutte le misure appartengono alla stessa popolazione*, percui si può applicare, se e solo se si verifica, che le misure appartengono alla stessa popolazione.

Ricordiamo inoltre che sebbene dal punto di vista formale abbiamo usato il simbolo σ per le incertezze in quanto in linea con la descrizione di una gaussiana, è stato utilizzato nell'accezione di varianza $Var\{x\} = \sigma^2$, non della sola incertezza casuale, percui comprensivo di tutte le incertezze stimate nella misura A e nella misura B, visto che secondo il teorema del limite centrale si ha una tendenza di vari tipi di variabili alla gaussiana.

Verifica di significatività per l'uso della media pesata

Si deve fare la verifica di significatività, per osservare se due misure possono appartenere alla stessa popolazione.

Questo significa osservare la differenza tra le due misure che etichetteremo $\Delta(A - B) = x_A - x_B$. Osserviamo che l'incertezza su $\Delta(A - B)$ dato che x_A ed x_B, sono misure indipendenti risulta $(\delta\Delta(A - B))^2 = (\delta A)^2 + (\delta B)^2$, dove come ribadito varie volte, nella formule di utilizzo pratico, ci riportiamo al simbolo δ, espressione dell'incertezza totale di ogni misura.

Ci chiediamo quale sia il valore aspettato della differenza: se appartenessero alla stessa popolazione, dovrebbe essere $\Delta(A-B)_{att} = 0$.

Pertanto se facciamo la verifica di significatività sulla probabilità di ottenere una $|z| \geq z_{att}$, dove in questo caso $z_{att} = |\Delta(AB) - 0|/(\delta\Delta(A-B))$, possiamo accettare o rigettare l'ipotesi, che le due grandezze siano uguali.

Se la verifica non risulta significativa e le misure appartengono alla stessa popolazione, allora si può usare per la migliore stima del valore vero la x_{pes} e per la deviazione standard, quanto dedotto da p_{pes}.

Problemi

8.1. Dimostrare che $\sum_{i=1}^{n}(x_i - \bar{x})^2 \leq \sum_{i=1}^{n}(x_i - x)^2$, per qualsiasi x, pertanto vale anche per $x = X$.

8.2. La densità di probabilità di una misura affetta solo da incertezze dovute alla risoluzione strumentale $(x = X \pm \varepsilon_x)$, può essere descritta dalla seguente funzione $f(x)$ (Fig. 8.6 **a**):

$$f(x) = \begin{cases} C & X - \varepsilon_x \leq x \leq X + \varepsilon_x\,, \\ 0 & |x - X| > \varepsilon_x\,. \end{cases}$$

Calcolare il valore medio e la varianza di una grandezza x, che segua tale densità di probabilità.

8.3. $-\heartsuit$ Per patiti di matematica – Nel caso di due densità uniformi del tipo di sensibilità di lettura, si ottiene una densità di probabilità triangolare (Fig. 8.6 **b**), di cui riportiamo l'andamento per la variabile $z = x - X$, centrata quindi su $z = 0$

$$f(z) = \begin{cases} \frac{C}{a}(z+a) & -a \leq z \leq 0, \\ -\frac{C}{a}(z-a) & 0 \leq z \leq a, \\ 0 & |z| > a. \end{cases}$$

Ricavare, una volta ottenuta la varianza, l'area sottesa in $|z| \leq \sigma$, $|z| \leq 2\sigma$ e $|z| \leq 3\,\sigma$, si osservi che la funzione per $|z| > a$ è nulla e che 3σ è maggiore di a.

8.4. Trovare, nel caso di una variabile x che segua una distribuzione gaussiana $G_{X,\sigma}(x)$, che il suo valore di aspettazione è X ($-\heartsuit$ per patiti di matematica – ricavare anche che la varianza è data da σ^2).

8.5. Trovare nel caso di una variabile x, che segua la distribuzione di Gauss, la probabilità di ottenere un valore x tale che $1.00\,\sigma \leq |x - X| \leq 1.25\,\sigma$.

8.6. Per i dati del Probl. 5.6 calcolare la $G_{\bar{x},\sigma_x}(x)$ per ogni valore centrale delle classi e sovrapporre la curva ottenuta all'istogramma delle densità di frequenza dei dati.

Fare lo stesso per i valori medi di ogni colonna, e sovrapporre i dati sul grafico precedente. Calcolare $G_{\bar{X},\sigma_{\bar{X}}}(X)$ e sovrapporla alle densità di frequenza delle medie in ogni singola colonna.

8.7. Per i dati del Probl. 6.3 – eventualmente per dati presi in classe o effettuati a casa – osservare sull'istogramma dei dati che uno risulta fuori dalla distribuzione. Considerare per comodità solo le prime 10 colonne, 100 dati in tutto, e fare quanto richiesto nel Probl. 8.6. Si ritorni sulla considerazione della previsione di ogni singolo studente, per la deviazione standard dei valori medi.

8.8. Per misurare l'accelerazione di gravità avete $h = 100 \pm 1$ cm e $t = 452 \pm 5$ ms, fornire la misura di g dalla relazione $g = 2h/t^2$. Fare la verifica di significatività per il valore atteso $g_{att} = 9.807$ m s^{-2}. (Supponete che le misure siano già fornite con le incertezze dedotte dalle varianze).

8.9. Nella misura dell'accelerazione g mediante la caduta di un grave (Probl. 4.10) la misura di t viene effettuata mediante un sistema elettronico, che conta il numero di impulsi n durante la caduta. Il tempo corrispondente, si ottiene dal numero di impulsi per unità di tempo n_{un}, con la misura del numero di impulsi n_p in un tempo prefissato t_p: $n_{un} = n_p/t_p$, da cui per il tempo di caduta si ottiene

$$t = \frac{n}{n_{un}}\ .$$

Si supponga $\bar{n} = 47\,610$ e la deviazione standard del campione $\sigma_n = 360$, ottenuto dalla registrazione di 100 dati di n.

n_{un} viene misurato prima di rilevare le misure, a metà ed alla fine delle 100 misure, si utilizzi il valore centrale $n_{un\,centr.} = 90\,000$ impulsi s^{-1} come, migliore stima e la semidispersione $\Delta_{n_{un}}/2 = 20$ impulsi s^{-1}.

Su n e n_{un} si verifica, che sono tra loro dipendenti, percui l'incertezza su t si propaga in modo lineare. Per δn si assuma che n segua una distribuzione gaussiana, pertanto si usi per $\delta n = \sigma_{\bar{n}}$. Per la la δn_{un} si userà invece la corrispondente $\Delta_{n_{un}}/\sqrt{12}$. Dedotta l'incertezza sul tempo, dobbiamo dopo tenere conto dell'incertezza su h, dove $h = 1\,322 \pm 1$ mm. In questo caso anche h e t non sono fra loro indipendenti, quindi da $g = 2h/(t+t_0)^2$ si ha:

$$\delta g = \left|\frac{2}{(t+t_0)^2}\right|\frac{\Delta_h}{\sqrt{12}} + \left|\frac{4h}{(t+t_0)^3}\right|\delta t + \left|\frac{4h}{(t+t_0)^3}\right|\delta t_0\ .$$

t_0 è un incertezza di accuratezza dovuta al ritardo dell'elettronica, (Cap. 9): $t_0 = -10.7 \pm 0.7$ ms. Fornire la misura di g e fare le verifica di significatività per il valore atteso 9.807 m s^{-2}.

8.10. Si consideri il Probl. 4.5 e si assuma che le temperature T_1', T_{equ}' e T_0' siano misurate con termocoppie e la loro elettronica, per le quali si fornisce un'incertezza di accuratezza dell'ordine del 2 % nell'intervallo di utilizzo. Si dimostri che in questo caso l'incertezza di accuratezza non si somma, ma si elide.

La regressione lineare: il metodo dei minimi quadrati

In questo capitolo affronteremo il problema relativo alla regressione lineare di dati sperimentali, che significa trovare la retta, che si adatti alle misure di due grandezze fisiche in relazione di tipo lineare tra loro.

La regressione lineare è di più facile trattazione analitica, e ad essa si possono ricondurre relazioni funzionali più complesse, percui conoscere nel dettaglio come affrontare tale procedimento risulta fondamentale, per poi estenderlo a casi più complessi.

9.1 Adattamento ad una relazione lineare

Lo studio di relazioni funzionali, la lineare ne è la più semplice, risulta di interesse per la fisica, per la comprensione delle leggi, che governano alcuni fenomeni (p.e. la legge $v = v_0 + at$, se verificata, permette l'estensione delle leggi del moto uniformemente accelerato), perché alcune grandezze possono essere misurate dalle relazioni funzionali (p.e. la misura della accelerazione di gravità g dalla relazione $T = 2\pi\sqrt{l/g}$, in cui misuriamo direttamente T ed l), perché può essere utilizzata per calibrare alcuni sistemi (si veda il Probl. 9.5).

Iniziamo pertanto lo studio delle relazioni funzionali proprio dalla più semplice, quella lineare (una retta), che permette una trattazione della teoria chiara ed una facile comprensione delle procedure.

Ci proponiamo di studiare la relazione tra una variabile indipendente x ed una dipendente y del tipo $y = A + Bx$, dove A e B sono delle costanti, da determinare.

Le misure di N coppie di valori – la misura del periodo del pendolo T (variabile y) al cambiare della lunghezza del cordino l $(x = \sqrt{l}) - (x_1, y_1), (x_2, y_2), ..., (x_N, y_N)$, se i dati non fossero affetti da incertezze e le variabili x e y seguissero la relazione lineare, riportate su un piano cartesiano (x, y), si troverebbero esattamente su una retta.

Da una serie di misure otteniamo coppie di *dati*, indicati con dei *simboli* (• in Fig. 9.1), che *potrebbero* approssimativamente essere descritti da una *rela-*

G. Ciullo, *Introduzione al Laboratorio di Fisica*, UNITEXT for Physics,
DOI: 10.1007/978-88-470-5656-5_9, © Springer-Verlag Italia 2014

zione funzionale di tipo lineare, come si osserva dalla *linea continua* riportata in Fig. 9.1.

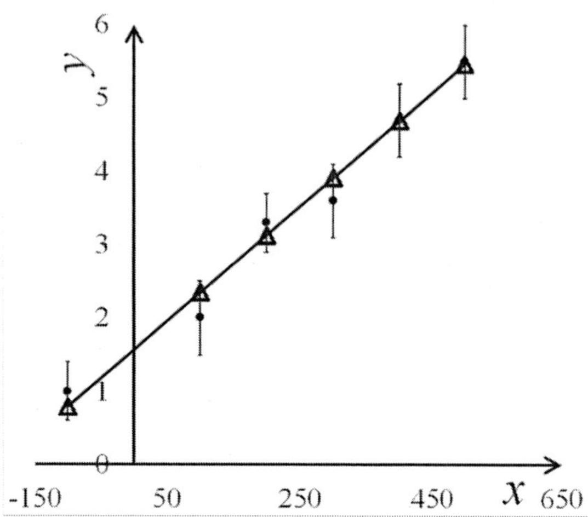

Figura 9.1 Coppie di dati sperimentali (x_i, y_i) indicati su grafico x, y come punti o con simboli (qui con $\bullet$) e corredati delle rispettive barre ($\perp$) di incertezza. La retta che meglio approssima tali dati si indica con una linea, in questo caso continua. Nel grafico sono etichettati, solo per motivi didattici, anche i valori Y_i, ($\triangle$), dedotti dalla retta.

L'obiettivo che ci proponiamo è di trovare la retta, che meglio si adatta ai dati sperimentali. Inizieremo con un *approccio intuitivo*, estensione di quanto già accennato nella prima parte del libro (Cap. 6), detto *metodo dei minimi quadrati* per una retta. Poi mediante *il principio di massima verosimiglianza*, in una cornice formale più solida, ripercorreremo lo stesso studio.

Quest'ultimo approccio permette di capire il significato delle varie stime ottenute, e soprattutto trarre considerazioni statistiche.

9.2 Il principio di massima verosimiglianza: la regressione lineare

Per l'approccio intuitivo, sulla linea di quanto si era abbozzato per la soluzione grafica (Cap. 6), dove avevamo scelto solo i due punti più estremi di tutti i dati. Ora cerchiamo la *migliore retta*, che si adatti a tutti i dati, quindi che passi il più vicino possibile a tutti i punti sperimentali (x_i, y_i), indicati con $\bullet$ in Fig. 9.1. Graficamente potremmo visualizzare la situazione con una retta, che passi in media vicino ai punti riportati, *entro le barre di incertezza*, quindi nell'intervallo individuato dalla migliore stima di ogni punto $\pm$ l'incertezza corrispondente. Nel grafico abbiamo riportato solo le incertezze lungo le ordinate (δy_i) per i dati y_i della variabile dipendente.

La regressione lineare si applica utilizzando come variabile indipendente (x), la grandezza con minore incertezza relativa, al punto da trascurarla, e come variabile dipendente y la variabile con le incertezze relative $\delta y_i / |y_i|$ maggiori.

Si consideri ogni singolo dato y_i ($\bullet$ in Fig. 9.1) misurato in corrispondenza di x_i, per il quale si cerca una *relazione lineare* del tipo $Y = A + Bx$, percui per x_i si avrà $Y_i = A + Bx_i$ ($\triangle$ in Fig. 9.1). I punti sulla retta non si indicato sui grafici, qui per questioni didattiche li abbiamo resi evidenti.

Per convenzione per leggi o modelli (funzioni) si utilizzano solo le linee.

Usiamo Y in maiuscolo per distinguere tra i valori dedotti dall'equazione della retta (o in generale per una legge teorica) ed i dati espressi in minuscolo y.

Sui dati osservati dobbiamo cercare di trovare la soluzione, per la quale la differenza con la retta sia minima possibile.

Con cosa possiamo confrontarci, per ritenere sufficientemente minima questa differenza?

Come al solito confrontiamo la differenza $y_i - Y_i$ con l'incertezza δy_i, sotto la considerazione che ogni y_i tenda ad una gaussiana e che quindi l'incertezza sia espressa come somma delle varie varianze. In vari testi si usa il simbolo σ tipico delle varianze – ogni grandezza tende ad una gaussiana – che esprime le incertezze totali δy_i di ogni y_i, dedotte dalle varianze, quindi assimilabili ad una gaussiana.

Nello studio approssimativo del Cap. 6, ci eravamo limitati alla prima ed all'ultima coppia di dati, ora vogliamo che la retta passi "in prossimità" di tutte le y_i.

Per comprendere il caso in cui la differenza $y_i - Y_i$ sia negativa e positiva, prendiamo il quadrato $(y_i - Y_i)^2$, e lo confrontiamo quindi con $(\delta y_i)^2$.

Percui cerchiamo Y_i, tale che la relazione:

$$\left(\frac{y_i - Y_i}{\delta y_i} \right)^2 \quad \text{sia minima per tutte le } i.$$

Se vogliamo che la condizione sia verificata per tutti i dati y_i, le $Y_i = A + Bx_i$ e le incertezze δy_i delle variabili dipendenti delle N coppie di dati, si deve studiare il minimo dei seguenti quadrati:

$$min \left\{ \sum_{i=1}^{N} \left(\frac{y_i - Y_i}{\delta y_i} \right)^2 \right\}, \tag{9.1}$$

da cui il nome *metodo dei minimi quadrati*[1].

Nell'approccio intuitivo cerchiamo quindi di trovare una retta $Y = A + Bx$, tale che per ogni valore $Y_i = A + Bx_i$ lo scarto quadratico tra valore sperimentale e valore stimato con la retta sia minimo. Dove per il minimo i termini di paragone sono le incertezze di ogni misura δy_i.

---

[1] Il metodo dei minimi quadrati è stato introdotto da Gauss per calcolare, dove avrebbero trovato Cerere, dopo il passaggio dietro al sole. Piazzi trova Cerere nel 1801 con il telescopio dell'osservatorio di Palermo, ne misura alcune posizioni e poi Cerere sparisce dietro al sole. Con i dati di Piazzi nessuno trova più Cerere. Gauss inventa il metodo dei minimi quadrati, prevede dove si troverà e così gli astronomi ritrovarono immediatamente Cerere (prof. P. Dalpiaz).

Questo approccio intuitivo permette di "accettare" facilmente, quanto richiesto dalla (9.1). Per comprendere a pieno tale argomento, bisogna procedere con un *approccio formale*.

Assumiamo che ogni singola misura y_i segua una distribuzione gaussiana, per questo si presenta tale discussione *per incertezze del tipo* σ, *da intendersi, dedotte dalla varianza totale* e non solo come incertezze casuali.

Dal punto di vista formale la discussione seguente riguarda incertezze espresse come varianze, dato che le grandezze tendono ad una gaussiana e l'incertezza individua un intervallo previsionale di un valore atteso.

Dobbiamo quindi trovare i parametri A e B ideali, che ci permettano di ottenere per un dato x_i il valore vero $Y_i = A + Bx_i$, con la maiuscola si indica il parametro di centralità della curva di Gauss $G_{Y_i,\sigma_i}(y)$. Abbiamo usato il semplice simbolo σ_i, dato che si considera solo l'incertezza sulla variabile dipendente y e quindi non risulta necessario riportarlo. Inoltre utilizzeremo tale distinzione per σ_i^2 indichiamo la *varianza totale*, se necessaria per questioni di visualizzazione e per questioni mnemoniche, che non è altro che $(\delta y_i)^2$, e quindi terremo il simbolo σ_{y_i} per la sola incertezza casuale.

Se y_i segue la distribuzione gaussiana suddetta, la probabilità di ottenere il valore y_i sarà proporzionale a:

$$P_{Y_i,\sigma_i}(y_i) \propto \frac{1}{\sigma_i}\mathrm{e}^{-(y_i-Y_i)^2/2\sigma_i^2} \, ,$$

dove il valore centrale della gaussiana sarà espresso da una relazione funzionale, nel caso particolare della regressione lineare $Y_i = A + Bx_i$.

Dai dati y_i e x_i si devono determinare dei parametri per descrive la legge, per il caso della regressioni lineare i due parametri A e B .

Esplicitiamo questo al pedice di P, che quindi risulta funzione dei parametri A e B:

$$P_{A,B}(y_i) \propto \frac{1}{\sigma_i}\mathrm{e}^{-(y_i-A-Bx_i)^2/2\sigma_i^2} \, . \tag{9.2}$$

Le y_i sono stocasticamente indipendenti, percui la probabilità di ottenere tutte le misure y_i sarà data dal prodotto delle singole probabilità espresse dalla (9.2):

$$P_{A,B}(y_1, \ldots, y_N) = P_{A,B}(y_1) \cdots P_{A,B}(y_N) \propto$$

$$\propto \left(\prod_{i=1}^{N} \frac{1}{\sigma_i}\right) \mathrm{e}^{-\chi^2/2} \, ,$$

dove il simbolo $\prod_{i=1}^{N}$, indica il prodotto dei termini con pedice i, con i che va da uno ad N, che non ha influenza nella stima dei parametri che massimizzano, la probabilità rispetto ad A ed a B, e l'esponente χ^2 (detto *chi–quadro*) risulta essere:

$$\chi^2 = \sum_{i=1}^{N} \left(\frac{y_i - A - Bx_i}{\sigma_i} \right)^2 . \tag{9.3}$$

Per il principio di massima verosimiglianza si ha che i parametri A e B, ottimali, sono quelli, per i quali sarà massima la probabilità $P_{A,B}(y_1,...,y_N)$, ovvero quando è minimo l'argomento dell'esponenziale negativo: χ^2.

Bisogna, quindi, trovare le soluzioni per A e B, che rendano minimo il χ^2, la somma dei χ_i^2 espressi in parentesi tonde nella (9.3):

$$min\left\{ \chi^2 \right\} \equiv min\left\{ \sum_{i=1}^{N} \chi_i^2 \right\} . \tag{9.4}$$

Si osservi come, sia con l'approccio "intuitivo", che con quello "formale", si giunge alla stessa conclusione che la *migliore retta* – ovvero i migliori parametri A e B – è quella che *rende minimo* il χ^2.

Lo studente prenda coscienza dell'uguaglianza tra la (9.4) e la (9.1), attraverso l'espressione del χ^2 secondo la (9.3), per il fatto che seppure espressi in modo diverso per questioni formali, δy_i e σ_i sono le radici quadrate delle varianze, o meglio le incertezze totali dedotte dalle varianze, quindi non solo le incertezze casuali (che qui distinguiamo con il simbolo σ_{y_i}).

È opportuno ricordarlo ed evidenziarlo ancora una volta:

> Le formule del χ^2 e la sua minimizzazione secondo la (9.3) e la (9.4), si applicano alle incertezze totali δy_i. Dato che qualsiasi grandezza tende a risultare di tipo gaussiano, l'incertezza totale è spesso confusa con quella solo casuale in quanto si utilizza il simbolo σ_i per necessità visiva o formale nell'ambito della statistica.

Le considerazioni sopra possono estendersi anche a incertezze di intervalli del 100 %. Come si vogliono riportare tali incertezze dipende dal tipo di considerazione e dalla situazione reale, sulla base di quanto discusso si stimola lo studente ad orientarsi verso le varianze: $\delta y_i = \sqrt{\sigma_{y_i}^2 + \varepsilon_{y_i}^2/3 + \eta_{y_i}^2/3}$, dove $\sigma_{y_i}^2$ sono le sole incertezze casuali. In questo capitolo useremo l'equivalenza tra $\sigma_i \equiv \delta y_i$, per questioni formali o visive nelle formule.

Spesso nei corsi introduttivi si usa $\delta y_i = \sqrt{\sigma_{y_i}^2 + \varepsilon_{y_i}^2 + \eta_{y_i}^2}$, che però dal punto di vista statistico confonde incertezze con previsioni al 68 % con quelle al 100 %. In quest'ultimo caso si avrebbe una stima superiore dell'incertezza, ma non si incorrerebbe nell'errore di rigettare un'ipotesi, che dovrebbe essere accettata, per questo è tollerabile.

L'importante è ricordare che nella formula del χ^2 si deve considerare l'incertezza totale δy_i. Errore ricorrente e grave è al contrario utilizzare nella formula del χ^2 le incertezze solo casuali, a causa della confuzione del simbolo σ, utilizzato per le varianze in genere e non solo per quelle casuali.

Dopo aver chiarito i termini e con la speranza di aver distinto opportunamente il loro significato, vediamo come minimizzare il χ^2.

Ormai è un procedimento noto: lo studio degli estremi di una funzione, vista come dipendente dai parametri che si vogliono ottimizzare.

Bisogna calcolare la derivata rispetto al parametro sotto indagine, ma dato che la funzione dipende da più variabili, usiamo formalmente la derivata parziale del χ^2, rispetto al parametro, che interessa trovare.

La soluzione, che annulla tale derivata, è la migliore stima del parametro per il quale si sta studiando la minimizzazione.

Di seguito, se non inquadrati nella discussione formale della densità di probabilità gaussiana. useremo per le incertezze δy_i. Quando dovremo esprimere la funzione densità e/o collegarci a teoremi, che usano le varianze, useremo per esprimere le incertezze σ_i. Cercheremo di concludere l'argomento richiamando nella formule finali l'incertezza totale espressa con δy_i, per evitare l'utilizzo improprio, considerando la sola incertezza casuale σ_{y_i}.

Caso semplificato: $\delta y_i = cost = \delta y$ *per ogni* y_i ($\equiv \sigma_i = \sigma$)

Facciamo una *semplificazione: assumiamo* che tutte le misure y_i abbiano *la stessa incertezza* ovvero $\delta y_i = \delta y$. Grazie a questa semplificazione si può portare δy fuori dalle sommatorie

Riportiamo lo studio di minimizzazione del χ^2 rispetto al parametro A:

$$\frac{\partial \chi^2}{\partial A} = \frac{\partial}{\partial A} \sum \frac{(y_i - A - Bx_i)^2}{(\delta y)^2} =$$

$$= \frac{1}{(\delta y)^2} \sum \frac{\partial}{\partial A}(y_i - A - Bx_i)^2 =$$

$$= \frac{1}{(\delta y)^2} \sum 2(y_i - A - Bx_i)\frac{\partial}{\partial A}(y_i - A - Bx_i) =$$

$$= \frac{1}{(\delta y)^2} \sum 2(y_i - A - Bx_i)(-1) \overset{\text{impongo}}{=} 0 \, .$$

Perché si annulli la derivata parziale del χ^2 rispetto al parametro A, si deve annullare il numeratore dell'ultimo membro:

$$\sum y_i - \sum A - \sum Bx_i = 0 \equiv \sum y_i - NA - B\sum x_i = 0 \equiv$$

$$\equiv \sum y_i = NA + B\sum x_i \, . \tag{9.5}$$

Abbiamo un'equazione, la (9.5), e due incognite A e B, per poterle calcolare ci serve un'altra equazione, che otterremo dalla minimizzazione del χ^2 rispetto al parametro B:

$$\frac{\partial \chi^2}{\partial B} = -\frac{2}{(\delta y)^2} \sum x_i(y_i - A - Bx_i) \overset{\text{impongo}}{=} 0 \, ,$$

da cui si ottiene:

$$\sum x_i y_i = A \sum x_i + B \sum x_i^2 \, . \tag{9.6}$$

Abbiamo due equazioni la (9.5) e la (9.6) (dette *equazioni normali*) in due incognite A e B, che ci permettono di ottenere per i parametri della retta:

$$A = \frac{\sum x_i^2 \sum y_i - \sum x_i \sum x_i y_i}{N \sum x_i^2 - (\sum x_i)^2} \, , \tag{9.7}$$

e

$$B = \frac{N \sum x_i y_i - \sum x_i \sum y_i}{N \sum x_i^2 - (\sum x_i)^2} \, . \tag{9.8}$$

Ricaviamo le migliori stime dei parametri A e B dalle coppie di dati (x_i, y_i) mediante la (9.7) e la (9.8).

Si osservi che al denominatore delle equazioni compare la stessa quantità, che indicheremo semplicemente con Δ (lettera greca delta maiuscola):

$$\Delta = N \sum x_i^2 - \left(\sum x_i \right)^2 \, ,$$

che, osserviamo, dipende solo dalle x_i.

Nella *stima dei parametri A e B non figurano le incertezze* δy_i sulle y_i. Sono state considerate uguali per ogni i, percui non influenzano la minimizzazione del χ^2.

9.3 Incertezze sui parametri A e B della retta $y = A + Bx$

La relazione lineare può essere utilizza per misurare una grandezza per esempio dalla pendenza della curva (B) o dall'intercetta con l'asse y (A), o vedremo (Par. 9.6) anche un valore y per una data x mediante la legge $Y = A + Bx$.

Parliamo di misure e si devono fornire anche stime sulle incertezze sui parametri A e B – e l'incertezza sul valore y stimato per una data x– sulla base della relazione $Y = A + Bx$.

Limitiamoci per ora ai parametri della retta $Y = A + Bx$, dedotti mediante il metodo dei minimi quadrati.

Per ottenere le incertezze sui parametri, riteniamo opportuno, ai fini della comprensione e per evitare confusione, proporre il calcolo per almeno uno (p.e. A) dei parametri. Sebbene abbastanza artificiosa matematicamente per un corso introduttivo di laboratorio, la derivazione, o almeno le indicazioni per la derivazione, risulta necessaria e utile, per capire da dove si ottengono alcune formule, utilizzate spesso *"sine grano salis"* per la stima delle incertezze.

Soprattutto per distinguere tra ciò, che si stima dai dati, e ciò, che si potrebbe "presumere" dall'ipotesi, che tutti i punti siano descritti bene dalla curva ideale, trovata secondo la relazione $Y = A + Bx$. Questo per evitare soprattutto di applicare alcune relazioni in modo improprio.

Per stimare l'incertezza sui parametri A e B, partiamo da A espresso secondo la (9.7):

$$A = \frac{\sum x_i^2 \sum y_i - \sum x_i \sum x_i y_i}{\Delta}$$

e, poniamo l'attenzione sul fatto, che abbiamo assunto, che le incertezze su x siano trascurabili e quindi sono presenti solo *incertezze* sulla *variabile dipendente y*.

Nel calcolo dell'incertezza su A, nella propagazione degli errori, dobbiamo quindi ricordare che le y_i sono N variabili con le corrispondenti incertezze δy_i, mentre per la *variabile indipendente* x_i le *incertezze* sono *trascurabili*.

Questo ci permette di considerare $\Delta = N \sum x^2 - (\sum x)^2$ costante rispetto alle variazioni (derivate parziali) delle y_i. Dalla regola generale dalla propagazione delle incertezze, se a g sostituiamo A ed alle variabili x, y e z le varie y_i si avrà

$$\sigma_A^2 \approx \left(\frac{\partial A}{\partial y_1}\right)^2 (\sigma_1)^2 + \left(\frac{\partial A}{\partial y_2}\right)^2 (\sigma_2)^2 + \cdots + \left(\frac{\partial A}{\partial y_N}\right)^2 (\sigma_N)^2, \qquad (9.9)$$

dove abbiamo espresso le incertezze come varianze σ_i, perché la (9.9), così espressa ricorda visivamente la combinazione lineare tra varianze riportata a suo tempo per il teorema del limite centrale (Cap. 8).

Come al solito dobbiamo ricordare, che la propagazione riportata in (9.9) vale per incertezze totali δy_i, espresse come varianze σ_i solo per una questione di aggancio mnemonico.

Infatti nella (9.9) si ha che σ_A^2 non è altro che la varianza di una combinazione lineare di variabili aventi varianze σ_i^2.

Si può verificare, che si può esprimere anche A, partendo dalla (9.7), come:

$$A = \frac{\partial A}{\partial y_1}y_1 + \frac{\partial A}{\partial y_2}y_2 + \cdots + \frac{\partial A}{\partial y_N}y_N, \qquad (9.10)$$

percui A è, come richiesto dal teorema del limite centrale, una combinazione lineare di N y_i variabili di varianza σ_i^2.

Quindi il *parametro A tende and una gaussiana*, avente come *valore di aspettazione A* espresso dalla (9.7) e *varianza* σ_A^2 espressa dalla (9.9).

Questo nel caso generale.

Se consideriamo il caso semplice sotto studio, che tutte le varianze siano uguali $\sigma_i^2 = \sigma^2$ per ogni i, la (9.9) diventa

$$\sigma_A^2 \approx \sigma^2 \left[\left(\frac{\partial A}{\partial y_1} \right)^2 + \left(\frac{\partial A}{\partial y_2} \right)^2 + \cdots + \left(\frac{\partial A}{\partial y_N} \right)^2 \right] \qquad (9.11)$$

Il calcolo successivo compreso tra i cuoricini può essere saltato e si può osservare il risultato nella (9.12).

Chi è amante della matematica può addentrarsi anche nella derivazione.

$$\dots \heartsuit \dots \heartsuit \dots \heartsuit \dots \heartsuit \dots$$

Questa parte individuata dai cuori è per chi ama il formalismo matematico, si può tranquillamente saltare e continuare dopo la successiva riga di cuoricini.

Calcoliamo la derivata parziale rispetto a ogni y_i:

$$\frac{\partial A}{\partial y_i} = \frac{1}{\Delta} \frac{\partial}{\partial y_i} \left(\sum x_i^2 \sum y_i - \sum x_i \sum x_i y_i \right) \; .$$

Partiamo dalla prima, la derivata parziale rispetto ad y_1 agirà solo sulla y_1, il resto è da considerarsi costante rispetto al segno di derivazione, quindi per ogni termine la derivata parziale rispetto ad y_i agirà solo sulla y_i con lo stesso pedice i, il resto di tutte le x_i e tutte le altre y_j dove $j \neq i$ saranno da considerarsi costanti ai fini della differenziazione rispetto ad una specifica y_i:

$$\frac{1}{\Delta} \frac{\partial}{\partial y_i} \left(\sum x_i^2 \sum y_i - \sum x_i \sum x_i y_i \right) = \frac{1}{\Delta} \left[\sum x_i^2 \sum \frac{\partial y_i}{\partial y_i} - \sum x_i \sum \left(x_i \frac{\partial y_i}{\partial y_i} \right) \right] ,$$

da cui risulta quindi:

$$\frac{1}{\Delta} \left[\left(\sum x_i^2 \right) (1) - \left(\sum x_i \right) (x_i) \right] \; .$$

Si faccia attenzione che nel termine $\left(\sum x_i \right) (x_i)$, abbiamo appositamente isolato la sommatoria $\left(\sum x_i \right)$ da (x_i), dedotto dalla derivata, in quanto quest'ultimo è un valore fissato, come sarà chiaro nella formula seguente, in cui compaiono x_1, x_2, ... ed infine x_N.

Se consideriamo che le incertezze sulle y_i sono tutte uguali quindi $\sigma_1^2 = \sigma_2^2 = \cdots \sigma_N^2 = \sigma^2$, possiamo portarle fuori dal segno di sommatoria infatti dalla:

$$\sigma_A^2 \approx \left(\frac{1}{\Delta^2} \right) \left[\left(\sum x_i^2 - \left(\sum x_i \right)(x_1) \right)^2 \sigma_1^2 + \cdots + \left(\sum x_i^2 - \left(\sum x_i \right)(x_N) \right)^2 \sigma_N^2 \right] ,$$

passiamo a:

$$\sigma_A^2 \propto \frac{1}{\Delta^2} \sigma^2 \sum \left[\left(\sum x_i^2 \right)^2 - 2 \sum x_i^2 \left(\sum x_i \right) x_i + \left(\sum x_i \right)^2 x_i^2 \right] =$$

$$= \frac{1}{\Delta^2} \sigma^2 \left[N \left(\sum x_i^2 \right)^2 - 2 \sum x_i^2 \left(\sum x_i \right) \sum x_i + \left(\sum x_i \right)^2 \sum x_i^2 \right] .$$

Possiamo mettere in evidenza $(\sum x_i)^2$ e si ottiene al numeratore $(\sum x_i)^2[N\sum x^2 - (\sum x)^2]$ ovvero $(\sum x_i)^2 \Delta$.

$$\ldots \heartsuit \ldots \heartsuit \ldots \heartsuit \ldots \heartsuit \ldots$$

Si ottiene quindi dalla varianza σ_A^2 del parametro A, la corrispondente deviazione standard:

$$\sigma_A = \sigma\sqrt{\frac{\sum x_i^2}{\Delta}} \xRightarrow{\sigma \equiv \delta y} \left\{ \delta A = \delta y\sqrt{\frac{\sum x_i^2}{\Delta}} \right. . \tag{9.12}$$

Allo stesso modo si ottiene per l'incertezza sul parametro B:

$$\sigma_B = \sigma\sqrt{\frac{N}{\Delta}} \xRightarrow{\sigma \equiv \delta y} \left\{ \delta B = \delta y\sqrt{\frac{N}{\Delta}} \right. . \tag{9.13}$$

Si osservi che le *incertezze A e B dipendono dalle incertezze totali sulle y*, etichettate σ per agganciarci al teorema del limite centrale, per il quale A e B sono variabili gaussiane con i valori aspettati dati dalle (9.7) e (9.8) e incertezze rispettivamente date dalle (9.12) e (9.13).

Le incertezze totali nelle equazioni e nella loro deduzione (9.12) ed (9.13) sono etichettate tali per generalità ed uniformità con le variabili gaussiane. Onde evitare confusione abbiamo indicato con le frecce come diventano in fase di applicazione, quindi espresse con simbolo δ.

Le incertezze dipendono dalla situazione sperimentale e da quale tipo di intervallo previsionale è stato preso. In ogni caso si devono utilizzare le incertezze totali e non le sole incertezze casuali.

9.4 Andamento al limite per la regressione lineare

Facciamo notare che nel paragrafo precedente, per stimare le incertezze su A e B abbiamo semplicemente utilizzato la propagazione delle incertezze. La statistica ci permette di fare ulteriori previsioni, che ci permetteranno di abbattere le incertezze di tipo casuale.

Si supponga che tutte le misure y_i siano gaussiane tendenti al valore vero Y_i, espresso da una relazione qualsiasi $Y = Y(x)$ rispetto alle x_i, e aventi tutte la stessa dispersione σ_Y ideale (si noti la Y maiuscola al pedice), pertanto possiamo esprimere la probabilità di ottenere una determinata y_i, che segua questa distribuzione ideale, con centralità $Y_i = Y(x_i)$:

$$P_{A,B}(y_i) \propto \frac{1}{\sigma_Y} e^{-(y_i-Y_i)^2/(2\sigma_Y^2)} \, ,$$

si osservi che si presuppone a priori, che tutte le variabili y_i seguano una gaussiana ideale di valore centrale Y_i espressa dalla legge $Y = Y(x)$, percui $Y_i = Y(x_i)$ dedotta da alcuni parametri – nel caso della legge lineare $Y = A + Bx$ si ha $Y_i = A + Bx_i$ – e che tutte le y_i abbiano la stessa deviazione standard σ_Y, cosa che sarà da dimostrare e vedremo come nel Cap. 11.

Supponiamo sia vero e cerchiamo di ottenere la migliore stima di σ_Y, che chiamiamo *deviazione standard della curva teorica* mediante il principio di massima verosimiglianza applicato a:

$$P_{A,B}(y_1,...,y_N) \propto \frac{1}{\sigma_Y^N} e^{-\Sigma(y_i-Y_i)^2/(2\sigma_Y^2)} \, . \tag{9.14}$$

Se applichiamo il principio di massima verosimiglianza a questa ipotesi, rispetto alla migliore stima di σ_Y, (stesso calcolo fatto per la miglior stima del parametro σ_x nel caso della gaussiana con valore centrale X nella (8.10)) si ottiene:

$$\sigma_Y \text{ (ideale)} = \sqrt{\sum (y_i - Y_i)^2 / N}. \tag{9.15}$$

La formula riportata nella (9.15), non è altro che la distanza media dei punti sperimentali y_i dai punti (Y_i) della retta Y, assunta adatta ai dati. Ma nel quadro della statistica uno stimatore dedotto come valore medio, va diviso per i gradi di libertà pertanto, la (9.15) deve essere invece riscritta come:

$$\sigma_Y \text{ (migliore stima)} = \sqrt{\sum (y_i - Y_i)^2 / d} \, . \tag{9.16}$$

dove d sono i gradi di libertà statistici. Quanto espresso nella (9.16) vale per per qualsiasi legge–relazione $Y = Y(x)$, vediamo il caso particolare per la regressione lineare.

Per stimare σ_Y per una regressione lineare nella (9.16), usiamo delle stime dei parametri A e B, dedotte dai dati sperimentali, A dalla (9.7) e B dalla (9.8).

Le stime dei parametri A e B risultano essere due vincoli statistici, percui σ_Y sarà data dalla somma degli scarti quadratici diviso i gradi di libertà $d = N - c$, ovvero $N - 2$, fornendo per σ_Y di una retta:

$$\sigma_Y \overset{Y=A+Bx}{=} \sqrt{\sum_{i=1}^{N} (y_i - A - Bx_i)^2 / (N-2)} \, . \tag{9.17}$$

Il numero di dati disponibili sono da considerare rispetto all'estremo della sommatoria, che compare nella (9.17), che abbiamo espresso appositamente.

Si usa σ_Y in genere espressa nella (9.16) per qualsiasi relazione funzionale, nel caso della regressione lineare sarà espressa dalle (9.17), per la "deviazione standard della curva teorica" (Y individua proprio il valore di aspettazione di tale curva), che si ottiene per il caso particolare della regressione lineare, *assunto che le coppie dei dati tendano ad una curva gaussiana ideale* $Y = A + Bx$.

È possibile fornire una giustificazione di buon senso, utile anche a ricordare la formula.

- Nel caso in cui avessimo solo due coppie di dati, dato che per due punti nel piano (x, y) passa una sola retta, la (9.15) con a denominatore N fornirebbe per la varianza $\sigma_Y^2 = 0/2 = 0$, non si avrebbe alcuna incertezza sulla curva teorica.
- Invece mediante la (9.17), in cui si utilizzano i gradi di libertà a denominatore, si otterebbe $\sigma_Y^2 = 0/0 = $ indeterminato.

Infatti è impossibile osservare eventuali differenze tra la retta teorica ed i nostri dati, se si prendono solo due coppie di dati.

Nel grafico di Fig. 9.2 le σ_{y_i} ($\equiv \delta y_i$) sono le *barre d'incertezza*, e la σ_Y la *distanza media dei punti teorici dai dati sperimentali* (media statistica e quindi, ovviamente, rispetto ai gradi di libertà, per una retta $d = N - 2$).

Di seguito per σ_Y intenderemo la stima, ovvero quanto espresso nella (9.17).

Per la stima delle incertezze sui parametri, una volta che si sia potuto verificare, che la relazione lineare è quella, che si accorda bene ai nostri dati, solo allora si potrebbe utilizzare σ_Y nella stima delle incertezze sui parametri stessi nelle (9.12) e (9.13), *in sostituzione della sola parte casuale* dell'incertezza nelle δy_i sulle misure y_i.

Questa assunzione va provata e si devono stabilire i criteri, che permettano di verificare, se è in accordo con i dati (Cap. 11).

Dalla semplice propagazione delle incertezze, abbiamo ottenuto quanto espresso in (9.12) e (9.13).

Possiamo fare un'equivalenza tra quanto discusso per le misure ripetute e la regressione lineare. Nel primo caso avevamo la distinzione tra deviazione standard del campione e la deviazione standard della media. Come corrispondenza per la regressione lineare avremo σ_{y_i} e σ_Y. Se verifichiamo che la legge è appropriata per i dati potremo sostituire σ_Y ad ogni σ_{y_i}.

Per questo saranno da definire i limiti di fiducia (significatività), che ci permettano di accettare (rigettare) l'ipotesi fatta, e se accettata quindi ci permetterebbe di abbattere l'incertezza casuale, utilizzando la σ_Y. Non dimentichiamo che, come per la misura di una grandezza, per la quale si sia verificato che segue la distribuzione gaussiana, bisogna rimettere in gioco l'incertezza sistematica. Cosa che per la regressione lineare comporta qualche fatica di calcolo in più.

Considerazioni su σ_{y_i} *e* σ_Y

Prima di inoltrarci in ulteriori approfondimenti e generalizzazioni è opportuno mettere a fuoco meglio la questione relativa a σ_Y deviazione standard della curva ideale e le incertezze δy_i sulle variabili y_i. Nell'assunzione – molto forte e da provare –

che i dati seguano la relazione lineare e che tendano alla distribuzione gaussiana di un valore d'aspettazione $Y = Y(x)$ abbiamo ottenuto una deviazione standard della curva teorica dai punti sperimentali secondo la (9.17), che abbiamo etichettato con la Y maiuscola al pedice, proprio per puntualizzare, che riguarda la retta ideale.

Riportiamo in Fig. 9.2 un dettaglio di Fig. 9.1 per soli tre punti sperimentali con le barre di incertezza, sono indicate anche le distanze (segmenti terminati con frecce) tra punti sperimentali y_i e valori teorici Y_i, corrispondenti allo stesso x_i.

Si osservi che la (9.17) non è altro che la distanza media – statistica – dei valori di aspettazione sulla retta dai punti sperimentali.

Si osserva con chiarezza come tale incertezza in questo caso sia minore delle incertezze di ogni singola misura, espressi sul grafico dalle barre su ogni y_i.

Se possiamo provare che la retta sia la relazione tra y ed x, possiamo usare σ_Y, come *stima delle sole incertezze casuali* nella stima delle incertezze su A (9.12) e su B (9.13), ma questo si può solo dire, dopo avere verificato, che veramente la curva stimata sia opportuna per i nostri dati sperimentali (Cap. 11).

Pertanto dopo l'analisi dei dati e la *conferma che la relazione è appropriata per*

$$\delta y_i = \sqrt{\sigma_{y_i}^2 + \varepsilon_{y_i}^2/3 + \eta_{y_i}^2/3}\,,$$

che vuol dire stimiamo A e B, con i δy_i dei dati, facciamo la verifica che la legge sia appropriata, ancora con le incertezze osservate, eppoi, *se la verifica è positiva*, possiamo sostituire nella stima delle incertezze sui parametri A, B e l'interpolazione, le seguenti incertezze:

$$\delta y_i = \sqrt{\sigma_Y^2 + \varepsilon_{y_i}^2/3 + \eta_{y_i}^2/3}\,,$$

ma solo se la verifica è positiva.

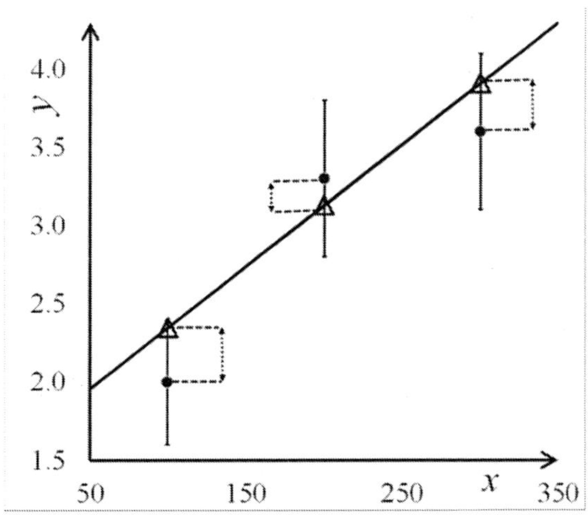

Figura 9.2 Dettaglio di alcuni punti sperimentali della Fig. 9.1, sono evidenziate le distanze tra $y_i(\bullet)$ ed i valori teorici Y_i ($\triangle$), i cui scarti quadratici medi dànno σ_Y. Si confrontino tali differenze con ogni δy_i indicato con le barre ($\perp$) di incertezza.

Abbiamo qui espresso il caso generale incertezze diverse per ogni y_i, per evidenziare meglio la situazione. Il caso in cui le δy_i sono tutte uguali a δy è facilmente deducibile.

In molti testi l'equivoco tra il simbolo σ, utilizzato per le incertezze casuali (in questo testo σ_{y_i}) e per le varianze in generale (σ_i), genera una certa confusione nell'uso delle formule. Per questo abbiamo dato risalto al problema, riscontrato in vari studenti.

9.5 Metodo dei minimi quadrati pesati: δy_i differenti

Abbiamo discusso il caso semplice, in cui tutte le incertezze sulla variabile dipendente fossero uguali, caso che accade talvolta. Purtroppo quasi sempre, si ha che per ogni y_i le incertezze siano diverse δy_i, per questo caso avremo il cosiddetto *metodo dei minimi quadrati pesati*.

La probabilità di ottenere tutti i valori y_i va riscritta, tenendo conto che le δy_i sono differenti – dal punto di vista formale parliamo di variabili gaussiane – in questa derivazione useremo il simbolo σ_i ($\sigma_i \equiv \delta y_i$): per questioni formali in quanto utilizziamo le gaussiane, per descrivere la probabilità di ottenere una y_i, che segua una distribuzione di Gauss di parametri A e B:

$$P_{A,B}(y_1, y_2, \cdots, y_N) = \left(\prod_{i=1}^{N} \frac{1}{\sigma_i} \right) e^{-\chi^2/2} .$$

Per trovare i parametri A e B, che rendano massima la probabilità $P_{A,B}$, si deve minimizzare il χ^2:

$$min\left\{ \sum \chi_i^2 \right\} \quad \text{ovvero} \quad min\left\{ \sum \left(\frac{y_i - A - Bx_i}{\sigma_i} \right)^2 \right\} .$$

Si deriva rispetto ai parametri A e B e si impone, che si annullino le rispettive derivate:

$$\frac{\partial \chi^2}{\partial A} = \sum \frac{2(y_i - A - Bx_i)(-1)}{\sigma_i^2} \overset{impongo}{\frown\!\!\!=} 0 \, ,$$

$$\frac{\partial \chi^2}{\partial B} = \sum \frac{2(y_i - A - Bx_i)(-x_i)}{\sigma_i^2} \overset{impongo}{\frown\!\!\!=} 0 \, .$$

La differenza, rispetto a quanto derivato per il metodo dei minimi quadrati con incertezze uguali per ogni y_i, sta solo nella presenza dei pesi $p_i = 1/\sigma_i^2 (\equiv 1/(\delta y_i)^2$ ricordiamo sempre questa equivalenza), che non si possono portare fuori dal segno di sommatoria, perché variano con il pedice i.

Si ottiene per i coefficienti A e B, utilizzando i pesi p_i:

$$\sum p_i y_i - A \sum p_i - B \sum p_i x_i = 0 \ ,$$
$$\sum p_i x_i y_i - A \sum p_i x_i - B \sum p_i x_i^2 = 0 \ .$$

Se si risolve il sistema delle due equazioni per le due incognite A e B si ottiene:

$$\Delta_{pes} = \sum p \sum px^2 - \left(\sum px \right)^2 \ ,$$

$$A_{pes} = \frac{\sum px^2 \sum py - \sum px \sum pxy}{\Delta_{pes}} \ , \quad B_{pes} = \frac{\sum p \sum pxy - \sum px \sum py}{\Delta_{pes}} \ ,$$

$$\sigma_{A_{pes}} = \sqrt{\frac{\sum px^2}{\Delta_{pes}}} \ , \qquad \sigma_{B_{pes}} = \sqrt{\frac{\sum p}{\Delta_{pes}}} \ .$$

Si osservi che, nel caso in cui i pesi siano tutti uguali, le precedenti formule daranno, ovviamente, come risultato per A e B rispettivamente (9.7) e (9.8), e per le incertezze (9.12) e (9.13).

9.6 Stima dell'incertezza su un valore y interpolato

Dalle relazione $Y = A + Bx$, dedotta dai dati, si può fornire una stima del valore y, per interpolazione dei dati sperimentali.

Per *interpolazione* si intende fornire una stima di y, che etichetteremo y_{interp}, per un valore x, dove x è contenuto nell'intervallo di misura.

Si parla di *estrapolazione* nel caso si voglia fornire un valore fuori dall'intervallo di misura. Tecnica non affidabile, sia dal punto di vista statistico, che dal punto di vista pratico (si pensi ad una molla, si potrebbe fornire un valore dell'estensione della molla oltre la sua deformazione plastica o la sua rottura).

L'incertezza su y_{interp}, che etichetteremo con il simbolo $\sigma_{y(x)}$, ovvero l'incertezza su un valore y dedotto dalla relazione funzionale $y = y(x)$, la cui migliore stima è $Y = A + Bx$, ottenuta con il metodo dei minimi quadrati (o pesati).

Possiamo in prima approssimazione dedurlo dalla relazione: $y = A + Bx$, mediante la propagazione delle incertezze, ovvero

$$\sigma_{y(x)}^2 = \sigma_A^2 + \sigma_B^2 x^2 ...$$

ma si deve considerare $2x\,Cov(A,B) = -2x(\sum x/\Delta)\sigma^2$ [12, 16] termine detto *covariante*.

Un approfondimento della stima dimostrerebbe, che le incertezze minori si hanno per il valore medio delle x_i misurate, mentre agli estremi le incertezze tendono ad aumentare. Questo conferma che l'estrapolazione è arbitraria e in ogni caso con errori presunti non nell'intervallo di stima e tendenzialmente elevati.

L'incertezza sulla y interpolata, si basa sempre sulla propagazione delle σ, che ricordiamo è l'incertezza totale δy. Tale incertezza viene detta anche *incertezza standard della stima*, – per la quale si può riscontrare, come per la deviazione standard del campione per un grandezza ottenuta da misure ripetute – che se N (numero di coppie di dati) è sufficientemente grande,

1. nella zona individuata dalle due rette, ad una distanza verticale $\pm\sigma_{y(x)}$ dalla retta $Y = A + Bx$, si troverà il 68 % delle coppie di punti del campione, incluse incertezze;
2. nella zona individuata dalle due rette, ad una distanza verticale $2 \pm \sigma_{y(x)}$ dalla retta $Y = A + Bx$, si troverà il 95 % delle coppie di punti del campione, incluse incertezze;
3. nella zona individuata dalle due rette, ad una distanza verticale $\pm 3\sigma_{y(x)}$ dalla retta $Y = A + Bx$, si troverà il 99.7 % delle coppie di punti del campione, incluse incertezze.

Facciamo notare che stiamo parlano del *campione di punti incluse le incertezze*, vedremo come questo si estenderà, nel caso si possa accettare che la relazione funzionale sia appropriata, alla popolazione (Cap. 11).

Riteniamo opportuno introdurre qui queste considerazioni, sebbene la verifica che una legge sia appropriata sarà affrontata in seguito.

Se si verifica che la legge assunta è appropriata, in questo caso si dovrà considerare la σ_Y, che sostituisca solo la parte di incertezza casuale in ogni δy_i ed ecco la necessità di utilizzare piuttosto il simbolo δ per l'incertezza totale dedotta come somma delle diverse varianze in gioco.

Dal punto di vista pratico riscriveremmo l'incertezza su y_{interp} come:

$$\sigma^2_{y(x)} = \frac{\sum x^2}{\Delta}(\delta y)^2 + \frac{N}{\Delta}(\delta y)^2 x^2 - 2x\frac{\sum x}{\Delta}(\delta y)^2 \ ,$$

dove per semplicità stiamo considerando il caso semplice, che le incertezze δy_i siano tutte uguali. Altrimenti si dovrebbe fare appello alle stime mediante il metodo dei minimi quadrati pesati e utilizzare il pedice per le varianze $\sigma^2_{y(x)_i}, (\delta y_i)^2$. Per uno sconto al primo anno, si possono utilizzare i valori medi delle rispettive incertezze.

Se si considera solo l'incertezza casuale e si utilizza brutalmente l'incertezza σ_Y, ottenendo come incertezza per l'interpolazione, che etichetteremo per questo $\sigma_{Y(x)}$: $\sigma^2_{Y(x)} = (\sum x^2/\Delta)\sigma^2_Y + (N/\Delta)(\sigma^2_Y)x^2 - 2x(\sum x/\Delta)\sigma^2_Y$, in questo caso le proprietà elencate prima 1, 2 e 3 per $\sigma_{y(x)}$ si possono riscrivere per la $\sigma_{Y(x)}$, ma le conclusioni previsionali sono solo per i *punti*, non tenendo affatto conto delle incertezze sulle misure.

Cosa che crea un po' di confusione, in quanto riporterebbe un risultato con una precisione elevata, anche nel caso di misurazioni con bassissima precisione. E per questo non vogliamo dare evidenza a questa formula, ma stimolare gli studenti ad seguire la giusta strada, sebbene più articolata ed artificiosa.

Incertezze equivalenti su y dovute a incertezze su x

Non sempre ci si può trovare nella situazione di poter trascurare le incertezze sulle x. Se si ha una relazione funzionale $y = f(x)$ le incertezze sulla variabile x, si possono propagare con la regola della differenziazione:

$$\delta y - equ = \left| \frac{\mathrm{d}f}{\mathrm{d}x} \right| \delta x \,,$$

dove per $\delta y - equ$ si è indicata l'*incertezza equivalente*, che si avrebbe sulla y, nel caso, che segua una relazione funzionale del tipo $y = f(x)$, per effetto di un'incertezza sulla variabile x. Questo non è altro che *la propagazione sulla variabile y dell'incertezza su x*.

Si dovrebbe aggiungere il pedice, in quanto, si devono calcolare le incertezze corrispondenti ad ogni x_i.

$$\delta y - equ_i = \left| \frac{\mathrm{d}f(x)}{\mathrm{d}x} \right|_{x=x_i} \delta x_i.$$

Se per ogni y_i si ha un'incertezza δy_i, si aggiungerà a questa anche l'incertezza *equivalente* dovuta alla x_i corrispondente, percui l'incertezza totale sarà data dalla somma in quadratura $\delta y_i^* = \sqrt{(\delta y_i)^2 + (\delta y - equ_i)^2}$. Si può così ricondurre lo studio del caso in cui l'incertezza sulle x_i non sia trascurabile al caso dello studio della regressione con incertezza solo sulle y_i. Si osservi che quanto discusso nei paragrafi predenti, va fatto considerando δy_i^* al posto delle δy_i

Quanto sopra vale per qualsiasi funzione $f(x)$.

Possiamo considerare il caso semplice di $f(x) = A + Bx$, per il quale si ha $\mathrm{d}f/\mathrm{d}x = B$, quindi costante e non dipende dal valore x_i. Si otterrà per la $(\delta y_i^*)^2 = (\delta y_i)^2 + (\delta y - equ_i)^2 = (\delta y_i)^2 + B^2 (\delta x_i)^2$.

Tale δy_i^* va utilizzato nella minimizzazione del χ^2, nonchè come incertezza totale nelle varie discussioni.

Si osservi che per la minimizzazione del χ^2:

$$\min \left\{ \chi^2 = \sum_{i=1}^{N} \frac{(y_i - A - Bx)^2}{(\delta y_i)^2 + B^2(\delta x_i)^2} \right\} \,,$$

se ripercorriamo la minimizzazione, la derivata rispetto a B risulterà più complicata.

Un approccio pragmatico per un laboratorio di fisica del primo anno, sarà ottenere una prima stima grossolana dei parametri A e B, utilizzando le incertezze δy_i. Con B così ottenuto si ricavano le incertezze equivalenti $\delta y - equ_i$, ed le δy_i^*.

Le incertezze δy_i^* sono da considerarsi le incertezze delle variabili y_i per le stime delle incertezze sui parametri, e per la verifica che la legge sia appropriata nel prossimo Cap. 11. Dopo la verifica si considera poi la questione delle sole incertezze casuali σ_{y_i} o σ_Y. In tutto questo giro sicuramente per un'analisi appropriata e raffinata, non ci si può esimere dal dover affrontare il metodo dei minimi quadrati pesati, anche se dal punto di vista didattico può risultare opportuno limitarsi all'approccio del metodo scontato per il primo anno, utilizzando i valori medi delle incertezze, facendo attenzione però alla separazione tra i vari contributi, visto che bisogna tenere traccia separatamente tra quelle casuali e quelle sistematiche.

9.7 Estensione ad altre funzioni

Mediante la linearizzazione delle funzioni, è possibile spesso ricondurre la discussione di una relazione funzionale più complessa al semplice metodo dei minimi quadrati, applicato alla regressione lineare.

L'utilità del tipo di linearizzazione può dipendere da vari fattori, e risulterà più comprensibile dagli esperimenti, che si affronteranno

Prendiamo l'esempio, utilizzato nel corso del testo, del pendolo, per il quale $T = 2\pi\sqrt{l/g}$ può essere studiata come una funzione $y = A + Bx$, dove $y \equiv T^2$ e $x \equiv l$ $(T^2 = T^2(l))$.

O, come proposto dall'inizio, come T funzione di $\sqrt{l}$ anch'essa linearizzata, dove però $y \equiv T$ ed $x \equiv \sqrt{l}$ $(T = T(\sqrt{l})$.

Dato che si misura direttamente T le incertezze δT nel primo caso, propagate alla variabile y, ovvero δy risultano date da a $2T\,\delta T$ si è utilizzata la trattazione di $T = T(\sqrt{l})$, in quanto l'incertezza di lettura sulla y risulterebbe la stessa per tutte. Nell' analisi iniziale dei dati abbiamo incertezze sulle y_i diverse in quanto le incertezze casuali variano $\delta T_i = \sqrt{(\sigma_{T_i}^2) + \varepsilon_T^2/3}$, dove ε_T invece è sempre la stessa per ogni i.

Ma se si dimostra che l'incertezza casuale sarà riconducibile alla σ_Y secondo la (9.17), che etichettiamo qui σ_{Y_T}, allora si avrà come incertezza dopo l'analisi $\delta T = \sqrt{\sigma_{Y_T}^2 + \varepsilon_T^2/3}$, da utilizzare in tutte le formule dedotte per le stime dei parametri di una retta, senza avere la necessità di considerare il metodo dei minimi quadrati, in quanto le incertezze risultano di nuovo tutte uguali. Per questo si è proposto sin dall'inizio la linearizzazione suddetta, piuttosto che $T^2 = T^2(l)$.

Ci possono essere altri tipi di funzioni, ne elenchiamo alcune tra le più diffuse.

- leggi iperboliche $y = A + B/z$
- leggi esponenziali del tipo $z = Ce^{Dx}$,
- polinomiali e regressione multipla,
- leggi lineari del tipo $y = Af(x) + Bg(x)$.

Leggi iperboliche

Sono di immediata conversione in $y = A + Bx$, con la semplice sostituzione della variabile $x = 1/z$, e la propagazione dell'incertezza da z a x.

Leggi esponenziali

Per una legge esponenziale del tipo $z = Ce^{Dx}$, applicando il logaritmo naturale ln ad entrambi i membri si ha:

$$\ln z = \ln C + Dx .$$

Si osserva che z non è lineare in x, ma $y = \ln z$ lo è. Quindi bisognerà ricavare per ogni z_i la corrispondente $y_i = \ln z_i$ e condurre lo studio della regressione lineare per le coppie (x_i, y_i). Una volta ottenuti i coefficienti A e B si possono dedurre il parametro C da $C = e^A$ ed il parametro D semplicemente da B. Mediante la propagazione degli errori si può ricavare anche l'errore sul parametro C dall'incertezza su A, mentre per D si accede direttamente all'incertezza da B.

Polinomiali e regressione multipla

Per le leggi polinomiali, del tipo $y = c_0 + c_1 x + c_2 x^2 + c_3 x^3 + \cdots + c_n x^n$, bisogna determinare per un polinomio di grado n, un numero di parametri pari ad $n + 1$. Si applica sempre il principio di massima verosimiglianza, che significa minimizzare il χ^2 per tutti i parametri.

Consideriamo il caso di un polinomio di secondo grado, percui ci si aspetta una funzione del tipo $y = c_0 + c_1 x + c_2 x^2$

$$\min \left\{ \chi^2 = \sum_{i=1}^{2} \frac{(y_i - c_0 - c_1 x - c_2 x^2)^2}{\sigma_i^2} \right\} .$$

Assumiamo per semplicità che le σ_i^2 siano tutte le stesse ovvero σ, dovremmo derivare il χ^2 rispetto ai tre parametri da determinare.

Ma osserviamo, ritornando sulla regressione lineare, che le equazioni normali si possono ottenere nel modo seguente, partendo da $y = A + Bx$ e facendo le operazioni a destra:

$$y = A + Bx \qquad \text{applico la } \sum \text{ e ottengo :}$$
$$\sum y = \sum A + \sum Bx \qquad \text{la 1}^a \text{ equ. normale;}$$
$$xy = Ax + Bx^2 \quad \text{moltiplico per } x \text{ , applico la } \sum \text{ e ottengo :}$$
$$\sum xy = A \sum x + B \sum x^2 \qquad \text{la 2}^a \text{ equ. normale.}$$

Il risultato della minimizzazione del χ^2 per regressione polinomiale di grado due porterà, seguendo quanto mostrato per la relazione lineare, ed applicando, quanto riportato tra parentesi:

$$y = c_0 + c_1 x + c_2 x^2$$

$$(\textstyle\sum) \quad \textstyle\sum y = \sum c_0 + c_1 \sum x + c_2 \sum x^2 \qquad \text{1}^{\text{a}} \text{ equ. normale,}$$

$$(\textstyle\sum x\times) \quad \textstyle\sum xy = c_0 \sum x + c_1 \sum x^2 + c_2 \sum x^3 \quad \text{2}^{\text{a}} \text{ equ. normale,}$$

$$(\textstyle\sum x^2\times) \quad \textstyle\sum x^2 y = c_0 \sum x^2 + c_1 \sum x^3 + c_2 \sum x^4 \quad \text{3}^{\text{a}} \text{ equ. normale.}$$

Dalle tre equazioni in tre incognite (c_0, c_1 e c_2) è possibile ottenere i coefficienti del polinomio, per esempio con la tecnica dei determinati, nota come regola di Cramer [11]. Ma si osservi la complicazione nel dedurre le incertezze sui parametri, seguendo quanto fatto per il parametro A della regressione lineare, come propagazione delle incertezze sulle colonne dei determinati dipendenti dalle sole y_i, effettuarne i quadrati eppoi le sommatorie. Riteniamo non perseguibile tale complicazione in un corso introduttivo e segnaliamo eventualmente alcuni riferimenti [15,16], dove sono fornite indicazioni, facendo uso delle tecniche di calcolo matriciale.

Vogliamo però indirizzare opportunamente gli studenti, che utilizzano, o utilizzeranno, programmi di calcolo per analisi delle incertezze [13] [4], a verificare, sulla base della regressione lineare e le formule fornite, quale incertezza e quale propagazione i programmi utilizzati processano.

Si potrebbe utilizzare tale software per stimare i parametri e le incertezze, i programmi dovrebbero fornire la semplice propagazione delle incertezze, come dedotta per A e B per derivazione.

Verificare se la legge assunta è appropriata (Cap. 11), ed in caso affermativo, sostituire, nelle incertezze δy_i, le incertezze casuali σ_{y_i} con la stima statistica σ_Y. Ricalcolare quindi le incertezze sui parametri sulla base delle considerazioni statistiche.

Per l'approccio del primo anno l'utilizzo del foglio elettronico tipo Excel [8] è funzionale sia agli studi sulle distribuzioni, gaussiane e le successive, che alla regressione polinomiale, con il limite di ottenere i soli coefficiente del polinomio, senza la propazione delle incertezze.

Il procedimento riportato per la regressione polinomiale, si può estendere alla regressione multipla, ovvero per funzioni di più variabili del tipo

$$z = A + Bx + Cy$$

$$z = A + Bx + Cy \qquad \text{equazione}$$

$$(\textstyle\sum) \quad \textstyle\sum z = \sum A + B\sum x + C\sum y \quad \text{1}^{\text{a}} \text{ equ. normale,}$$

$$(\textstyle\sum x\times) \quad \textstyle\sum zx = A\sum x + B\sum x^2 + C\sum xy \quad \text{2}^{\text{a}} \text{ equ. normale,}$$

$$(\textstyle\sum y\times) \quad \textstyle\sum yz = A\sum y + B\sum xy + C\sum y^2 \quad \text{3}^{\text{a}} \text{ equ. normale.}$$

Funzioni tipo $y = Af(x) + Bg(x)$

Applicando il principio di massima verosimiglianza per la funzione del tipo $y = Af(x) + Bg(x)$ si dimostra che si otterrebbe, quanto ricaviamo qui iterando le operazioni suddette:

$$y = Af(x) + Bg(x) \qquad \text{equazione}$$
$$\left(\sum f(x_i)\times\ \right)\ \sum y_i f(x_i) = A\sum f(x_i)^2 + B\sum f(x_i)g(x_i) \quad 1^{\text{a}}\ \text{equ. normale,}$$
$$\left(\sum g(x_i)\times\ \right)\ \sum y_i g(x_i) = A\sum f(x_i)g(x_i) + B\sum[g(x_i)^2] \quad 2^{\text{a}}\ \text{equ. normale,}$$

nelle quali sono stati esplicitati i pedici i per maggiore chiarezza.

Problemi

9.1. Per il Probl. 6.6 sugli allungamenti di una molla, trovare la relazione lineare con il metodo dei minimi quadrati. Verificare, se il valore atteso per la costante elastica $k_{att} = 920$ N m^{-1}, rientra nell'intervallo di fiducia del 95 %, o si può rigettare l'ipotesi, che non ci sia differenza tra il valore stimato con il campione ed il valore atteso ad un livello di significatività del 5 %.

9.2. Uno studente osserva il moto di un corpo e misura la velocità in m s^{-1}, nei corrispondenti tempi, come riportato in Tabella 9.1. Si assumano le incertezze sui

Tabella 9.1 Misure della velocità v per corrispondenti istanti di tempo t.

i	1	2	3	4
t [s]	-3	-1	1	3
v [m s^{-1}]	4.0	7.5	10.3	12.0

tempi trascurabili e si discutano i seguenti casi:

1. Errore di misura $\varepsilon_v = 1$ m s^{-1}.
2. Errore di misura $\varepsilon_v = 0.1$ m s^{-1} .

Mediante il confronto dei risultati (la retta), con δy e σ_Y chiarire, in quale caso si potrebbe rigettare l'ipotesi, che l'andamento sia lineare. Quali misure dell'accelerazione potrebbe fornire lo studente, per entrambi i casi?

9.3. Per i dati del periodo del pendolo in Tabella 9.2 (si potrebbe anche fare con dati rilevati in classe o a casa), trovare la misura di g dalla linearizzazione $T = 2\pi\sqrt{l/g}$. Confrontare il risultato con $g = 9.81$ m s^{-2}.

Tabella 9.2 Misure di tre oscillazioni di un pendolo, al variare di l. Risoluzione del regolo 1 mm

l	29.5 [cm]	51.0 [cm]	73.0 [cm]	97.5 [cm]
i	$3T$ [s]	$3T$ [s]	$3T$ [s]	$3T$ [s]
1	3.2	4.2	5.0	5.8
2	3.2	4.3	5.1	5.9
3	3.1	4.3	5.1	5.8
4	3.2	4.2	5.0	5.9
5	3.1	4.1	5.2	5.8
6	3.0	4.4	5.1	5.7

9.4. Uno studente misura su un piano orizzontale la compressione e l'allungamento di una molla. Rispetto alla posizione a riposo, $x = 0.0$ mm, osserva, che applicando una determinata forza, le posizioni dell'estremo della molla si trovano come indicato in Tabella 9.3:

Tabella 9.3 Misure della posizione x, applicando una forza F

i	1	2	3	4
F [N]	-4	-2	2	4
x [mm]	-5.4	-3.5	2.8	5.9

La risoluzione del dinamometro è di 0.5 N, la risoluzione del calibro è 1/10 di mm. Verificare la legge di Hooke: $F = -kx$. Fare la verifica di significatività per il valore k, fornito dalla ditta produttrice della molla di 0.7 N mm^{-1}.

9.5. Nella misura di g mediante la tecnica della caduta di un grave, si osserva che il grave viene sganciato, rispetto all'attivazione del sistema cronometrico, con un certo ritardo. Per correggere tale errore di accuratezza si rilevano i tempi di caduta del grave da varie altezze. Calibrare il sistema significa ricavare da $h = 1/2g(t + t_0)^2$

h [mm]	1 437	1 382	1 326	1 208	1 137	1 054
t [s]	0.5520	0.5411	0.5287	0.5057	0.4920	0.4739
σ_t [s]	0.0007	0.0007	0.0035	0.0007	0.0005	0.0006

la misura di t_0. Linearizzare come $t = -t_0 + \sqrt{2h/g}$ e ricavare t_0 con la regressione lineare da $y = A + Bx$, dove $y \equiv t$ e $x \equiv \sqrt{h}$. Si consideri l'incertezza di lettura sul tempo $\varepsilon_t = 0.12$ ms.

9.6. Verificare che le formule del metodo dei minimi quadrati pesati, sia per i parametri che per le rispettive incertezze, nel caso di pesi uguali ($p_i = 1/(\delta y_i)^2$ per ogni i) diano come risultano le equazioni del metodo dei minimi quadrati non pesati.

9.7. Ricavare la seconda equazione normale dalla $\partial \chi^2 / \partial B = 0$.

9.8. Risolvere il sistema delle due equazioni normali per trovare i coefficienti A e B.

10

Dalla correlazione alla covarianza

In questo capitolo mediante il metodo dei minimi quadrati (MMQ) si ricaverà uno stimatore, coefficiente di correlazione lineare r, utile per stabilire, se due grandezze sono correlate linearmente tra di loro. Tale coefficiente per una serie di misure (x_i, y_i) risulta connesso alla loro covarianza.

Questa connessione permette di giustificare in modo rigoroso la somma in quadratura e chiarire il limite per la somma lineare come errore massimo nella propagazione degli errori.

10.1 Coefficiente di correlazione lineare

Per introdurre il coefficiente di correlazione partiamo da un esempio semplice: supponiamo di aver registrato dei valori di posizione di un oggetto in moto in funzione del tempo: le coppie di dati (x_i, y_i) sono (1, 6), (3, 5) e (5, 1). Le dimensioni sono rispettivamente per x tempo, espresse in secondi, per y lunghezza, in centimetri.

Caso a: adattamento di una retta $y = A + Bx$ a coppie (x_i, y_i).

Si trovi il miglior adattamento di una retta mediante il metodo dei minimi quadrati (MMQ) alle coppie di dati (x_i, y_i): (1, 6), (3, 5) e (5, 1).

L'analisi dimensionale sulle formule, che seguiranno, permetterà di tenere sotto controllo i cambiamenti di variabile.

Riportiamo in ordine i dati nella Tabella 10.1. Il metodo dei minimi quadrati fornisce, per la retta $y = A + Bx$, che meglio si adatta ai punti, i seguenti coefficienti: $A=7.75 \pm 1.48$ cm e $B=-1.25 \pm 0.43$ cm s^{-1}.

G. Ciullo, *Introduzione al Laboratorio di Fisica*, UNITEXT for Physics,
DOI: 10.1007/978-88-470-5656-5_10, © Springer-Verlag Italia 2014

Tabella 10.1 coppie di dati (x, y), con x tempo, variabile indipendente ed y posizione, variabile dipendente

Variabile indipendente x [s]	1	3	5
Variabile dipendente y [cm]	6	5	1

Tale retta si deduce dall'aver minimizzato il χ^2:

$$\chi^2 = \sum_{i=1}^{N} \frac{[y_i - (A + Bx_i)]^2}{(\delta y_i)^2}, \tag{10.1}$$

ovvero trovando il minimo degli scarti al quadrato dei dati sperimentali y_i dai valori teorici attesi corrispondenti $Y_i = A + Bx_i$.

L'argomento, cui siamo interessati, è trovare l'andamento della retta rispetto alle coppie di dati, percui non consideriamo le incertezze, ovvero le abbiamo ritenute costanti e quindi ininfluenti alla minimizzazione.

Le incertezze sui parametri A e B si possono ottenere da σ_Y:

$$\sigma_Y = \sqrt{\sum_{i=1}^{N} (y_i - A - Bx_i)^2 \Big/ (N - 2)}$$

la deviazione standard della curva teorica, da utilizzarsi nelle equazioni delle incertezze sui parametri. Sappiamo che fornirà l'incertezza solo tra retta teorica e punti, senza comprendere le incertezze di ogni singola coppia, non considerate.

Adattamento di una retta $y' = A' + B'x$ **alle coppie** $(x'_i \equiv y_i \, , y'_i \equiv x_i)$.

Il MMQ si potrebbe applicare invertendo le variabili. Ovvero utilizzando la precedente variabile dipendente (y), come indipendente (x'), nonché la precedente variabile indipendente (x) come dipendente (y').

Per utilizzare le formule dei minimi quadrati, che minimizzano il χ^2 per la variabile dipendente, dovremmo cercare, mediante tale metodo, una relazione del tipo $y' = A' + B'x'$ per i dati precedenti, con l'inversione delle variabili, sicché x' è la precedente y ed y' è la precedente x.

Riordiniamo i dati in Tabella 10.2, dove valori numerici ed unità di misura rendono evidente l'inversione tra le variabili dipendente ed indipendente della Tabella 10.1 iniziale. La retta che meglio si adatta a (x'_i, y'_i), ottenuta con il MMQ, è data

Tabella 10.2 Coppie di dati (x', y') con le variabili invertite rispetto alla Tabella 10.1

Variabile indipendente x' [cm]	6	5	1
Variabile dipendente y' [s]	1	3	5

adesso dal minimizzare le differenze al quadrato delle y'_i rispetto a $y' = A' + B'x'$:

$$\chi'^2 = \frac{\sum_{i=1}^{N} [y'_i - (A' + B'x'_i)]^2}{(\delta y'_i)^2}.$$ (10.2)

Riportiamo il $\chi - quadro$ in modo completo, anche se non consideriamo le incertezze sulle y'_i, o meglio trattiamo il caso $\delta y'_i = \delta y'$ e non ci interessa il loro valore. Il MMQ in questo caso miminizza il χ'^2 rispetto ai parametri A' e B'. Si ottiene rispettivamente da (9.7) e da (9.8), $A' = 5.86 \pm 1.12$ s e $B' = -0.71 \pm 0.25$ s cm^{-1}, dove nelle formule dei parametri abbiamo utilizzato le variabili x' e y' per calcolare A' e B'. Le incertezze sui parametri sono state dedotte, utilizzando σ'_Y al posto di δy in (9.12) e (9.13).

Le variabili di partenza erano x ed y, quindi riconduciamo quanto dedotto come $y' = A' + B'x'$ alle variabili iniziali x ed y:

$$y' = A' + B'x' \equiv x = A' + B'y ,$$

che riscritta come y in funzione di x diventa:

$$y = -\frac{A'}{B'} + \frac{1}{B'}x .$$ (10.3)

Verifichiamo se l'equazione di y in funzione di x, ottenuta con il MMQ, invertendo le variabili, $x' \equiv y$ e $y' \equiv x$, risulta la stessa, che nel caso si applichi il metodo direttamente.

Etichettiamo i coefficienti ottenuti dall'inversione delle variabili $A^* = -A'/B'$ e $B^* = A/B'$, in modo da riscrivere la (10.3) come:

$$y = A^* + B^*x .$$

Si ottiene $A^* = 8.2$ cm e $B^* = -1.4$ cm s^{-1}, diversi numericamente da A e B, ma consistenti dimensionalmente.

Le rette di regressione $y = A + Bx$ e $y = A^* + B^*x$ sono riportate in Fig. 10.1 insieme ai dati ($\triangle$), dove si osserva la differenza. La retta $y = A + Bx$ è stata ottenuta

Figura 10.1 Retta di regressione lineare per $y = A + Bx$ (linea tratteggiata) e $y = A^* + B^*x$ (linea continua). I dati sono riportati con il simbolo $\triangle$.

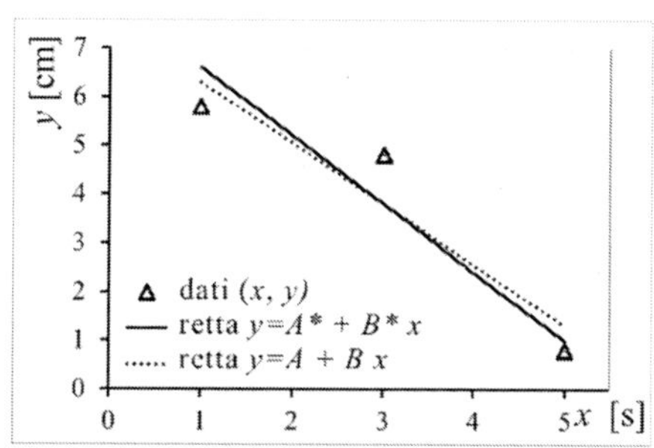

applicando il MMQ alle coppie (x, y), la retta $y = A^* + B^* x$ invece applicando il MMQ alle coppie (x', y') e ricavando A^* e B^* da A' e B'.

Possiamo ricavare le incertezze su A^* e B^*, propogandole da A' e B'. Si ottiene $A^* = 8.2 \pm 3.6$ cm, $B^* = 1.4 \pm 0.5$ cm s^{-1}. Si possono confrontare con A e B e fare considerazioni sulla consistenza dei risultati, considerando le incertezze. Questo può essere un esercizio utile per lo studente, ma non è l'obiettivo di questo argomento.

Caso b: coppie di punti (x, y) disposti su una retta

Quale sarebbe l'andamento della migliore retta, che si adatti ai dati per i due modi diversi, se i tre punti si trovassero precisamente su una retta?

Prendiamo come y_i relativo ad x_i quanto si ottiene da $y = 7.75$ cm - 1.25 cm s^{-1} x per i dati di partenza, e riportiamo le nuove coppie in Tabella 10.3. Se si applica

Tabella 10.3 coppie di dati (x, y) sulla retta dedotta per i dati di partenza

Variabile indipendente x [s]	1	3	5
Variabile dipendente y [cm]	6.5	4	1.5

il MMQ a tali coppie otteniamo, ovviamente, $A = 7.75$ cm, $B = -1.25$ cm s^{-1} (le incertezze sono nulle: $\sigma_Y = 0$, dato che i dati si trovano sulla retta).

Invertiamo le variabili e per $y' = A' + B'x'$, si ottiene $A' = 6.2$ s e $B' = -0.8$ s cm^{-1} (incertezze nulle). Ritorniamo alle variabili iniziali: $B^* = 1/B' = -1.25$ cm s^{-1} e $A^* = -A'/B' = 7.75$ cm .

Nel caso in cui le coppie (x_i, y_i) si trovino su una retta: $B = 1/B' = B^*$, ovvero:

$$BB' = 1 .$$

Calcoliamo questo prodotto BB' per il *caso a*, otteniamo invece $BB' = 0.892$.

Caso c: coppie di dati (x_i, y_i) non correlati

A questo punto ci rimane da considerare il caso, in cui i punti non sono correlati tra loro, prendiamo per esempio i dati in Tabella 10.4. Per la retta $y = A + Bx$, che

Tabella 10.4 Coppie di dati (x, y) non correlati.

Variabile indipendente x [s]	1	3	5
Variabile dipendente y [cm]	2	15	3

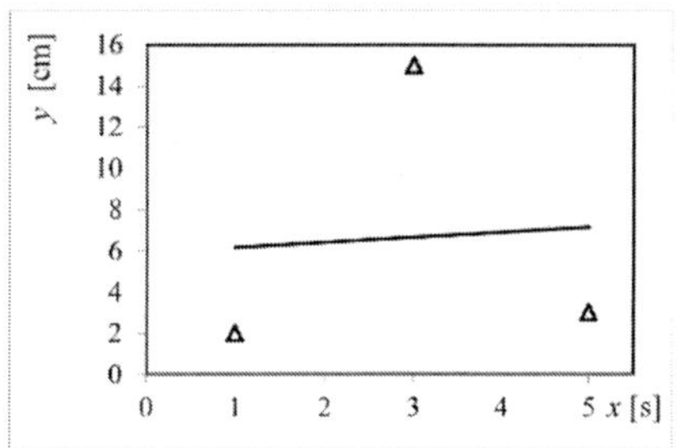

Figura 10.2 Retta di regressione lineare per $y = A + Bx$, dedotta per i dati non correlati della Tabella 10.4.

si adatti meglio a questi dati, ottenuta cone MMQ, si trovano delle costanti con incertezze notevoli $A = 5.91 \pm 12.3$ cm e $B = 0.25 \pm 3.61$ cm s^{-1}. Inoltre, dato che il MMQ tende a minimizzare la distanza tra retta e punti sperimentali rispetto alla variabile dipendente, si osserva come la retta tende a orientarsi orizzontalmente lungo l'asse x (Fig. 10.2).

Applichiamo poi il MMQ invertendo le variabili x e y ovvero per $y' = A' + B'x'$, con le stesse considerazioni di cui ai casi a e b, si ottiene $A' = 2.87 \pm 2.91$ s, $B' = 0.019 \pm 0.85$ s cm^{-1}.

Si osservi come anche nell'inversione delle variabili siano elevate le incertezze sui coefficienti. E anche per questa retta il coefficiente angolare tende a zero.

Se si confrontano i coefficienti delle due equazioni $y = A + Bx$ e $y = A^* + B^*x$, ricordando che A^* e B^* sono dedotti dai coefficienti A' e B', invertendo le variabili per l'applicazione del MMQ, si osserva che sono molto diversi, come è evidente in Fig. 10.3. Si osservi come la retta $y = A + Bx$ tende ad allinearsi con l'asse x, mentre la retta $y = A^* + B^*x$ tende ad allinearsi con l'asse y (il MMQ applicato ad y' minimizza le differenze rispetto alla variabile y', quindi fornendo una retta che tende ad allinearsi con x', che risulta nell'inversione di variabili l'asse y).

In Fig. 10.3. sono riportati i punti non correlati (caso c), la retta $y = A + Bx$, ottenuta applicando il MMQ alle coppie (x_i, y_i), la retta $y = A^* + B^*x$, dedotta applicando il MMQ alle coppie (x'_i, y'_i) e ricavando A^* e B^* da A' e B'.

Si osservi che in questo caso sia B che B' tendono a zero, quindi quanto più le coppie di punti *non seguono un andamento lineare*, tanto più il prodotto BB' *tenderà a zero*.

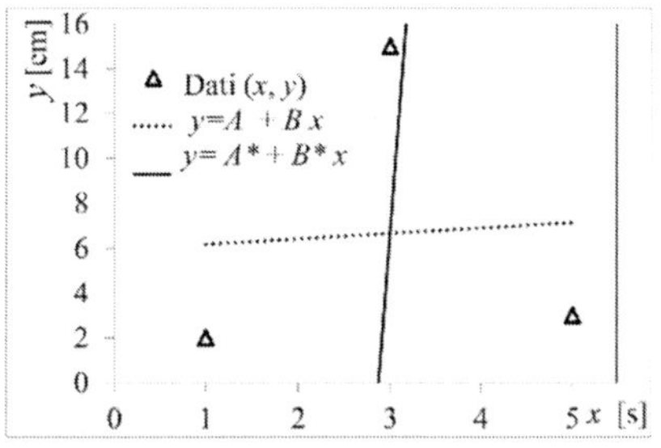

Figura 10.3 Retta di regressione lineare per $y = A + Bx$ e $y = A^* + B^*x$, dedotta da A' e B' nel caso di dati non correlati, indicati con $\triangle$.

Figura 10.4 Sono riportati i dati per il caso a)($\times$), il caso b)($\bullet$) dati su una retta con la retta tratteggiata, caso c) $\triangle$ dati non correlati.

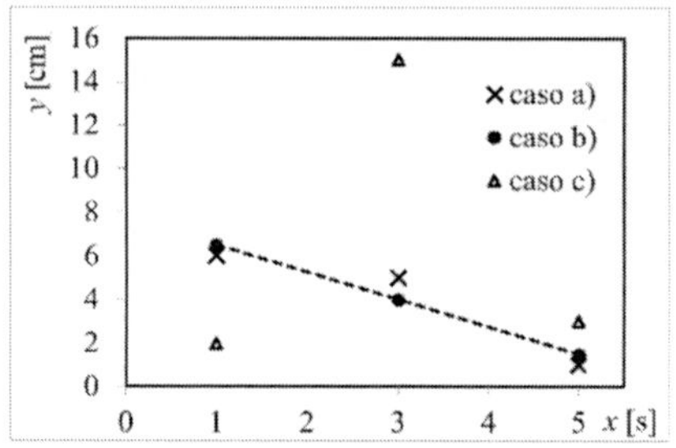

Questo conferma che il prodotto BB' risulta uno stimatore, di quanto siano bene o male correlate linearmente le coppie di punti (x_i, y_i). Quanto più BB' *tende ad uno*, tanto più *le variabili x e y seguono una relazione lineare*; quanto più *tende allo zero tanto meno seguono una relazione lineare*.

Possiamo generalizzare e formalizzare, quanto osservato, e quindi utilizzare poi tale prodotto per verificare, se alcune variabili sono correlate linearmente fra loro.

Riportiamo una sintesi di tutte le situazioni in Fig. 10.4, dove si osserva che:

– coppie di punti su una retta, si ha $BB' = 1$;
– coppie di punti che tendono ad essere *correlati linearmente*, si ha $BB' \rightarrow 1$;
– coppie di punti che tendono a *non* essere *correlati*, si ha $BB' \rightarrow 0$.

10.1.1 Derivazione del coefficiente di correlazione lineare

Quindi il prodotto BB' è un ottimo stimatore della correlazione tra due grandezze. Cerchiamo di generalizzare tale prodotto. Perciò esplicitiamo BB' rispetto alle coppie (x_i, y_i). Il coefficiente B è legato a tali coppie dall'equazione dedotta con il MMQ:

$$B = \frac{N \sum xy - \sum x \sum y}{N \sum x^2 - (\sum x)^2} ,$$ (10.4)

che è la formula generale per trovare il coefficiente B di una serie di coppie di punti (x_i, y_i). Dobbiamo ricavare una descrizione del prodotto BB' rispetto alle coppie distinte anche con l'apostrofo.

Scriveremo la formula sia per B, che per B', ma poi terremo conto che $x' \equiv y$ ed $y' \equiv x$. Nel seguente pannello sono presentati con chiarezza i passaggi ed i cambi di variabile, abbiamo anche utilizzato il simbolo $\times$ per segnalare più esplicitamente il prodotto tra B e B'.

B per $y = A + Bx$	B' per $y' = A' + B'x'$
$B = \frac{N\sum xy - \sum x \sum y}{N \sum x^2 - (\sum x)^2}$ $\times$	$B' = \frac{N\sum x'y' - \sum x' \sum y'}{N \sum x'^2 - (\sum x')^2}$
Dato che $x' = y$ e $y' = x$ si sostituisce in B' e si ha	
$\times$	$B' = \frac{N\sum yx - \sum y \sum x}{N \sum y^2 - (\sum y)^2}$
possiamo quindi ricavare il prodotto $B \times B'$	

$$\frac{N\sum xy - \sum x \sum y}{N \sum x^2 - (\sum x)^2} \times \frac{N\sum yx - \sum y \sum x}{N \sum y^2 - (\sum y)^2}$$

Si definisce *coefficiente di correlazione lineare* e viene indicato con $r = \sqrt{BB'}$ (pertanto BB' è indicato con r^2 o R^2). Per il calcolo di tale coefficiente può risultare comoda la relazione:

$$r = \frac{N\sum xy - \sum x \sum y}{\sqrt{N\sum x^2 - (\sum x)^2}\sqrt{N\sum y^2 - (\sum y)^2}}, \qquad (10.5)$$

in quanto a meno delle sommatorie delle y^2 si dovrebbe già avere organizzato i dati per sommatorie, per il calcolo dei parametri.

Proviamo a fornire un altro modo di esprimere il coefficiente di correlazione. Dato che $\sum x = N\bar{x}$ e $\sum y = N\bar{y}$, si ottiene:

$$BB' = \left(\frac{N\sum xy - N\bar{x}N\bar{y}}{N\sum x^2 - (N\bar{x})^2}\right)\left(\frac{N\sum yx - N\bar{y}N\bar{x}}{N\sum y^2 - (N\bar{y})^2}\right) = \frac{(\sum xy - N\bar{x}\,\bar{y})^2}{(\sum x^2 - N\bar{x}^2)(\sum y^2 - N\bar{y}^2)},$$

da cui si ottiene un modo più pratico per il calcolo rispetto alla (10.5):

$$r = \frac{(\sum xy - N\bar{x}\,\bar{y})}{\sqrt{(\sum x^2 - N\bar{x}^2)}\,\sqrt{(\sum y^2 - N\bar{y}^2)}}. \qquad (10.6)$$

Si osserva che il coefficiente di correlazione r risulta $0 \leq |r| \leq 1$.

Possiamo presentare la (10.6) in un modo, che permette di spiegare la questione della somma in quadratura nel caso di variabili indipendenti, ovvero variabili che risulteranno non correlate tra loro.

Si osservi che $\sum x^2 - N(\bar{x})^2 = \sum(x - \bar{x})^2$, valido anche per la y, nonché per il prodotto misto: $\sum xy - N\bar{x}\,\bar{y} = \sum(x - \bar{x})(y - \bar{y})$.

Quindi il coefficiente di correlazione può essere espresso equivalentemente nel modo seguente:

$$r = \sqrt{BB'} = \left[\sum_{i=1}^{N}(x_i - \bar{x})(y_i - \bar{y})\right] \Big/ \left(\sqrt{\sum_{i=1}^{N}(x_i - \bar{x})^2}\,\sqrt{\sum_{i=1}^{N}(y_i - \bar{y})^2}\right) . \qquad (10.7)$$

Si osservi che al denominatore abbiamo la sommatoria degli scarti quadratici di x_i rispetto al valore medio $\bar{x}$ e anche gli scarti quadratici di y_i rispetto al valore medio $\bar{y}$. Queste sommatorie sono collegate alle varianze rispettivamente di x e di y.

Al numeratore abbiamo invece la sommatoria dei prodotti misti degli scarti. Il coefficiente r in valore assoluto è compreso tra zero ed uno, questo si può dimostrare per le proprietà del prodotto scalare [11], al numeratore tra parentesi quadre della (10.7) abbiamo infatti il prodotto scalare tra due vettori, mentre al denominatore tra parentesi tonde il prodotto dei rispettivi moduli (Par. 10.3).

Risulterà negativo se la pendenza della retta $y = A + Bx$ è negativa e positivo nel caso che la pendenza sia positiva.

Infatti per il caso a) si calcola $r = -0.945$.

10.2 Probabilità di ottenere $|r| \geq |r_O|$ per variabili non correlate

La statistica permette di calcolare la probabilità di ottenere, per due variabili *non correlate*, un coefficiente di correlazione in valore assoluto $|r|$, maggiore del valore osservato ($|r_O|$) per i dati sperimentali.

Il coefficiente r ricavato dai dati viene etichettato con il pedice "O" (come osservato).

Tale probabilità di ottenere un coefficiente di correlazione r maggiore o uguale di quello osservato per N coppie di dati di due *variabili non correlate* è riportata con $P_N(|r| \geq |r_O|)$ ed è tabulata in valore percentuale nella Tabella B.1 rispetto a N e a r, che va da 0.0 a 1.0 in App. B.

L'*ipotesi* è che le *due variabili non siano correlate*, pertanto se si ottiene che:

- la probabilità di ottenere il risultato osservato (r_O) è inferiore ad un livello di significatività del 5 %, la discrepanza tra i dati e l'ipotesi che le variabili non siano correlate è probabilmente significativa, quindi le variabili sono probabilmente correlate;
- la probabilità di ottenere il risultato osservato r_O è inferiore ad un livello di significatività dell' 1 %, la discrepanza tra i dati e l'ipotesi, che le variabili non siano correlate, è altamente significativa, quindi le variabili sono con alta probabilità correlate.

Questo permette di verificare, se due variabili sono tra loro correlate, per procedere poi nella propagazione delle incertezze su una variabile, dipendente da quelle sotto studio, con la somma in quadratura, nel caso di variabili non correlate, o la somma lineare, nel caso di variabili correlate.

10.3 Covarianza e correlazione: somma lineare o in quadratura?

Il coefficiente di correlazione è collegato alla *covarianza di due grandezze x e y*, che compare nella propagazione delle incertezze.

Una funzione g dipendente da più variabili (x, y, z, ...) può essere approssimata, come abbiamo visto (Cap. 4) secondo lo sviluppo in polinomi di Taylor come:

$$g(x,y,z,\cdots) = g(x_0,y_0,z_0,\cdots)+$$
$$+\frac{\partial g}{\partial x}\bigg|_{x_0,y_0,z_0,\cdots}(x-x_0)+$$
$$+\frac{\partial g}{\partial y}\bigg|_{x_0,y_0,z_0,\cdots}(y-y_0)+$$
$$\frac{\partial g}{\partial z}\bigg|_{x_0,y_0,z_0,\cdots}(z-z_0)+$$
$$+\cdots+ \quad \text{altri termini di ordine superiore,}$$

dove abbiamo esplicitato solo i termini al primo ordine.

Per l'analisi delle incertezze g è una grandezza fisica, ottenuta mediante la misura delle grandezze x, y, z e $\cdots$ secondo la relazione funzionale $g(x,y,z,\cdots)$.

Orientiamo tale sviluppo di g in (x, y, z, $\cdots$) in prossimità dei punti ($\overline{x}$, $\overline{y}$, $\overline{z}$, $...\cdots$).

Per semplicità limitiamoci a due sole variabili x ed y. Lo sviluppo alla Taylor vale per qualsiasi coppia di valori (x,y), quindi anche per (x_i,y_i), percui si avrà

$$g(x_i,y_i) \sim g(\overline{x},\overline{y}) + \frac{\partial g}{\partial x}\bigg|_{\overline{x},\overline{y}}(x_i-\overline{x}) + \frac{\partial g}{\partial y}\bigg|_{\overline{x},\overline{y}}(y_i-\overline{y}) \, ,$$

dove si è sviluppata la funzione per (x_i, y_i) in prossimità dei valori medi $(\overline{x},\overline{y})$.

Per semplicità in seguito si ometterà il pedice sotto le derivate parziali, che sta ad indicare che, una volta effettuate le derivate parziali della funzione g, bisogna calcolarle nei valori medi $(\overline{x},\overline{y})$.

Per trovare il valore medio di g, utilizziamo la media aritmetica, quindi:

$$\overline{g} = \frac{1}{N}\sum_{i=1}^{N}g(x_i,y_i) \sim \frac{1}{N}\sum_{i=1}^{N}g(\overline{x},\overline{y}) + \frac{\partial g}{\partial x}\frac{1}{N}\sum_{i=1}^{N}(x_i-\overline{x}) + \frac{\partial g}{\partial y}\frac{1}{N}\sum_{i=1}^{N}(y_i-\overline{y}) \, ,$$

dove si osserva che al terzo membro il 2° ed il 3° termine sono nulli, percui si ottiene come risultato $\overline{g} \sim g(\overline{x},\overline{y})$, che giustifica il fatto di aver usato come buona approssimazione del *valore medio della variabile dipendente g* la relazione funzionale, *calcolata nei rispettivi valori medi delle variabili indipendenti*.

Siamo interessati a questo punto anche alla varianza della funzione g, da cui otterremo quindi la deviazione standard, ribadiamo che in statistica si ha la varianza della popolazione e la varianza del campione:

$$\text{varianza della popolazione} : s_x = \frac{1}{N} \sum_{i=1}^{N} (x_i - \bar{x})^2$$

$$\text{varianza del campione} : \sigma_x = \frac{1}{N-1} \sum_{i=1}^{N} (x_i - \bar{x})^2 \,.$$

Nel caso dell'utilizzo della statistica per la fisica sperimentale, avremo sempre il campione come riferimento.

Nelle considerazioni successive, dividere per N o $N-1$ non cambia i termini della questione, percui svilupperemo i calcoli per la varianza della popolazione e per riportarci alla varianza del campione basterà moltiplicare per $N/(N-1)$.

Per la varianza di g si avrà:

$$s_g^2 = \frac{1}{N} \sum_{i=1}^{N} (g_i - \bar{g})^2 \sim \frac{1}{N} \sum_{i=1}^{N} \left[\frac{\partial g}{\partial x} (x_i - \bar{x}) + \frac{\partial g}{\partial y} (y_i - \bar{y}) \right]^2 \,.$$

Per comodità esprimiamo gli scarti di ogni valore g_i rispetto al $\bar{g}$ mediante il simbolo Δg_i, (stessa cosa per x ed y) quindi avremo:

$$s_g^2 = \frac{1}{N} \sum_{i=1}^{N} (\Delta g_i)^2 \sim$$

$$\sim \frac{1}{N} \sum_{i=1}^{N} \left[\left(\frac{\partial g}{\partial x} \right)^2 (\Delta x_i)^2 + \left(\frac{\partial g}{\partial y} \right)^2 (\Delta y_i)^2 + 2 \left(\frac{\partial g}{\partial x} \right) \left(\frac{\partial g}{\partial y} \right) (\Delta x_i)(\Delta y_i) \right] ,$$

che utilizzando le definizioni di s_x e s_y diventa:

$$s_g^2 = \left(\frac{\partial g}{\partial x} \right)^2 s_x^2 + \left(\frac{\partial g}{\partial y} \right)^2 s_y^2 + 2 \left(\frac{\partial g}{\partial x} \right) \left(\frac{\partial g}{\partial y} \right) \frac{1}{N} \sum_{i=1}^{N} (\Delta x_i)(\Delta y_i) \,,$$

in cui compaiono termini già noti, quali le varianze di x e di y e un termine nuovo, il terzo, dei prodotti misti. Abbiamo ora argomenti più solidi, per affrontare tale prodotto misto, che viene definito *covarianza* ed indicato con il simbolo s_{xy}:

$$\text{covarianza della popolazione} : s_{xy} = \frac{1}{N} \sum_{i=1}^{N} (x_i - \bar{x})(y_i - \bar{y}) \,,$$

$$\text{covarianza del campione} : \sigma_{xy} = \frac{1}{N-1} \sum_{i=1}^{N} (x_i - \bar{x})(y_i - \bar{y}) \,.$$

Si può osservare, che tra il coefficiente di correlazione r tra due grandezze x e y e le rispettive varianze, nonchè la covarianza, si ha una relazione del tipo:

$$r = \left[\sum_{i=1}^{N}(x_i-\bar{x})(y_i-\bar{y})\right] \Big/ \left(\sqrt{\sum_{i=1}^{N}(x_i-\bar{x})^2}\sqrt{\sum_{i=1}^{N}(y_i-\bar{y})^2}\right) =$$

$$= \left[\sum_{i=1}^{N}(x_i-\bar{x})(y_i-\bar{y})\right] \Big/ \left[(\sqrt{N-1})\sigma_x(\sqrt{N-1})\sigma_y\right] =$$

$$= \frac{\sigma_{xy}}{\sigma_x\sigma_y}.$$

Si osserva immediatamente che, se le due grandezze x ed y *non* sono *correlate* linearmente tra loro, $r \to 0$, la sommatoria dei prodotti misti tende a sua volta zero, che diviso per $N-1$ (o N) risulterà ancora più trascurabile.

In caso di *variabili indipendenti* – ovvero *non correlate*– si ha:

$$\sigma_g^2 = \left(\frac{\partial g}{\partial x}\right)^2 \sigma_x^2 + \left(\frac{\partial g}{\partial y}\right)^2 \sigma_y^2,$$

le incertezze si propagano secondo la *somma in quadratura*.

Diversamente se non si ha correlazione. Nel caso che il coefficiente di correlazione sia positivo, ad una sovrastima di x si avrà sempre una sovrastima di y, ad una sottostima di x si avrà sempre una sottostima di y, pertanto ogni prodotto misto nella sommatoria della covarianza sarà positivo e la loro somma non trascurabile. Nel caso invece di un coefficiente di correlazione negativo ad una sovrastima di x corrisponderà sempre una sottostima di y e viceversa, quindi la covarianza sarà negativa.

Possiamo interessarci al caso generale che ci sia o no correlazione, senza preoccuparci se positiva o negativa, osservando che:

$$|\sigma_{xy}| \le \sigma_x\sigma_y,$$

disequazione che giustifica proprio che $0 \le |r| \le 1$.

Tale relazione è ben nota nell'algebra lineare come disuguaglianza si Schwartz [11]. Abbiamo già anticipato, che potrebbe anche chiarirsi sulla base del prodotto scalare tra due vettori. Si pensi a due vettori $\boldsymbol{a}$ e $\boldsymbol{b}$, nello spazio vettoriale $\mathbf{R}^N$, si dimostra che il valore assoluto del loro prodotto scalare $|\sum_i a_i b_i|$, è sempre minore o uguale al prodotto dei moduli dei due vettori $\sqrt{\sum_i a_i^2}$ e $\sqrt{\sum_i b_i^2}$ (nel nostro caso $a_i = x_i - \bar{x}$ e $b_i = y_i - \bar{y}$).

Con queste premesse abbiamo argomentazioni rigorose, che ci permettono di affermare, che nel caso di grandezze correlate l'incertezza ottenuta dalla somma lineare risulta un limite superiore, in quanto si ha:

$$\sigma_g^2 = \left(\frac{\partial g}{\partial x}\right)^2 \sigma_x^2 + \left(\frac{\partial g}{\partial y}\right)^2 \sigma_y^2 + 2\left(\frac{\partial g}{\partial x}\right)\left(\frac{\partial g}{\partial y}\right)^2 \sigma_{xy} \leq$$
$$\leq \left(\frac{\partial g}{\partial x}\right)^2 \sigma_x^2 + \left(\frac{\partial g}{\partial y}\right)^2 \sigma_y^2 + 2\left(\frac{\partial g}{\partial x}\right)\left(\frac{\partial g}{\partial y}\right)\sigma_x\sigma_y,$$

dove si è utilizzata la disuguaglianza $|\sigma_{xy}| \leq \sigma_x\sigma_y$, pertanto

$$\sigma_g^2 \leq \left(\left|\frac{\partial g}{\partial x}\right|\sigma_x + \left|\frac{\partial g}{\partial x}\right|\sigma_y\right)^2.$$

Nel caso di grandezza dipendenti tra loro – ovvero correlate –si ha che

$$\sigma_g \leq \left|\frac{\partial g}{\partial x}\right|\sigma_x + \left|\frac{\partial g}{\partial x}\right|\sigma_y.$$

ottenuta come *somma lineare* delle incertezze risulta un *limite superiore* per l'incertezza su g.

Lo studio della covarianza, potrebbe permettere di ridurre l'incertezza, nel caso che risulti negativa. Per un corso del primo anno ci limiteremo alla considerazione, che se la verifica sulla probabilità di ottenere $|r| \geq r_O$ risulta significativa, quindi le variabili sono da ritenersi correlate, allora non si può propagare l'incertezza in quadratura.

In un laboratorio didattico spesso non è contemplata la verifica per qualsiasi relazione, e quindi tranne in casi evidenti, in cui si osservi, che si ha o non si ha correlazione, in caso di dubbio e di non aver effettuato la verifica, si propagheranno le incertezze in somma lineare, con la certezza di non averle sovrastimate.

Problemi

10.1. Trovare $y = A + Bx$ ed $y' = A' + Bx'$ e ricondurre quest'ultima alle variabili di partenza secondo la relazione $y = A^* + B^*x$, sia per il caso a) che per il caso c).

10.2. Per il Probl. 6.6, relativo all'estensione di una molla, verificare con r_O –si utilizzi la (10.6) – se la verifica sulla non correlazione è significativa e pertanto m e Δl siano da ritenersi correlate.

10.3. Per i dati del pendolo del Probl. 9.3 verificare, per quale delle due relazioni $T = A + Bl$ o $T = A + B\sqrt{l}$ risulta il coefficiente di correlazione lineare più alto e fare la verifica di significatività per la non correlazione. Si confrontino i risultati con le considerazioni su δy e σ_Y rispettivamente.

10.4. Nella misura della caduta del grave il tempo è dedotto da $t = n/n_{un}$, per verificare se la propagazione delle incertezze su t si può effettuare con la somma in quadratura, osserviamo i conteggi durante la caduta del grave per una data quota variando n_{un}.

n_{un} [kHz]	100	81	61	42
n	53 545	43 421	33 011	22 755

10.5. Per il Probl. 9.5 verificare se h e t sono correlate o no, per giustificare se nella misura di $g = 2h/(t + t_0)^2$ si debbano sommare le incertezze in quadratura.

La verifica del χ^2

In questo capitolo si affronterà la verifica cosiddetta del chi-quadro (χ^2), che permette di fornire il livello di fiducia, che una relazione funzionale, o una data distribuzione di probabilità, siano in accordo con i dati osservati.

Inizieremo a considerare tale verifica per il caso di una relazione funzionale, in quanto di più immediata comprensione e continuità didattica. Osserveremo poi, che anche per le distribuzioni di probabilità si troverà una descrizione, riconducibile al chi-quadro, ed applicheremo, in questo capitolo, tali considerazioni soprattutto alla densità di probabilità gaussiana.

Nei successivi capitoli estenderemo tale verifica ad altre distribuzioni di probabilità, una volta presentate.

11.1 Verifica del χ^2 su una relazione funzionale

Partiamo dalla stima di una relazione funzionale del tipo $y = f(x)$, dedotta mediante il metodo dei minimi quadrati (MMQ) sulla base dei dati sperimentali.

Come esempio riportiamo in Tabella 11.1 sei coppie di dati (x_i, y_i), con i rispettivi errori sulla variabile dipendente y, indicati nel capitolo dedicato alla regressione lineare con σ_i, perché formalmente inquadrati in una discussione statistica, ma equivalenti a δy_i, espressione dell'incertezza totale, comunque dedotta dalle rispettive varianze dei vari tipi di incertezze.

Riportiamoci adesso, secondo quanto premesso nel Cap. 9, alla discussione della *minimizzazione del* χ^2, considerando gli scarti quadratici rispetto all'*incertezza totale* di ogni singola stima y_i, *utilizziamo* δy_i *per le incertezze totali*. Quindi consideriamo, rispetto ad ogni valore aspettato Y_i, lo scarto corrispondente (Δy_i) tra tale valore e la misura y_i ed infine il rapporto tra lo scarto e l'incertezza totale δy_i.

Tale rapporto è stato chiamato χ_i , la minimizzazione della somma dei quadrati per ogni i, detta χ^2, è stata perseguita con il metodo dei minimi quadrati (MMQ)

G. Ciullo, *Introduzione al Laboratorio di Fisica*, UNITEXT for Physics,
DOI: 10.1007/978-88-470-5656-5_11, © Springer-Verlag Italia 2014

Riportiamo dunque il χ^2:

$$\chi^2 = \sum_{i=1}^{N} \chi_i^{\,2} = \sum_{i=1}^{N} \left(\frac{y_i - Y_i}{\delta y_i}\right)^2 , \tag{11.1}$$

dove N è il numero di coppie di dati (x_i, y_i), e Y_i il valore ottenuto da una relazione funzionale $y = f(x)$.

Abbiamo introdotto il χ^2 per la regressione lineare, ma si esprime nello stesso modo per qualsiasi relazione funzionale y, dalla quale si deduca ogni $Y_i = y(x_i)$, come riportato appositamente nella (11.1).

La *verifica del* χ^2 *è un controllo*, a posteriori, proprio *sulla minimizzazione* del χ^2 nella (11.1) e fornisce una valutazione quantitativa dell'accettabilità dell'ipotesi, che la relazione funzionale $y = f(x)$, trovata dall'analisi dei dati, o assunta tale a priori, sia il modello teorico adatto ai dati sperimentali.

Useremo come esempio didattico, per introdurre tale verifica, la relazione funzionale di tipo lineare e *ribadiamo*, che tale *verifica vale per qualsiasi tipo di relazione, dedotta dai dai sperimentali, o assunta a priori.*

In Tabella 11.1 sono riportate coppie di dati e i calcoli successivi, per ottenere il chi-quadro. Riportiamo in Fig. 11.1 i dati, le barre di incertezza e la retta, dedotta con il metodo dei minimi quadrati non pesati, nonostante, si osservi il grafico, non siamo nella situazione di avere le incertezze sulle y tutte uguali (questa è una semplificazione didattica, o uno sconto per il primo anno, la discussione è equivalente ricavando i coefficienti con il MMQ pesati).

Tabella 11.1 Coppie di dati (x_i, y_i), incertezze totali δy_i del corrispondente valore y_i, valori aspettati Y_i. In questo caso ottenuti dalla relazione $Y_i = A + Bx_i$. Scarti tra valori aspettati e valori sperimentali Δy_i, loro rapporto con le δy_i, etichettato χ_i, ed infine i corrispondenti $\chi_i^{\,2}$

i	x_i	y_i	δy_i	$Y_i = A + Bx_i$	Δy_i	$\Delta y_i / \delta y_i = \chi_i$	$\chi_i^{\,2}$
1	0.5	1.6	0.1	1.56	0.040	0.40	0.16
2	1.0	1.7	0.2	1.93	-0.23	-1.15	1.32
3	1.5	2.6	0.1	2.30	0.30	3.00	9.00
4	2.0	2.5	0.2	2.65	-0.17	-0.85	0.72
5	2.5	3.2	0.1	3.04	0.16	1.60	2.56
6	3.0	3.3	0.2	3.40	-0.10	-0.50	0.25

Possiamo osservare dalla (11.1), che il risultato "ideale" sarebbe zero. Ma ciò significherebbe che i valori sperimentali sono precisamente i valori ottenuti dal modello, cosa "altamente" improbabile. Oppure che le incertezze δy_i siano eccessivamente elevate o sovrastimate (misure altamente imprecise), pertanto poco risolutive per distinguere su modelli (relazioni funzionali) diversi.

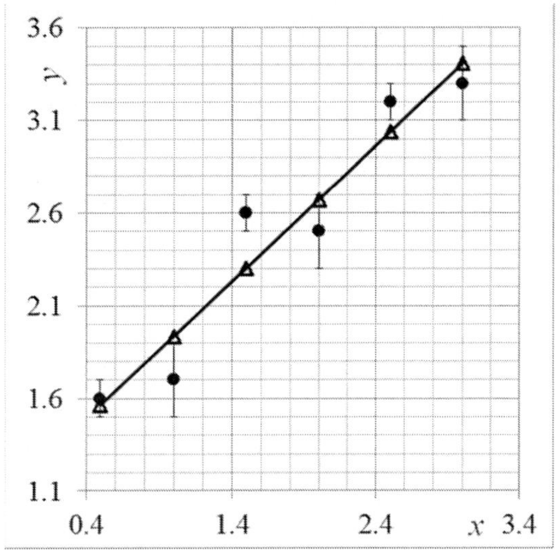

Figura 11.1 Grafico dei dati sperimentali ($\bullet$) con le rispettive barre di incertezza per le y. Viene riportata la retta ottenuta con il metodo dei minimi quadrati. Per questioni didattiche vengono anche riportati i valori $Y_i = A + Bx_i$ ($\triangle$), di solito tali valori non si riportano sui grafici.

Osserviamo Fig. 11.1 e cerchiamo di rispondere a quanto segue:

- *qual è il limite massimo accettabile per il* χ^2, oltre il quale possiamo rigettare il modello ($y = f(x)$) sotto studio?

Per ogni valore Y_i ($\triangle$ in Fig. 11.1), ottenuto dalla regressione lineare $A + Bx_i$, rispetto alla migliore stima y_i sperimentale ($\bullet$) in rapporto alla precisione della misura δy_i, in una stima grossolana ci aspetteremmo che gli Y_i si trovino ad una distanza da y_i, minore della rispettiva δy_i:

$$-\delta y_i \leq (y_i - Y_i) \leq \delta y_i \,. \tag{11.2}$$

Il rapporto $(y_i - Y_i)/\delta y_i$ etichettato χ_i, non è altro che la ben nota variabile standardizzata z_i (dove si ricordi che le variabili y_i, sebbene espresse con incertezze totali δy_i, sono da considerarsi gaussiane).

Al meglio ci aspettiamo quindi per la (11.2) $\chi_i^2 \leq 1$ per ogni i. Si osservi nella Tabella 11.1, che alcuni χ_i sono minori di uno, altri maggiori, che corrispondono sul grafico rispettivamente a punti in cui la retta passa entro le barre di incertezza, o fuori dalle barre. Quindi ci aspettiamo per tutti i dati:

$$\chi^2 = \sum_{i=1}^{N} \left(\frac{y_i - Y_i}{\delta y_i} \right)^2 \leq \sum_{1=1}^{N} 1 = N. \tag{11.3}$$

Se per pigrizia matematica (o economia di tempo) nel ricavare $y = A + Bx$ si è fatto uso del metodo dei minimi quadrati non pesati (per ogni $i = 1, \dots, N$ si sono assunte le $\delta y_i = \delta y$), come il caso didattico sotto studio, si faccia attenzione, perché invece *per la verifica del χ^2, si devono utilizzare le incertezze totali δy_i corrispondenti alle rispettive y_i.*

La verifica del χ^2 recupera, in parte, l'approssimazione fatta nella stima dei parametri di $y = f(x)$, e permette di controllare l'attendibilità dell'approssimazione stessa sui dati con le incertezze totali δy_i di ogni singola y_i. Per le δy_i abbiamo sempre premuto per utilizzare per ogni tipo di incertezza in gioco le rispettive varianze, sebbene per un corso del primo anno accettiamo anche la confusione tra intervalli previsionali diversi (Cap. 2).

Se abbiamo vari punti, ci confronteremo con il valore medio dei χ_i^2:

$$\overline{\chi}^2 = \sum_{i=1}^{N} \left(\frac{y_i - Y_i}{\delta y_i} \right)^2 \bigg/ N . \tag{11.4}$$

Osserviamo che in prima approssimazione il valore medio del χ^2, dovrebbe risultare minore o uguale ad uno, per accettare l'ipotesi, che la relazione funzionale sia appopriata per i nostri dati, sulla base della precisione delle singole misure, avendo utilizzato come confronto proprio l'incertezza corrispondente ad ogni singola misura.

Questa è una stima grossolana. Vediamo come la statistica permetta di quantificare la probabilità, che si ottenga un determinato χ^2.

È necessario fornire quantitativamente la probabilità di ottenere un valore del χ^2 superiore ad un certo valore critico, oltre il quale siamo fiduciosi di rigettare un'ipotesi, con una bassa probabilità di rischio, che fosse invece buona.

La variabile χ^2, in quanto funzione di variabili aleatorie, è a sua volta una variabile aleatoria e segue una sua densità di probabilità, mediante la quale si potrà *quantificare* la fiducia che il $\chi^2{}_O$ (il *pedice O* indica *osservato-ottenuto*) segue tale densità di probabilità e pertanto le nostre assunzioni siano accettabili.

Abbiamo già imparato che si ragionerà al complementare, ovvero dalla densità di probabilità del χ^2, ricaveremo la probabilità di ottenere un valore del χ^2 maggiore del $\chi^2{}_O$, per rigettare l'ipotesi (verifica di significatività). Bisogna inquadrare tale variabile nella cornice della statistica (cenni sulla deduzione nel Par. 11.2).

Per la statistica abbiamo osservato che, nel dedurre uno stimatore, ottenuto come valore medio, si deve dividere per i gradi di libertà, quindi quanto introdotto nella (11.4) va riscritto sulla base delle regole statistiche.

La media dei χ_i^2 espressa in forma statistica è detta chi-quadro-ridotto, indicato di solito con la sovrapposizione di una tilde $\tilde{\chi}^2$, e si ottiene, *dividendo χ^2 per i gradi di libertà $d = (N$ (numero dei dati utilizzati) - c (vincoli statici)).*

$$\tilde{\chi}^2 = \frac{\chi^2}{d} = \sum_{i=1}^{N} \left(\frac{y_i - Y_i}{\delta y_i} \right)^2 \bigg/ d \ . \tag{11.5}$$

Questa relazione (11.5) ricorda altri stimatori statistici, che, nel caso di valori medi, si ottengono dividendo per i gradi di libertà: la varianza del campione σ_x^2, la varianza standard della retta teorica (σ_Y^2).

Ritornando al χ^2-ridotto, N è il numero di dati utilizzati per il calcolo di $\tilde{\chi}^2$ secondo la (11.5), ricordiamo per maggiore chiarezza, che bisogna osservare la (11.4) e considerare l'estremo della sommatoria. Nel caso della Tabella 11.1, presa come esempio, N risulta pari a sei, poi bisogna individuare i vincoli da sottrarre.

– *Quanti sono i vincoli?*

Dipende dalla forma della funzione trovata $y = f(x)$, che deve essere esplicitata. Consideriamo il caso sotto studio ed esplicitiamo la relazione $Y_i = A + Bx_i$, si ha:

$$\tilde{\chi}^2 = \chi^2/d = \sum_{i=1}^{N} \left(\frac{y_i - A - Bx_i}{\delta y_i} \right)^2 /d. \tag{11.6}$$

Nel caso di una legge teorica $y = f(x)$, descritta dalla relazione $y = A + Bx$, per calcolare $\tilde{\chi}^2$ sono necessari i due parametri A e B, che, se ottenuti utilizzando i dati, risultano essere dei vincoli statistici, pertanto

$\tilde{\chi}^2$ per una legge lineare dedotta dai dati sperimentali:

$$\tilde{\chi}^2 = \chi^2/d = \sum_{i=1}^{N} \left(\frac{y_i - A - Bx_i}{\delta y_i} \right)^2 \bigg/ (N-2).$$

Abbiamo ricavato come calcolare il χ^2-ridotto nel caso di una regressione lineare. Etichettiamo con il pedice O, il χ^2-ridotto ottenuto dai dai osservati, quindi $\tilde{\chi}_O^2$.

– *Qual è la probabilità di ottenere per N coppie di dati un dato $\tilde{\chi}_O^2$?*

Probabilità di ottenere il chi-quadro osservato

Se tutti i dati, gaussiani, seguono veramente la legge assunta, allora il χ_O^2 dovrebbe seguire la densità di probabilità propria della variabile χ^2. Prima presentiamo il modo di procedere, eppoi affronteremo il problema dei cenni sulla deduzione.

La probabilità di ottenere un $\tilde{\chi}^2 \geq \tilde{\chi}_O^2$ la esprimiamo come $P_d(\tilde{\chi}^2 \geq \tilde{\chi}_O^2)$, di solito riportata rispetto ai gradi di libertà d.

Per il caso specifico della Tabella 11.1 risulta $d = N - c = 6 - 2 = 4$, ed otteniamo: $\tilde{\chi}_O^2 = 14.1/(6-2) = 3.50$.

Dobbiamo cercare quindi la $P_4(\tilde{\chi}^2 \geq 3.50)$.

Nella Tabella C.2 in App. C, si riporta la probabilità di ottenere $\tilde{\chi}^2$ maggiore o uguale di un valore critico $\tilde{\chi}^2_{cr}$, da confrontarsi con il $\tilde{\chi}^2_O$. Tale tabella riporta quindi i valori critici per le corrispondenti probabilità di trovare valori $\tilde{\chi}^2$ fuori dalla distribuzione attesa per tale variabile, percui, se si supera un certo valore critico le assunzioni, che i nostri dati fossero gaussiani e seguissero la legge utilizzata per il calcolo del $\tilde{\chi}^2_O$, sono da rigettare.

Percorrendo lungo la riga corrispondente ai gradi di libertà d, si devono trovare valori del $\tilde{\chi}^2_{cr}$, che siano confrontabili con $\tilde{\chi}^2_O$. Si risale lungo la colonna corrispondente a tali valori. Trovarlo proprio uguale è poco probabile, di solito si trovano due valori contigui tra i quali è compreso quello osservato. Si trova, riportata nella seconda riga, la probabilità di ottenere un χ^2-ridotto maggiore o uguale del χ^2-ridotto osservato.

Per il caso in questione osserviamo che lungo la riga relativa a $d = 4$, si ritrovano dei valori critici pari a 3.71 e 3.32, risalendo lungo le colonne corrispondenti, si osserva che le probabilità di ottenere $\tilde{\chi}^2$ maggiore dei valori critici riportati sono rispettivamente 0.005 e 0.010.

Quindi la probabilità di ottenere 3.5 è minore del livello di elevata significatività dell'1 %, possiamo rigettare l'ipotesi, che la legge trovata sia appropriata per i nostri dati sperimentali.

Dato che la verifica risulta significativa, possiamo rigettare l'ipotesi che la relazione lineare sia appropriata per i nostri dati sperimentali, bisogna quindi provare con altre relazioni funzionali.

Verifica del χ^2 per una polinomiale

Nel caso invece di una *relazione polinomiale*, per esempio di secondo grado quale $y = c_0 + c_1 x + c_2 x^2$, i parametri da stimare sono c_0, c_1 e c_2, mediante la regressione polinomiale, quindi tre vincoli, se tali parametri sono stati stimati dai dati sperimentali.

Questo vale anche nel caso che, utilizzando un foglio elettronico per il calcolo, o calcolatrici scientifiche, si calcolino i coefficienti di una relazione funzionale mediante l'utilizzo dei dati sperimentali.

Quindi nel caso di una regressione polinomiale di secondo grado su N coppie di punti (x, y) avremo $\tilde{\chi}^2 = \chi^2/(N - 3)$.

Relazione funzionale a priori

Nel caso in cui la *relazione* funzionale sia *fornita a priori*, quindi non ottenuta mediante la regressione dai dati sperimentali, non si ha alcun vincolo statistico, quindi i gradi di libertà sono il numero di coppie di dati (Probl.11.3).

Abbiamo introdotto pragmaticamente come procedere per la verifica del χ^2 nel caso di relazioni funzionali.

Per comprendere a pieno come comportarsi, accenniamo alla deduzione della variabile χ^2. Ciò renderà evidente come ci si riconduca sempre, partendo dalle assunzioni che le variabili y_i siano gaussiane, ad una variabile a sua volta aleatoria, che segue una sua densità di probabilità, e per la quale possiamo stimare valore medio, deviazione standard, e quindi procedere anche in questo caso con le verifiche di significatività sulle ipotesi.

Poi affronteremo l'estensione della verifica del χ^2 alle distribuzioni o densità di probabilità (per esempio la gaussiana).

11.2 Cenni sulla deduzione formale per il chi-quadro.

Quanto descritto finora ha basi statistiche, che è opportuno accennare, perché il χ^2 è necessario per effettuare la verifiche di significatività per un modello (legge) teorico atteso e si estende anche a distribuzioni di probabilità attese.

Abbiamo visto che, nel caso di una distribuzione gaussiana, possiamo verificare, se un determinato singolo valore può, oppure no, essere accettato, confrontandoci con la densità di probabilità gaussiana. Dalla probabilità che un valore x sia compreso nell'intervallo $[-x_O, x_O]$:

$$P(|x| \leq x_O) = 2 \int_0^{x_O} G_{X,\sigma}(x)\mathrm{d}x \,,$$

si può calcolare la probabilità complementare di ottenere un valore $|x| \geq x_O$: $2 \int_{x_O}^{\infty} G_{X,\sigma}(x)\mathrm{d}x$.

Sono stati definiti dei livelli di significatività, per rigettare l'ipotesi, che non ci sia differenza tra il nostro campione ed il valore x_O.

Osserviamo che per l'adattamento di una retta, dovremmo controllare per ogni singolo valore sperimentale y_i, se il valore atteso Y_i, sia accettabile.

Quindi per ogni i, avremmo che la probabilità di ottenere un determinato valore compreso tra zero e y_{iO} secondo la gaussiana è:

$$P(|y_i| \leq y_{iO}) = 2 \int_0^{y_{iO}} G_{Y_i,\sigma_i}(y_i)\mathrm{d}y_i = 2 \frac{1}{\sqrt{2\pi}} \int_0^{y_{iO}} \mathrm{e}^{-(y_i-Y_i)^2/(2\sigma_i^2)}\mathrm{d}y_i \,.$$

Se le variabili y_i sono stocasticamente indipendenti tra di loro, possiamo ottenere la probabilità totale come prodotto delle probabilità (gli estremi degli integrali non vengono esplicitati per semplicità di scrittura):

$$\left(\frac{1}{\sqrt{2\pi}}\right)^N \int \int \dots \int \mathrm{e}^{-(\Sigma z_i^2/2)}\mathrm{d}z_1 \cdots \mathrm{d}z_N \,, \tag{11.7}$$

dove abbiamo utilizzato le note variabili standardizzate $z_i = (y_i - Y_i)/\sigma_i$, che in questo capitolo abbiamo rietichettato χ_i.

L'integrale multiplo in (11.7) si riduce ad un integrale semplice, che ha come integrando:

$$f(\chi^2) = \frac{1}{2^{d/2}\Gamma(d/2)}(\chi^2)^{d/2-1}e^{-\chi^2/2}. \tag{11.8}$$

L'integrando $f(\chi^2)$ è la densità di probabilità, che segue la variabile χ^2, ottenuta dall'avere assunto, che le variabili y_i siano tutte gaussiane.

La densità di probabilità del χ^2 oltre ad essere funzione di χ^2, dipende dai gradi di libertà statistici d, anche per via della funzione Γ (nota in fisica [7]).

L'integrale $\int_0^{\chi_o^2} f(\chi^2)\mathrm{d}(\chi^2)$ è calcolabile con metodi numerici e ricondotto ad una variabile $x \equiv \chi^2$, riscritto per comodità visiva $\int_0^{\chi_o^2} f(x)\mathrm{d}x$, non è altro che l'area sottesa dalla curva (in grigio in Fig. 11.2), che fornisce la probabilità di ottenere $0 \leq \chi^2 \leq \chi^2_o$.

L'area complementare, in bianco, fornisce la probabilità di ottenere $\chi^2 \geq \chi^2_o$.

Quindi, la probabilità che N dati sperimentali y_i con rispettive incertezze $\sigma_i - \sigma_i$ per coerenza formale con l'assunzione delle distribuzioni gaussiane, all'atto pratico vanno considerate come δy_i – seguano l'adattamento o modello teorico proposto, dove per d si intendono i gradi di libertà statistici e χ^2 la sommatoria al quadrato dei χ_i^2 (ovvero le note z_i^2), viene descritta come probabilità di ottenere un χ^2 compreso in un dato intervallo, per d gradi di libertà [7, 16].

Dalla densità di probabilità del χ^2, possiamo calcolare la speranza matematica – valore medio – e la varianza [16]:

$$E\{\chi^2\} = \int_0^\infty \chi^2 f(\chi^2)\mathrm{d}\chi^2 = d$$

$$Var\{\chi^2\} = \int_0^\infty (\chi^2 - d)^2 f(\chi^2)\mathrm{d}\chi^2 = 2d \ .$$

Si consideri χ^2 come variabile x qualsiasi e si osservi che abbiamo semplicemente applicato, quanto definito in Cap. 8 per le densità di probabilità di una variabile continua x.

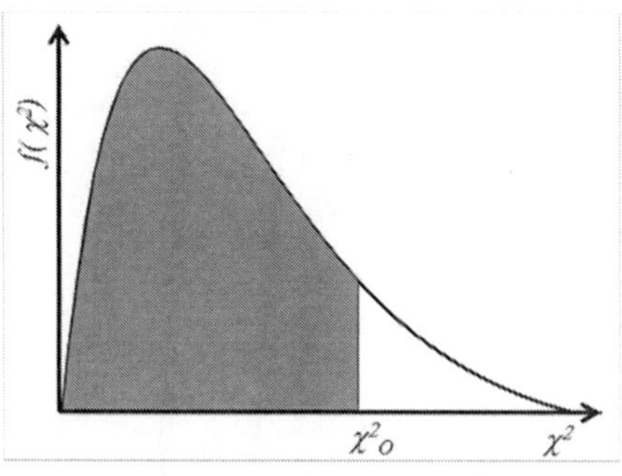

Figura 11.2 Densità di probabilità del χ^2. L'area ombreggiata fornisce l'integrale $\int_0^{\chi_o^2} f(\chi^2)\mathrm{d}(\chi^2)$.

Questo fornisce un risultato da evidenziare, la variabile χ^2 è una variabile statistica, che segue la densità di probabilità espressa nella (11.8) e dovrebbe risultare

in media $E\{\chi^2\} = d$ e avere una dispersione descritta dalla deviazione standard $\sqrt{Var\{\chi^2\}} = \sqrt{2d}$.

Per questo ci si confronta con il χ^2- ridotto:

$$\text{chi quadro ridotto}: \quad \tilde{\chi}^2 = \chi^2/d \ . \tag{11.9}$$

Vediamo che, come per la distribuzione gaussiana, anche per la distribuzione di probabilità del χ^2 possiamo definire criteri di significatività, per accettare, oppure no, che le variabili sotto osservazione siano tutte gaussiane e la legge Y sia appropriata.

Se le assunzioni sono appropriate il calcolo del χ^2 effettuato sui dati (χ_O^2) dovrebbe seguire la distribuzione, percui essere in media d e disperso secondo la $\sqrt{2d}$.

11.3 Probabilità di ottenere un determinato χ^2

Sulla base di tale definizione generale, si riporta in tabelle la probabilità di ottenere un $\tilde{\chi}^2 \geq \tilde{\chi}_O^2$, dove per $\tilde{\chi}_O^2$ si intende il $\tilde{\chi}^2$ osservato.

La probabilità di ottenere un valore del $\tilde{\chi}^2 \geq \tilde{\chi}_O^2$, ($P_d(\tilde{\chi}_d^2 \geq \tilde{\chi}_O^2)$, non è altro che l'area complementare di quanto riportato in Fig. 11.2 divisa per i gradi di libertà.

Di solito si guarda soprattutto tale probabilità ovvero la coda a destra della distribuzione del χ^2.

Ma andiamo per gradi e consideriamo prima la coda di sinistra, per la quale si usa l'area sottesa dalla densità di probabilità da zero ad un dato χ^2 e quindi didatticamente più lineare.

Verifica del χ^2 per χ_O^2 bassi, coda di sinistra

La densità di probabilità del χ^2 relativa alla coda di sinistra, ovvero la probabilità di ottenere un $\chi^2 \leq \chi_O^2$, si pensi alla distribuzione di Gauss, permette di non accettare valori, che siano troppo distanti dal valore centrale, in proporzione alla deviazione standard.

Il χ^2 è una variabile casuale, che ha un valore medio d'aspettazione d ed una deviazione standard $\sqrt{2d}$, per entrambe le code.

Per la coda di sinistra, valori del $\chi^2 - ridotto$ bassi, nella Tabella C.1 in App. C, sono riportati, rispetto ai gradi di libertà, i valori critici χ^2_{cr}, per i quali si ha la probabilità di ottenere un $\chi^2 \leq \chi^2_{cr}$, grazie alla quale possiamo fornire $P_d(\chi^2 \leq \chi^2_O)$.

I valori troppo bassi del χ^2_O si ottengono di solito, quando si ha una sovrastima delle incertezze. La verifica del χ^2 per la coda di sinistra, permette di rigettare misure fatte con una precisione bassa per verificare la legge sotto studio.

I livelli di significatività sono sempre i soliti, 1 % o 5 %, che riporteremo in evidenza per il caso seguente della verifica sulla coda destra, ovvero per un valore del χ^2 maggiore del valore medio.

Verifica del χ^2 per χ^2_O alti, coda di destra

Dalla Tabella C.1 relativa a $P_d(\chi^2 \leq \chi^2_O)$, rispetto a χ^2, si costruisce la Tabella C.2 complementare relativa a $P_d(\tilde{\chi}^2 \geq \tilde{\chi}^2_O)$, rispetto invece a $\tilde{\chi}^2$.

Per la coda destra, valori del $\chi^2 - ridotto$ alti, abbiamo in mano lo strumento per decidere, se l'ipotesi può essere accettata, confrontando direttamente sulla tabella delle $P_d(\tilde{\chi}^2 \geq \tilde{\chi}^2_O)$ il $\tilde{\chi}^2_O$ osservato con il $\tilde{\chi}^2_{cr}$ riportato nella riga corrispondente ai gradi di libertà d.

La discussione più diffusa riguarda la coda destra, in quanto le misure di solito vengono condotte con incertezze basse, per cui si fa soprattutto la verifica per $\chi^2 \geq \chi^2_O$ e nel caso di un'ipotesi, che i nostri dati sperimentali seguano tutti delle distribuzioni gaussiane e siano descritti dal valore di aspettazione Y, dedotto da un modello teorico, si forniscono i seguenti criteri:

- se $P_d(\tilde{\chi}^2_d \geq \tilde{\chi}^2_O) \geq 5$ % la verifica non è significativa, siamo fiduciosi al 95 % di aver accettato un'ipotesi giusta;
- se $P_d(\tilde{\chi}^2_d \geq \tilde{\chi}^2_O) \leq 1$ %, la verifica è altamente significativa e rigettiamo l'ipotesi con una probabilità di rischio solo dell'1 %, di avere eventualmente rigettato un'ipotesi, che potrebbe essere giusta.
- Se otteniamo 1 % $< P_d(\tilde{\chi}^2_d \geq \tilde{\chi}^2_O) < 5$ %, la verifica è probabilmente significativa, sarebbe opportuno approfondire ulteriormente l'indagine sperimentale.

Riportiamo nuovamente il caso utilizzato come esempio, in questa cornice generale. Abbiamo ottenuto $\tilde{\chi}^2_O = 3.50$. Dalla Tabella $P_d(\tilde{\chi}^2 \geq \tilde{\chi}^2_O)$ si osserva $\tilde{\chi}^2_{cr} = 3.32$, valore di $\tilde{\chi}^2$, oltre il quale si ha una probabilità pari a 0.01. Dato che $\tilde{\chi}^2_O$ osservato supera tale valore critico, l'area (probabilità) sarà ancora minore, quindi possiamo rigettare l'ipotesi ad un livello di significatività inferiore all'1 %. Il modello teorico può essere rigettato.

La verifica del χ^2 si applica anche alle distribuzioni o densità di probabilità, come vedremo nel paragrafo seguente.

11.4 Verifica del χ^2 per le distribuzioni: gaussiana

La verifica del χ^2 si effettua anche per le distribuzioni o densità di probabilità. Siamo interessati a verificare, se la distribuzione gaussiana, assunta per una serie di misure ripetute, sia appropriata per tutti i dati osservati. Si dovrebbe quindi fare una verifica di significatività per ognuno degli n dati, che per grandi campioni sarebbero oltre trenta ($n > 30$), percui risulterebbe piuttosto tediosa e artificiosa.

Consideriamo a livello didattico la distribuzione gaussiana, chiarendo da subito, che la descrizione vale per qualsiasi distribuzione di probabilità, rappresentabile su istogramma, come la discussione del χ^2, fatta per la regressione lineare, vale per qualsiasi relazione funzionale $y = f(x)$.

È improponibile fare la verifica per ogni singolo dato, dobbiamo quindi trovare un modo di raggruppare i dati ed effettuare una verifica per gruppi.

Per questo l'organizzazione iniziale per istogrammi è un punto di partenza appropriato. Partiamo dai 50 dati del Probl. 5.6, dove si era ottenuto $\bar{x} = 8.00$ e $\sigma_x = 0.73$. Per semplicità di seguito omettiamo le unità di misura. Presentiamo i dati già ordinati per classi, dove x_k individua il valore centrale della classe k, $x_{k\,min}$ l'estremo inferiore ed $x_{k\,max}$ l'estremo superiore della stessa classe.

Con O_k (i noti n_k del Cap. 5) si indicano le occorrenze (il numero di eventi osservati nell'intervallo $[x_{k\,min}, x_{k\,max}]$) della corrispondente classe k.

Abbiamo assunto che i dati seguissero una densità di probabilità gaussiana: alle densità di frequenza f_k, riportate in Fig 11.3, abbiamo sovrapposto la densità di probabilità gaussiana $G_{X,\sigma}(x)$, ottenuta dalle migliori stime dei parametri $X = \bar{x}$ e $\sigma = \sigma_x$. *Questo è però solo un confronto qualitativo.*

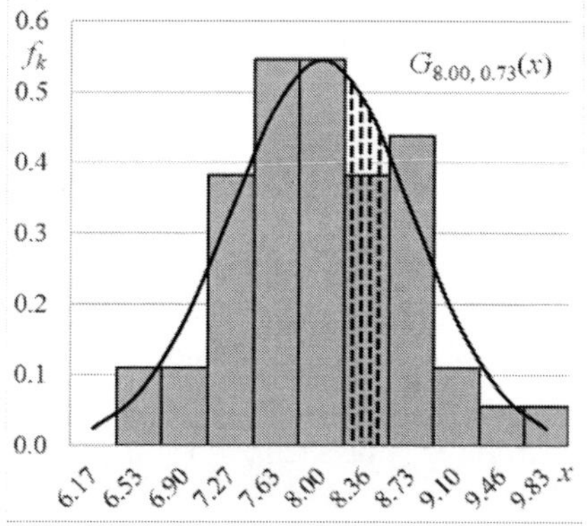

Figura 11.3 Istogramma dei dati del problema 5.6 e sovrapposizione della gaussiana $G_{8.00,\,0.73}(x)$, ottenuta da $X = \bar{x} = 8.00$ mm e $\sigma = \sigma_x = 0.73$ mm.

Vogliamo *confrontare quantitativamente* per gruppi (classi) il *numero di eventi osservati* (O_k) con gli *eventi, che ci aspettiamo* nel caso della distribuzione scelta. In questo caso abbiamo scelto la *gaussiana* suddetta.

Dalla densità di probabilità gaussiana possiamo ottenere il *numero di eventi aspettati*, che indichiamo E_k, per ogni classe k. Gli E_k si calcolano dal prodotto

Tabella 11.2 Dati del Probl. 5.6, ordinati per classi, per fornire un istogramma centrato sulla centralità stimata con $\bar{x}$=8.00: in 1^a colonna – numero sequenziale delle classi k, in 2^a – valore centrale di ogni classe x_k, in 3^a e 4^a rispettivamente – estremo inferiore della classe e corrispondente (z), in 5^a e 6^a rispettivamente – estremo superiore della classe e corrispondente (z), in 7^a – occorrenze O_k

classe k	x_k	$x_{k\,min}$ $(z_{k\,min})$	$x_{k\,max}$ $(z_{k\,max})$	O_k
1	6.53	$-\infty$ $(-\infty)$	6.72 (-1.75)	2
2	6.90	6.72 (-1.75)	7.08 (-1.25)	2
3	7.27	7.08 (-1.25)	7.45 (-0.75)	7
4	7.63	7.45 (-0.75)	7.81 (-0.25)	10
5	8.00	7.81 (-0.25)	8.18 (+0.25)	10
6	8.36	8.18 (+0.25)	8.55 (+0.75)	7
7	8.73	8.55 (+0.75)	8.91 (+1.25)	8
8	9.10	8.91 (+1.25)	9.28 (+1.75)	2
9	9.46	9.28 (+1.75)	$+\infty$ $(+\infty)$	2

nP_k. La probabilità P_k (p.e. in Fig. 11.3 l'area indicata con linee tratteggiate per la sesta classe in Tabella 11.4) si ottiene dalla tabella dell'integrale normale in App. A. Per la classe $k = 6$ si ha $E_6 = nP(x_{6\,min} \leq x \leq x_{6\,max})$, dove dalle corrispondenti variabili standardizzate $P(0.25 \leq z \leq 0.75) = P(0 \leq z \leq 0.75) - P(0 \leq z \leq 0.25) = 0.2734 - 0.0987 = 0.1747$, per la classe 6 si ha che $E_6 = nP_6 = 50 \times 0.1747 = 8.735$.

Quindi dalla Tabella 11.4 dobbiamo così calcolare gli E_k per ogni classe. Facciamo il calcolo per le classi dalla sesta alla nona, in quanto immediatamente deducibile dalla tabella dell'integrale normale e, dato che la gaussiana è una curva simmetrica, si ha che i risultati delle P_k, e quindi gli E_k, sono gli stessi per le classi che vanno simmetricamente dalla quarta alla prima.

Per la classe centrale ($k = 5$) si calcola P_5 come il doppio dell'integrale per z da 0 a 0.25.

In Tabella 11.3 riordiniamo tali calcoli. Il numero totale degli eventi osservati O_k deve essere n, mentre il numero di eventi aspettati E_k, frutto di un calcolo, saranno circa n, a seconda dell'approssimazione applicata. La verifica degli O_k permette di controllare che siano stati contati tutti i dati. Ci aspettiamo, nel caso che la distribuzione scelta sia appropriata ai nostri dati, che la differenza $(O_k - E_k)$ sia minima, rispetto sempre all'incertezza sul numero di E_k aspettati.

Dato che l'operazione è contare il numero di eventi, anticipiamo che in *caso di conteggi* la *distribuzione* di probabilità per tali variabili è la *poissoniana*. Tale distribuzione permette di fornire l'*incertezza sui conteggi* attesi pari a $\sqrt{E_k}$.

Tabella 11.3 Calcolo degli E_k: le classi dalla sesta alla nona, sono simmetriche con quelle dalla quarta alla prima, la classe centrale è calcolata come il doppio da $z = 0$ a $z = 0.25$ (Per problemi di spazio abbiamo scritto $P(0 \leq z_{k...})$ intendendo $P(0 \leq z \leq z_{k...})$), nei casi in cui sono negativi abbiamo usato $|z_{k}...|$

k	O_k	$z_{k\,min}$	$z_{k\,max}$	$P(0 \leq |z_{k\,min}|)$	$P(0 \leq |z_{k\,max}|)$	P_k	E_k
$1 \equiv 9$	2	$-\infty$	-1.75	0.5	0.4599	0.0401	2.01
$2 \equiv 8$	2	-1.75	-1.25	0.4599	0.3944	0.0655	3.28
$3 \equiv 7$	7	-1.25	-0.75	0.3944	0.2734	0.121	6.05
$4 \equiv 6$	10	-0.75	-0.25	0.2734	0.0987	0.1747	8.74
				$P(0 \leq |z_{k\,min}|)$	$P(0 \leq z_{k\,max})$		
5	10	-0.25	0.25	0.0987	0.0987	0.1974	9.87
				$P(0 \leq z_{k\,min})$	$P(0 \leq z_{k\,max})$		
6	7	0.25	0.75	0.0987	0.2734	0.1747	8.74
7	8	0.75	1.25	0.2734	0.3944	0.121	6.05
8	2	1.25	1.75	0.3944	0.4599	0.0655	3.28
9	2	1.75	∞	0.4599	0.5	0.0401	2.01

Quindi per ogni classe k ci si aspetterebbe che $\chi_k = (O_k - E_k)/\sqrt{E_k}$ "grossolanamente" :

$$\forall k : \quad \left(\frac{O_k - E_k}{\sqrt{E_k}} \right)^2 \leq 1.$$

Chiameremo χ^2 nel caso delle distribuzioni di probabilità quanto segue:

$$\chi^2 = \sum_{i=1}^{n_{classi}} \chi_k^2 = \sum_{i=1}^{n_{classi}} \frac{(O_k - E_k)^2}{E_k}. \tag{11.10}$$

Si osservi come l'*estremo superiore della sommatoria è n_{classi}*. Assunta una densità di probabilità, si può calcolare la probabilità corrispondente ad una determinata classe, ed ottenere il numero di eventi aspettati $E_k = nP_k$.

Un *teorema fondamentale* della statistica [16], afferma che la quantità nella (11.10) segue la densità di probabilità del χ^2 della (11.8), se sono soddisfatte le seguenti condizioni.

Teorema della somma di Pearson:
In un istogramma di un numero n_{classi} di classi, costruito da un campione casuale di n dati e avente probabilità vera P_k in ogni classe, la quantità:

$$Q = \sum_{k=1}^{n_{classi}} \left(\frac{O_k - nP_k}{\sqrt{nP_k}} \right)^2,$$

dove la $\sum_{k=1}^{n_{classi}} O_k = n$ e O_k sono il numero di eventi osservati per la classe corrispondente k, tende ad avere, per $n \to \infty$, la densità di probabilità χ^2 espressa nella (11.8) con "$n_{classi} - 1$" gradi di libertà.

Questo teorema è la chiave di volta per la verifica del χ^2 per le distribuzioni di probabilità e può essere applicato con *ottima approssimazione* a *partire da un numero* di $E_k = nP_k > 10$, per ogni classe.

Per un corso del primo anno, possiamo applicare *uno sconto*, per discutere comunque il χ^2 anche nel caso in cui non sia possibile ottenere troppi dati, o per economia di tempo (per esempio per la prova d'esame pratico), o come nel caso riportato qui ai fini didattici, per non essere troppo dispersivi.

In tale caso si può applicare tale verifica per un numero minimo di E_k pari a 5.

Tale limite è l'estremo inferiore, e si può giustificare empiricamente, imponendo che ci siano almeno due O_k osservati (vogliamo essere sicuri di contare qualcosa, uno sarebbe riduttivo).

Dato che ci aspettiamo, per le operazioni di conteggi, che al peggio si avrebbe come minimo $O_k = E_k - \sqrt{E_k}$, richiedendo che $E_k - \sqrt{E_k} > 2$, si osserva che la soluzione è $E_k > 4$ e visto che parliamo di conteggi (numeri interi) quindi $E_k \geq 5$.

Il teorema della somma di Pearson va adattato al tipo di densità di probabilità "stimata" con i dati disponibili, mentre il teorema parla di probabilità " vera" (ideale).

Noi facciamo una stima di tale probabilità e quindi abbiamo ulteriori vincoli statisti da considerare.

Nel caso in cui P_k sia stimata mediante l'utilizzo dei dati, i gradi di libertà risulteranno ridotti del numero di vincoli.

Il modo migliore per affrontare la questione è partire dalla formula del χ^2 espressa nella (11.10) per le distribuzioni e considerarne il suo valore medio:

$$\overline{\chi}^2 = \sum_{i=1}^{n_{classi}} \chi_k^2 \Big/ n_{classi} = \sum_{i=1}^{n_{classi}} \frac{(O_k - E_k)^2}{E_k} \Big/ n_{classi} \qquad (11.11)$$

Si osservi cosa è presente nella formula e cosa serve per calcolare il χ^2.

Si ha che l'estremo della sommatoria è n_{classi}, per la media in statistica dobbiamo dividere non per n_{classi}, ma per i gradi di libertà.

Esplicitiamo $E_k = nP_k$, per calcolare E_k, abbiamo già bisogno di qualcosa: di n, che non compare nell'equazione (11.11).

Il valore n da usare si ricava dagli O_k, quindi dai dati, $n = \sum_k O_k$, un *primo vincolo statistico*.

Questo spiega, perché nel teorema si afferma che la quantità Q tende al χ^2 con "$n_{classi} - 1$" gradi di libertà.

Il teorema parla di probabilità "vera", intesa come curva ideale alla quale tenderebbe Q all'aumentare di n.

Noi stimiamo tale curva partendo dai dati sperimentali, quindi avremo altri vincoli, a seconda del numero di parametri, stimati grazie ai dati disponibili, che ci servono per definirla. Finora la trattazione quindi comprende qualsiasi tipo di distribuzione, ora andiamo nel dettaglio di quella gaussiana.

Per la gaussiana i parametri necessari sono due X vero e σ vera e sono stimati da $X_{ms} = \overline{x}$ e $\sigma_{ms} = \sigma_x$, utilizzando i dati sperimentali, il primo dalla media degli x_i, il secondo dagli scarti quadratici medi. Quindi nel caso di una gaussiana si hanno *altri due vincoli statistici.* Possiamo così fornire il valore medio (statistico) dei χ_k^2, che chiamiamo ancora chi–quadro–ridotto ed usiamo il simbolo $\tilde{\chi}^2$:

Per una distribuzione gaussiana il *chi–quadro–ridotto* – $\tilde{\chi}^2$ – risulta:

$$\tilde{\chi}^2 = \frac{\chi^2}{d} = \sum_{k=1}^{n_{classi}} \left(\frac{O_k - nP_k(\overline{x}, \sigma_x)}{\sqrt{nP_k(\overline{x}, \sigma_x)}} \right)^2 \Bigg/ (n_{classi} - 3) \; ,$$

dove si è esplicitato, che P_k è ottenuta dai parametri $\overline{x}$ e σ_x.

Questo approccio è utile per arrivare a spiegare il χ^2, ma stabilite le condizioni, dobbiamo partire da queste per il calcolo pratico.

La verifica del χ^2 per la gaussiana in pratica

Siamo partiti, per spiegare la verifica del χ^2, dai dati rilevati e, per avere una visione grafica, mediante un istogramma.

L'approccio didattico per la costruzione dell'istogramma è stato partire dal valore centrale, ed usare la deviazione standard, o sottomultipli di essa, per costruire le classi. Sui valori centrali delle classi abbiamo calcolato la gaussiana da sovrapporre all'istogramma delle densità di frequenza.

Per la verifica del χ^2 si può operare a posteriori, partendo da quanto imposto dal teorema della somma di Pearson, e procedere nel modo seguente.

Ci proponiamo di misurare una grandezza, che presenta per ogni misura valori diversi. Vogliamo verificare se la variabile misurata è gaussiana, per poter abbattere l'incertezza casuale. Sappiamo che per poter verificare, che sia gaussiana, per il teorema della somma si Pearson, dovremmo avere almeno dieci *valori aspettati* per classe $E_k > 10$, e dato che il $\tilde{\chi}^2 = \chi^2/d$, $d = n_{classi} - c$, con $c = 3$ per una gaussiana. Limitarsi al minimo di classi (più di tre) è riduttivo. Per una maggiore risoluzione sulla distribuzione dei dati sarebbe utile *considerare almeno sei classi per una gaussiana.* Per il teorema di Pearson allora dovremmo avere più di 60 dati, per fare la verifica, che veramente la nostra variabile sia gaussiana.

Dato che gli eventi risultano meno probabili sulle code, conviene quindi partire dallo stabilire l'intervallo in z, partendo proprio da qui, da ∞, fino ad una opportuna z per avere sulla coda $nP > 10$, eppoi spostarsi verso il valore centrale.

Tale procedimento è indicato in Fig. 11.4. Fissata tale z (z_{min} 1^a operazione), a scalare si trova la z (z_{min} 2^a operazione) successiva verso la centralità, sempre nei limiti del teorema della somma di Pearson come 2^a operazione), e via di seguito.

Le classi nell'intervallo $(-\infty, 0]$ sono simmetriche, rispetto a $z = 0$, a quelle ottenute per l'intervallo $[0, \infty)$.

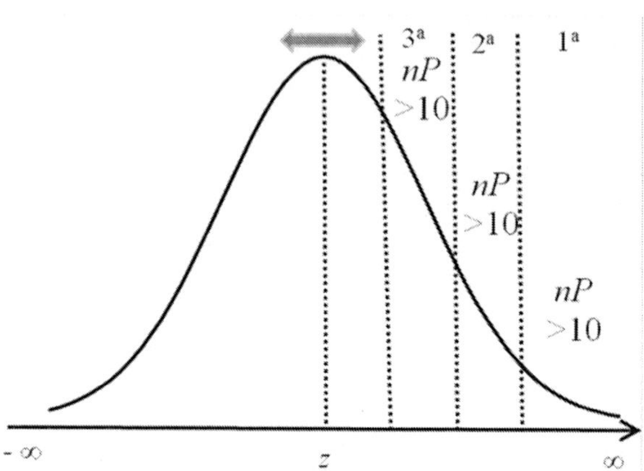

Figura 11.4 Sequenze dell'organizzazione delle classi per la verifica del χ^2. La prima linea tratteggia a destra delimita la 1^a operazione da effettuare sulla coda, partendo da $+\infty$, per trovare z_{min} per avere almeno dieci E_k, poi a scalare trovare le variabili z, che soddisfino sempre le condizione del teorema della somma di Pearson. La doppia freccia indica, che per simmetria, quanto calcolato da $z=0$ a ∞, vale da $z=0$ a $-\infty$.

Dalla variabili standardizzate così ottenute si calcolano i corrispondenti valori x degli intervalli delle classi e si conta il numero di eventi all'interno dell'intervallo di ogni classe.

Può succedere, che qualche dato sia proprio uguale ad un valore x di delimitazione di una classe, in tal caso si conta mezzo valore per le due classi adiacenti. Individuate le classi sulla base delle condizioni di E_k e contati gli O_k corrispondenti, si calcolano i rispettivi χ^2_k, la cui sommatoria fornisce il χ^2_O.

Nel caso che i dati siano meno di 60, è opportuno scegliere in modo appropriato le classi, per avere gli E_k sufficienti per ogni classe.

Abbiamo visto che per numeri inferiori, possiamo tollerare la verifica limitandoci ad almeno cinque dati per classe, ma solo per licenza didattica.

Per esempio se si avessero 45 dati si potrebbero costruire almeno 6 classi con numero di dati attesi per classe 7.5. Oppure costruire le due classi relative alle due code con almeno 5 valori attesi, eppoi distribuire i rimanenti alle altre quattro, con 8.75 valori attesi.

Per aiutare gli studenti a organizzare operativamente i dati, forniamo come costruire la Tabella 11.4 per l'esempio utilizzato, ribadendo che stiamo utilizzando una *procedura scontata per licenza didattica*, infatti *solo due classi soddisfano le condizione del teorema della somma di Pearson*.

Nella 2^a colonna sono riportati gli E_k richiesti, sulla base dei quali in 3^a colonna si riportano le probabilità richieste, da trovare operativamente nella tabella dell'integrale normale (App. A) per individuare i corrispondenti z_{min} 4^a colonna e z_{max} 5^a colonna. Trovati z_{min} e z_{max} si riportano P_k ottenute dalla tabella dell'integrale normale e le E_k calcolate da queste, rispettivamente 6^a e 7ª colonna. Per le classi simmetriche non è stato riportato nulla nelle colonne 2, 3, 4 e 5, in quanto deducibili dalla simmetria della gaussiana. Invece si riportano E_k calcolati e le z_{min} e z_{max} in quanto necessarie per calcolare x_{min} e x_{max} e contare così gli O_k negli intervalli individuati. Dagli E_k calcolati in 7ª colonna e gli O_k contati in 12ª colonna possiamo calcolare i χ^2_k,

Tabella 11.4 Procedimento per il calcolo del χ^2, si parte dalla coda più a destra della gaussiana e si arriva fino a $z = 0$ (rispetto a $z = 0$ la curva di Gauss è simmetrica, percui si ottengono immediatamente le classi per le $z < 0$), si ricavano poi gli intervalli in x corrispondenti e si contano gli O_k

	Richiesti		$P\,(z=0$		Calcolati		Conteggio degli O_k					
k	E_k	P_k	$z_{min})$	$z_{max})$	P_k	E_k	z_{min}	z_{max}	x_{min}	x_{max}	O_k	χ_k^2
1	5	0.1	0.4015	0.500	0.0985	4.93	1.29	∞	8.94	∞	4	0.18
2	10	0.2	0.2019	0.4015	0.1996	9.98	0.53	1.29	8.39	8.9	13	0.92
3	10	0.2	0	0.2019	0.2019	10.10	0	0.53	8.00	8.39	7	0.95
Classi simmetriche rispetto alla centralità												
$4 \equiv 3$						10.10	-0.53	0	7.61	8.00	9	0.12
$5 \equiv 2$						9.98	-1.29	-0.53	7.05	7.61	13	0.92
$6 \equiv 1$						4.93	-1.29	$-\infty$	7.05	$-\infty$	4	0.18

Si ottiene per il χ_O^2 dei dati in tabella 3.27 e per χ_O^2-ridotto:

$$\tilde{\chi}_O^2 = \frac{3.27}{6-3} = 1.09.$$

Sulla tabella di $P(\tilde{\chi}^2 \geq \tilde{\chi}_O^2)$ in App. C si osserva che il $\tilde{\chi}_O^2 = 1.09$ osservato, sulla riga corrispondente a $d = 3$ si colloca tra i due valori 1.37 e 0.79, e risalendo lungo le colonne si hanno le probabilità 0.25 e 0.50 di ottenere un $\tilde{\chi}^2$ maggiore della $\tilde{\chi}_O^2$. La probabilità è maggiore del 25 % $>$ del livello di significatività del 5 %. Pertanto la verifica non risulta significativa e non possiamo rigettare l'ipotesi.

La distribuzione gaussiana è appropriata per i dati osservati.

11.5 Verifica χ^2: conseguenze sulla stima dell'incertezza

Consideriamo le conseguenze delle verifiche del χ^2 sulle incertezze. Per affrontare questo argomento, continuiamo con le misure ripetute di una grandezza, per la quale abbiamo assunto una distribuzione di Gauss, e consideriamo che la variabile x ovviamente abbia anche un'incertezza di lettura ε_x.

In seguito affronteremo anche il caso delle relazioni funzionali.

Conseguenze delle verifica nel caso di una gaussiana

Se si osservano delle variazioni statistiche, acquisiamo una serie di dati, per applicare la verifica sarebbero necessari almeno 60 dati, tali da permettere di avere almeno sei classi con dieci E_k.

L'approccio statistico, permette di ottenere $X_{ms} = \bar{x}$ e $\sigma_{ms} = \sigma_x$. La verifica del χ^2_d permetterà di rigettare (o accettare) l'ipotesi, che la distribuzione gaussiana, assunta, sia appropriata per la serie di dati ottenuti.

1. Se il livello di significatività della verifica è minore dell' 1 %, il campione è *altamente significativo*, possiamo rigettare l'ipotesi, che la distribuzione gaussiana sia appropriata per il campione.
2. Se il livello di significatività risulta maggiore del 5 %, possiamo avere fiducia di aver accettato un'ipotesi giusta in un intervallo di fiducia del 95 %, la gaussiana è appropriata per il campione di dati.
3. Se il livello di significatività risulta compreso tra 1 % 5 % il campione è solo probabilmente significativo e si consiglia di approfondire l'indagine sperimentale.

Dal punto di vista statistico sappiamo che la zona intermedia, del livello di significatività del 5 % richiederebbe ulteriori approfondimenti. Per un'economia di studio del laboratorio del primo anno, accetteremo, anche, con una certa riserva, l'ipotesi a partire da un livello di significatività maggiore dell'1 %.

Le conseguenze per la propagazione delle incertezze, se si verifica il caso 1 (*rigetto dell'ipotesi*), sono che *non possiamo utilizzare* come *incertezza casuale* la *deviazione standard della media*. Risulta comunque una *buona stima dell'incertezza casuale* la *deviazione standard del campione* σ_x.

Se invece è verificato il caso 2 (scontato per il primo anno a partire da una valore maggiore dell'1 %), utilizzeremo come *incertezza casuale* la *deviazione standard della media* $\sigma_x/\sqrt{n}$

Sia nel primo caso che nel secondo caso l'incertezza totale della misura diretta sarà data dalla somma in quadratura delle incertezze sistematiche e quella casuale.

Consideriamo di non avere incertezze di accuratezza, o anche se ci fossero, come visto, sappiamo di poterle riconsiderare a posteriori, ed usiamo solo le incertezze sistematiche di lettura ε_x:

$$1° \text{ caso} : x \text{ non gaussiana} \quad \delta x = \sqrt{\sigma_x^2 + \varepsilon_x^2/3},$$
$$2° \text{ caso} : x \quad \text{gaussiana} \quad \delta x = \sqrt{\sigma_x^2/n + \varepsilon_x^2/3}.$$

Ovviamente nel caso che l'obiettivo sia fornire semplicemente la misura diretta, potremmo anche fornire le due incertezze separatamente.

L'incertezza δx utilizzata per verifiche di significatività (anche se espresso sopra come incertezza totale, per evitare confusione nell'utilizzo di un'altro simbolo σ), è da considerarsi statistica.

L'incertezza δx, se da utilizzarsi in una successiva propagazione delle incertezze, per il teorema del limite centrale, va sommata con le varianze delle altre grandezze in gioco, se indipendenti in quadratura, se correlate, invece linearmente, e infine la grandezza derivata va considerata gaussiana, per l'eventuale verifica di significatività o per la presentazione di una misura finale.

Conseguenze delle verifica nel caso di una relazione funzionale

Nel caso delle relazioni funzionali, il percorso da seguire risulta più tortuoso, in quanto le misure si ottengono indirettamente dalle coppie dei dati, per cui sono già un risultato della propagazione delle incertezze, la distinzione tra incertezza casuale ed incertezza di lettura può essere diretta sulle variabili indipendenti, ma poi va "propagata" sulla variabile dipendente.

L'analisi, che ha condotto alle regole da utilizzare, aveva come premessa, che le variabili fossero casuali, quindi il risultato della verifica è per la parte casuale dell'incertezza, alla fine si dovrà recuperare come si propaga l'errore sistematico, espresso comunque in forma di varianza per uniformità con l'intervallo previsionale.

In ogni caso le conclusioni della verifica del χ^2 permetto di dire che:

1. se il livello di significatività della verifica è minore dell' 1 %, possiamo rigettare l'ipotesi, che la relazione funzionale sia in accordo con i dati sperimentali.
2. Se il livello di significatività risulta maggiore del 5 %, possiamo avere fiducia, che la relazione funzionale sia in accordo con i dati.
3. Se il livello di significatività è compreso tra 1 % e 5 %, il campione è probabilmente significativo, va approfondita l'indagine sperimentale o l'analisi.

Anche per questo caso vale la questione della zona intermedia (terzo punto), per un corso preliminare accetteremo l'ipotesi.

Le conseguenze per la propagazione delle incertezze, se si verifica il caso 1, *rigetto dell'ipotesi*, sono che *non possiamo utilizzare la relazione funzionale* come appropriata per i nostri dati, quindi si *dovrebbe cercare un'altra relazione*, o approfondire l'indagine sperimentale e/o l'analisi.

Se invece si è verificato il caso 2 *accettiamo l'ipotesi* e possiamo utilizzare come incertezza statistica la deviazione standard della retta teorica (in generale legge teorica) σ_Y:

$$\text{la legge è appropriata } \delta Y = \sqrt{\sigma_Y^2 + \varepsilon_y^2/3}$$

Abbiamo indicato, come nel Cap. 9 con δY l'incertezza, che si deduce alla fine di tutta l'analisi, dopo la verifica del χ^2 (per il quale si devono invece usare δy_i), da usare nelle formule di stima delle incertezze sui parametri o su un valore y di interpolazione. Per gli ε_y dovremmo chiarire ancora che, se le incertezze di lettura fossero tutte uguali, non avremmo problemi, se invece sono diverse si dovrebbe applicare il metodo dei minimi quadrati pesati per dedurre le incertezze, se non trascurabili rispetto a σ_Y. Potremmo ai fini di facilitare i calcoli agli studenti, concedere uno sconto per chi è al primo approccio, utilizzando il valore medio $\varepsilon_y = \overline{\varepsilon_y}$, ovviamente è una scorciatoia, ma sicuramente più corretta del considerare le sole incertezze dedotte dall'analisi sulla retta dei minimi quadrati.

Ovviamente rimane la condizione conservativa della semplice propagazione delle incertezze, espressa nel Par. 9.3, o per il caso pesato nel Par. 9.5, e la considerazione della verifica del χ^2, che la legge è appropriata per i dati osservati.

In ogni caso se assegniamo a δY la caratteristica di essere quanto meglio stimabile dopo l'accettazione della legge, avremmo

$$\delta A = \delta Y \sqrt{\frac{\sum x^2}{\Delta}},$$

$$\delta B = \delta Y \sqrt{\frac{N}{\Delta}}.$$

Dove δ assume sempre l'aspetto di un'incertezza, che individua una variabile di tipo gaussiano.

Scappatoie operative per apprendisti e per necessità

In un laboratorio del primo anno, per inesperienza e/o poco tempo per prendere confidenza con gli apparati, può capitare di dover rigettare la legge fisica attesa, ma bisogna comunque fornire un risultato.

Cosa che può capitare anche nell'esperienza di laboratorio di ricerca, nei casi in cui non si abbia la possibilità di approfondire ulteriormente l'indagine, ma serve una curva per esempio di calibrazione.

Si immagini di avere pochi dati come in Fig. 11.1, e per la verifica, effettuata di dovere rigettare l'ipotesi. In questo caso si osserva che la σ_Y risulta maggiore in media dei δy_i. Semplifichiamo per questioni di calcolo, prendendo il valore medio $\overline{\delta y}$ delle incertezze.

Si può verificare anche graficamente, che possiamo utilizzare:

$$\text{la legge è inappropriata:}$$
$$\delta Y = \sqrt{\sigma_Y^2 + (\overline{\delta y})^2} \text{ per le stime,}$$

In questo caso, visto che è una stima grossolana, non mi preoccuperei più di tanto, ed userei per δy la media degli eventuali δy_i.

Ovviamente l'incertezza δY risulterà superiore, che nel caso in cui si verifichi che la legge è appropriata, ma permette allo studente alle prime armi di confrontarsi con la teoria delle incertezze e con l'obiettivo principale di un corso di introduzione al laboratorio che è *fornire una misura*.

L'importante è capire che se consideriamo le due rette, individuate da $Y + \delta Y$ e $Y - \delta Y$, possiamo fornire la probabilità di ottenere un risultato y, all'interno della regione individuata da queste, pari al 68 %, dei punti e delle incertezze sui punti in entrambi i casi.

Quindi in conformità con quanto esprimiamo con la misura in fisica.

Nel caso si sia limitato lo studio alla verifica di una legge attesa, quindi non si vada alla ricerca della legge adeguata, e si debba fornire una stima della misura di qualche grandezza, si devono osservare con attenzione le incertezze σ_Y, deviazione standard della curva teorica, e $\overline{\delta y}$, il valore medio delle incertezza totali sulle singole y_i ovvero la media delle δy_i.

Ovviamente nel primo caso si dovrebbe trovare la relazione funzionale, che meglio descriva i dati sperimentali, e quindi abbattere l'errore casuale.

In caso di necessità, pigrizia, sconti al primo anno, o in cui si deve comunque fornire una stima, possiamo percorrere questa scorciatoia, ma con l'obiettivo di fornire comunque un risultato appropriato per i dati osservati.

Problemi

11.1. Per i dati riportati nel Probl. 9.3, relativi al periodo del pendolo T e la lunghezza della corda l, effettuare la verifica del χ^2 per il caso $T = T(l)$ e per il caso $T = T(\sqrt{l}))$, con i coefficienti dedotti mediante il metodo dei minimi quadrati.

Fare la verifica di significatività del χ^2 per le due leggi e fornire la fiducia per la relazione, che si accorda ai dati sperimentali. Trovata la legge appropriata, fornire la misura di g e fare la verifica di significatività con il valore atteso $g = 9.81$ m s^{-2}.

11.2. Per i dati relativi alla legge di Hooke (Probl. 6.6), si faccia la verifica del χ^2 per la legge attesa e si fornisca la misura di k, si faccia successivamente la verifica di significatività per il valore atteso $k_{att} = 920$ N m^{-1}.

11.3. Per calibrare una termocoppia, si misura la forza elettromotrice *fem* ai capi di due giunzioni, una immersa in un bagno d'acqua (termostatato), di cui si misura la temperatura T, e l'altra immersa nel ghiaccio fondente (0 °C). La forza elettromotrice è funzione della differenza di temperatura tra giunzione calda ($T_c = T$) e giunzione fredda ($T_f = 0$), percui in questo caso $T_c - T_f = T_c = T$.

T [°C]	33.5	42.1	51.5	61.0	73.0	81.4	91.4
fem [mV]	1.30	1.70	2.10	2.50	2.90	3.40	3.80

Trovare la relazione funzionale del tipo $y = A + Bx$ di $fem = fem(T)$, con il MMQ, fornire il coefficiente di correlazione r, e fate la verifica del χ^2. Verificare con il foglio di calcolo elettronico o con la calcolatrice, se ottenete gli stessi risultati per A e B e per r.

Trovare, con l'aiuto di un foglio elettronico o calcolatrice, la regressione polinomiale di grado 2 del tipo $y = c_0 + c_1 x + c_2 x^2$ con relativo coefficiente di correlazione. Effettuare la verifica del χ^2 per la relazione funzionale ottenuta.

Nel riferimento [7] sono disponibili le calibrazioni (con polinomi di ordine 10) per le termocoppie. Limitiamoci ai soli primi tre coefficienti per $T{=}0 - 1372\,°C$: $c_0 = -1.760\,041\,368\,6\,10^{-2}$ mV, $c_1{=} 3.892\,120\,497\,5\,10^{-2}$ mV $°C^{-1}$ e $c_2{=} 1.855\,877\,003\,2\,10^{-5}$ mV $°C^{-2}$.

11.4. Nel caso della caduta di un grave si registrano i risultati riportati in Tabella 11.5, fare la verifica del χ^2 per una densità di probabilità gaussiana. Assumete

Tabella 11.5 Numero di impulsi rilevati durante la caduta di un grave

56 560	56 825	56 548	56 456	56 556	56 189	56 388
56 391	56 471	56 246	56 356	56 175	56 180	56 294
56 664	56 348	56 666	56 263	56 418	56 702	56 405
56 459	56 540	56 404	56 384	56 332	56 301	56 295
56 361	56 469	56 571	56 246	56 165	56 157	56 993
56 415	56 581	56 331	56 175	56 505	56 298	56 605
56 239	56 205	56 365	56 465	56 410	56 225	56 314
56 011	56 367	56 397	56 315	56 525	56 170	56 223
56 506	56 225	56 431	56 472	56 160	56 370	56 407
56 478	56 648	56 450	56 215	56 179	56 170	56 308

che il numero di impulsi al secondo siano $n_{un-centr}{=}100\,400$ impulsi s^{-1}, ottenuto come valore centrale su cinque misure, per le quali si abbia una dispersione $\Delta_{n_{un}}{=}$ 520 impulsi s^{-1}. L'altezza da cui cade il grave è $1\,495 \pm 2$ mm, stimate l'accelerazione g dalla relazione $g = 2h/t^2$ (ipotesi rigettata ... si guardi il Probl. 11.6).

11.5. I dati discussi per la verifica sulla gaussiana nella parte teorica, le cui conclusioni sono nella Tabella 11.4 e $\lambda = 8.00 \pm 0.73$ mm, dove λ è la lunghezza d'onda per onde di pressione, sono ottenuti dalla differenza tra due massimi d'interferenza, $x_i - x_{i+1}$, misurati spostando un microfono, installato su un sistema, tipo nonio, che permette una risoluzione per la lettura di 1/10 mm [5].

Se tale differenza è $d = |x_i - x_{i+1}|$ (presa in valore assoluto) si ha $\lambda = 2d$. Sulla base della verifica del χ^2 per una gaussiana si fornisca l'incertezza totale su λ. Obiettivo dell'esperienza è la misura della velocità del suono in aria, $v_s = \lambda v$, dove v è la frequenza dell'onda acustica. Per evitare disturbi ai presenti in laboratorio, l'esperienza si effettua a frequenze ultrasoniche, alla frequenza misurata $v = 43.5$ kHz. Da [7] si ha: $U.R. = 60\,\%$: $v_s = 344.238$ m s^{-1}. Verificare se questo valore è appropriato per i dati rilevati.

11.6. Nella misura di g mediante la tecnica della caduta di un grave, si osserva che il grave viene sganciato, rispetto all'attivazione del sistema cronometrico, con un certo ritardo. Per correggere tale errore di accuratezza, si rilevano i tempi di caduta del grave da varie altezze. Dai dati riportati nel Probl. 9.5, calibrare il sistema, deducendo t_0 dalla relazione $h = (1/2)g(t + t_0)^2$ (si linearizzi così $t = -t_0 + \sqrt{2/g}\sqrt{h}$), con il MMQ trovare la $y = A + Bx$, dove $y \equiv t$ e $x \equiv \sqrt{h}$. Fare la verifica del χ^2 per la legge e fornire t_0 e l'incertezza. Riconsiderare il Probl. 11.4, includendo l'errore di accuratezza, e rifare la verifica di significatività per g attesa.

12

Distribuzione binomiale

La distribuzione binomiale risulta interessante in quanto riguarda lo schema successo–insuccesso e può essere utilizzata per verifiche su attività produttive [16].

Dal punto di vista dell'analisi delle incertezze è importante, perché è alla base della teoria delle distribuzioni di probabilità. Si deduce da essa con semplicità la distribuzione di probabilità di Poisson, di notevole interesse per la fisica, ed in modo più articolato anche la densità di probabilità di Gauss [12].

Nell'ambito di questo capitolo si ricaveranno semplicemente alcune sue proprietà, che saranno poi necessarie per dedurre la poissoniana. Sarà utile per ribadire la distinzione tra probabilità classica e probabilità frequentista. Ed infine per applicare la verifica del χ^2.

Tale distribuzione richiede alcune premesse di calcolo combinatorio.

12.1 Probabilità nel gioco dei dadi

Lo schema *successo–insuccesso* ha diverse applicazioni pratiche concrete, per esempio sulla produzione di petardi si potrebbe studiare la probabilità, che i petardi esplodano (successo), oppure no (insuccesso). Si può anche studiare la probabilità, che un mozzo regga (successo) alla fatica, oppure no (insuccesso), o che un tipo di propaganda, o attività politica, abbia prodotto maggiori consensi (successo), oppure no (insuccesso), che un tipo di farmaco sia più efficace di un altro.

Lo spettro delle applicazioni è vario, nonostante lo schema sia semplice ed immediato, in quanto si collega direttamente al calcolo delle probabilità per i giochi, percui si possono fare delle verifiche sperimentali anche a casa per conto proprio.

Lo schema di base è che l'evento si avveri oppure no, e qui si esaurisce lo spazio degli eventi.

Un evento di questo tipo è detto bernoulliano (o binario) e viene definito tale, se ad ogni tentativo o prova può essere ottenuto solo uno dei due risultati successo o insuccesso. Un'altra condizione è che *le probabilità* di successo e insuccesso *non cambino* nel corso delle prove.

G. Ciullo, *Introduzione al Laboratorio di Fisica*, UNITEXT for Physics,
DOI: 10.1007/978-88-470-5656-5_12, © Springer-Verlag Italia 2014

Se indichiamo con E un evento qualsiasi e con p la probabilità, che si avveri, si ha $p = P(E)$. Dato che lo spazio degli eventi è composto da E ed il complementare di E, se etichettiamo con q la probabilità di insuccesso $q = P(\overline{E})$, si ha:

$$p + q = 1 \ .$$

Tale tipo di schema è riproducibile con facilità in molti giochi, la teoria delle probabilità prende il via proprio da tali variabili bernoulliane.

Prendiamo il caso di un dado, se per successo intendiamo ottenere il *sei*, etichettato s, l'insuccesso sarà *non–sei*, etichettato $\bar{s}$. Chiamato $\mathscr{S}$ lo spazio degli eventi, si ha:

$$P(\mathscr{S}) = P(s) + P(\bar{s}) = 1 \ .$$

Infatti nel caso del dado si ha $p = P(s) = 1/6$ e $q = P(\bar{s}) = 5/6$, che risulta pertanto una variabile bernoulliana, visto che $p + q = 1$.

Altra possibilità a portata di tutti, il lancio di una moneta. La probabilità di ottenere *testa* $P(T)$=1/2 e non testa $P(\overline{T}) = 1/2$, anche in questo caso $p + q = 1$ e la variabile *testa* (T) risulta una variabile bernoulliana.

La domanda che ci si pone è: nel caso di n prove qual è la probabilità di ottenere un numero ν di successi (di *sei* o di *teste*)?

La probabilità di n lanci, consecutivi dello stesso oggetto, può essere vista anche come la probabilità di ottenere in un solo lancio di n oggetti un determinato numero di successi ν e di conseguenza un numero di insuccessi, che risulterà $n - \nu$. Lo schema è praticamente lo stesso.

Partiamo da un esempio limitato di variabili bernoulliane per esempio lanci di tre dadi insieme.

Vogliamo contare il numero di *sei*, indichiamo con il carattere corsivo l'evento di ottenere *sei*. Il gioco può essere lanciare tre dadi insieme, o equivalentemente, se si ha un solo dado, lanciarlo consecutivamente tre volte, visto che ci si può confondere, di seguito per *prova* intenderemo in questo caso o il lancio di tre dadi, o ogni sequenza dei tre lanci dello stesso dado, per evitare l'equivoco tra lanci e prove.

Il numero di eventi favorevoli, il numero di *sei*, che potrebbero verificarsi per la prova (lancio di tre dadi insieme o tre lanci di uno stesso dado) sono rispettivamente nessuno, uno, due o tre *sei*.

Se *ripetiamo le prove* un numero di volte infinito e osserviamo le frequenze (approccio frequentista o a posteriori), per la legge dei grandi numeri le frequenze di nessuno, uno, due o tre *sei*, tendono alle probabilità (classica o a priori).

Questo è un esperimento semplice, che ci permette di calcolare la probabilità a priori e confrontare tale probabilità con il risultato a posteriori, nonché verificare se i dadi sono truccati.

Per ogni singolo dado, non truccato, la probabilità a priori di ottenere *sei* è il numero di eventi favorevoli diviso il numero di eventi possibili: $P(s) = 1/6$. Questo vale per il lancio simultaneo dei tre dadi, dato che rotolano indipendentemente, o per i tre lanci successivi dello stesso dado.

La probabilità di ottenere in una prova per i tre dadi tre *sei*, dato che gli eventi sono compatibili e stocasticamente indipendenti, sarà data dal prodotto delle probabilità delle tre variabili bernoulliane:

$$P(3\ sei\ \text{su 3 dadi}) = \frac{1}{6}\frac{1}{6}\frac{1}{6} = \left(\frac{1}{6}\right)^3 \approx 0.00463 \ .$$

Supponiamo ora di voler calcolare la probabilità di ottenere due *sei*, senza preoccuparci dell'ordine con cui compaiono.

La *probabilità* di qualsiasi *configurazione* di due s e un $\bar{s}$ è $(1/6)^2(5/6)$, *indipendentemente dall'ordine di comparsa* dei *sei*.

Per calcolare la probabilità di ottenere due successi (due *sei*), bisogna tener conto, che tale risultato si può ottenere in vari *modi (o configurazioni)*. Quindi dovremmo *contare il numero di modi*, in cui potrebbero comparire due *sei*: $(s,\ s,\ \bar{s})$, $(\bar{s},\ s,\ s)$ e $(s,\ \bar{s},\ s)$. Quindi sono tre i modi possibili, pertanto la probabilità sarà data da:

$$P(2\ sei\ \text{su 3 dadi}) = 3\left(\frac{1}{6}\right)^2 \frac{5}{6} = 0.0694 \ .$$

Per il caso di ottenere un *sei* in una prova del lancio di tre dadi (o equivalentemente di tre lanci dello stesso dado), la probabilità di qualsiasi configurazione 1 s e 2 $\bar{s}$ è $(1/6)(5/6)^2$. I modi possibili, in cui può comparire un *sei* in tre lanci, sono: $(\bar{s},\ s,\ \bar{s})$, $(\bar{s},\bar{s},s)$ e $(s,\bar{s},\bar{s})$, percui si ottiene:

$$P(1\ sei\ \text{su 3 dadi}) = 3\frac{1}{6}\left(\frac{5}{6}\right)^2 = 0.347 \ .$$

Per la probabilità di ottenere nessun *sei*, abbiamo un solo modo $(\bar{s},\bar{s},\bar{s})$. Pertanto

$$P(\text{nessun}\ sei\ \text{su 3 dadi}) = \left(\frac{5}{6}\right)^3 = 0.579 \ .$$

Possiamo riportare su un istogramma la probabilità di ottenere $v = 0, 1, 2$ e 3 *sei* nel caso di prove con tre dadi, come in Fig. 12.1.

L'istogramma è a linee (rese un po' più spesse, perché siano visibili sul grafico), che coincidono con il singolo valore v, che è infatti una variabile discreta. Diversamente negli istogrammi delle densità di frequenza dei dati sperimentali, le variabili, che risultavano comprese in intervalli larghi, quanto la larghezza della classe, perché il valore corrispondente ad una data classe risulta compreso nell'intervallo individuato dal minimo e dal massimo della classe stessa, venivano riportate con barre contigue.

Sulle ordinate in Fig. 12.1 si ha la probabilità di ottenere v successi, probabilità a priori, quindi calcolata.

Siamo nel caso di *distribuzioni di probabilità* discrete. Per le gaussiane si parlava di densità di probabilità. Se organizziamo gli eventi delle prove sul lancio dei tre dadi, in gruppi a seconda del numero di v di successi ed etichettiamo A_o il sottospazio degli eventi, che ha come risultato zero (nessun) *sei* (contiene un elemento), A_1 il sottospazio degli eventi, che ha come risultato un *sei* (contiene tre elementi), A_2

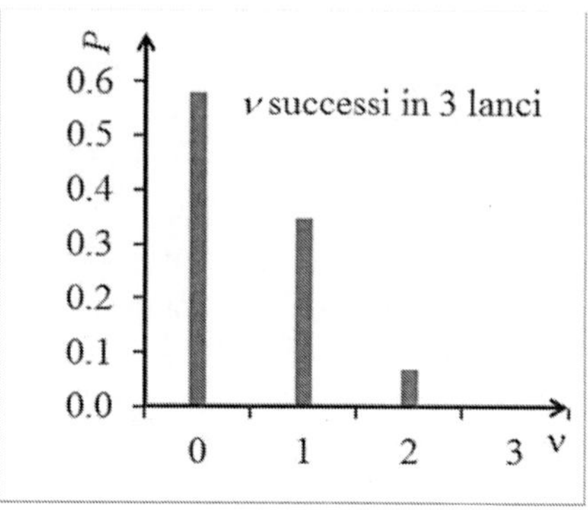

Figura 12.1 Distribuzione di probabilità per v successi per prove con lancio di tre dadi o tre lanci di un dado.

il sottospazio degli eventi, che ha come risultato due *sei* (contiene tre elementi) ed infine il sottospazio A_3 il sottospazio degli eventi, che ha come risultato tre *sei* (che contiene un elemento), si può verificare l'assioma della certezza:

$$P(\bigcup_{i=0}^{3} A_i) = \sum_{i=0}^{3} P(A_i) = P(S) = 1 \ .$$

Infatti sommando le probabilità calcolate si ottiene uno.

Il calcolo della probabilità per prove con più variabili bernoulliane, relative allo schema successo–insuccesso, risulta percorribile, contando i modi come sopra, per un numero piccolo di elementi, dadi, o un numero piccolo di lanci consecutivi.

Per configurazioni con più elementi, risulta più complesso. Provate a calcolare in tale modo la probabilità di ottenere nel lancio di dieci dadi, $v = 5$ successi, cinque *sei* per esempio.

Oppurre in 200 lanci consecutivi di un dado, o il lancio di 200 dadi, la probabilità di ottenere trenta *sei*.

Dal punto di vista delle applicazioni, provate a verificare per un campione di 40 petardi, la probabilità di successo (esplosione). Prendete vari campioni di 40 petardi nel corso della produzione, per verificare se si ha un miglioramento o peggioramento, in caso di una modifica nel processo di fabbricazione.

Il problema è soprattutto contare il numero di modi, che è *argomento del calcolo combinatorio*.

12.2 Cenni sul calcolo combinatorio

Lo schema successo–insuccesso $(s, \bar{s})$ permette di studiare la probabilità dell'avverarsi (o no) di un evento, percui si abbia $p + q = 1$.

Conderiamo una sequenza di successi s per il dado di probabilità $p = 1/6$ (abbiamo usato il numero *sei*, perché ha l'iniziale di successo) ed insuccessi $\bar{s}$ di probabilità $q = 5/6$ del tipo:

$$\overbrace{s\,\bar{s}\,s\,\bar{s}\,s\,s\,\underbrace{\bar{s}\,s\,s\,\bar{s}\,s\,s}_{v\ \text{successi}}}^{n-v\ \text{insuccessi}}.$$

La probabilità per *ogni modo possibile* con v numero di successi di probabilità p, nel caso di n numero di variabili, quindi con $n - v$ numero di insuccessi di probabilità q, è data dalla relazione:

$$\text{per ogni configurazione}\ \ p^{v} q^{n-v},$$

dato che tutte le singole variabili bernoulliane sono stocasticamente indipendenti.

Rimane da contare il numero di *modi*, con lo stesso numero di successi, *senza interessarsi all'ordine con cui compaiono*, quindi la seguente configurazione

$$s\,s\,\bar{s}\,s\,s\,\bar{s}\,s\,\bar{s}\,s\,\bar{s}\,s\,s$$

è da considerarsi equivalente a $s\,\bar{s}\,s\,\bar{s}\,s\,s\,\bar{s}\,s\,s\,\bar{s}\,s\,s$, dato che non distinguiamo l'ordine. Percui è da contare tra i modi di ottenere $v = 8$ s successi e $n - v = 4$ $\bar{s}$ insuccessi.

Per contare tutti i modi serve il calcolo combinatorio.

Utilizziamo il seguente schema abbastanza pratico: quanti modi abbiamo di collocare v bilie (in fisica statistica o nella teoria cinetica dei gas sono particelle, atomi o molecole) in n buche (sono volumi) e supponiamo di voler mettere v bilie numerate, quindi *distinguibili (per ora)*, in n buche, con $n > v$ (Fig. 12.2).

Ogni buca può contenere una sola bilia, riterremo successo s la buca occupata, insuccesso $\bar{s}$ la buca vuota.

Contiamo le varie possibilità di mettere le v bilie nelle n buche, per ora considerando anche l'ordine in cui compaiono: la prima bilia posso collocarla in una qualsiasi delle n buche quindi ho n possibilità.

Una volta collocata la prima, per la seconda bilia mi rimangono $n - 1$ possibilità, da moltiplicare con le precedenti n nel caso dei modi possibili di collocare due delle bilie disponibili, in n buche.

I modi, che rimangono per la terza bilia, sono $(n - 2)$, quindi avrò, se considero

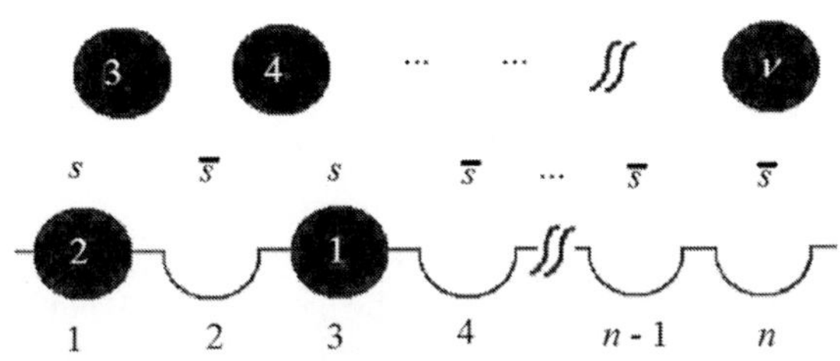

Figura 12.2 Modi di ordinare v distinguibili bilie in n buche ordinate.

i modi di ordinare tre bilie in n buche, $n(n-1)(n-2)$ modi. Per l'r-esima bilia moltiplicherò i modi ottenuti prima per $n-r+1$, fino alla v-esima bilia percui, moltiplicherò tutti modi precedenti per $n-v+1$, si ha:

$$n(n-1)(n-2) \cdots (n-v+1) \,. \tag{12.1}$$

Il numero di modi di collocare v oggetti in n postazioni è dato dalla (12.1), tenendo conto dell'ordine in cui compaiono, per questo sono state numerate anche le buche da uno ad n, a partire da sinistra, in cui si vengono a trovare le corrispondenti bilie distinguibili dal numero impresso sopra.

Tale relazione prende il nome di *Disposizioni di v oggetti in n collocazioni*.

Ovvero le disposizioni, indicate con $_n\mathscr{D}_v$, o anche come $\mathscr{D}_{n,v}$, di classe v di un insieme di n elementi.

Le disposizioni secondo la (12.1) possono intendersi anche i raggruppamenti di v elementi, tali che ogni raggruppamento differisca dagli altri per la natura (numero impresso sulla bilia) e per l'ordine degli elementi (posizione individuata dal numero della buca).

In questo ultimo caso da un gruppo di n elementi si formano gruppi di v oggetti, si pensi ai gruppi di v studenti in una classe di n, nei quali si distinguano le persone, che costituiscono il gruppo da v, e come sono ordinati, chi è il primo, il secondo e via di seguito.

Il numero di possibili ordinamenti, o nel secondo caso raggruppamenti, sono dati dalla (12.1).

Continuiamo con il modellino delle buche e delle bilie.

Se si avessero a disposizione n bilie, quale sarebbe il numero possibile di *disposizioni*?

In questo caso useremo lo stesso procedimento fino all'ultima bilia.

$$n(n-1)(n-2) \cdots (2)(1) = n!$$

Il numero di disposizioni di n oggetti ad n ad n, prende il nome di *permutazioni* di n oggetti, e si indica con il simbolo $\mathscr{P}_n$.

E se non siamo interessati all'ordine in cui compaiono le bilie? Che significherebbe che le bilie sono *indistinguibili*, non hanno numero impresso sopra e non distinguiamo l'ordine di occupazione delle buche.

Quale sarebbe il numero di configurazioni possibili?

Partiamo dal caso di n bilie in n buche, avremmo una sola possibilità, che si otterrebbe dividendo le disposizioni per il numero di permutazioni degli oggetti:

$$\text{modi per } n \text{ bilie indistinguibili in } n \text{ buche}: \frac{\mathscr{D}_{n,n}}{n!} \,.$$

Questa considerazione ci permette di arrivare alle disposizioni $\mathscr{D}_{n,v}$, dalla considerazione, che contiamo prima tutti i modi, come se avessimo n bilie, ma poi teniamo conto che abbiamo solo v bilie e quindi $n-v$ buche. Se consideriamo le buche indistinguibili, nelle disposizioni delle nostre v bilie, abbiamo contato le permutazioni di $n - v$ bilie in più.

Le buche rimaste vuote sarebbero $n - v$, sono quindi state considerate in $\mathscr{P}_n$, come ulteriori disposizioni delle bilie.

Si potrebbe riscrivere la (12.1), ovvero le disposizioni di n a v a v, come numero di tutte le permutazioni di n bilie, diviso il numero delle permutazioni delle buche, che rimarrebbero vuote $(n - v)!$, la (12.1) conferma formalmente quanto suddetto:

$$\mathscr{D}_{n,v} = n(n-1)\,(n-2)\cdots(n-v+1) = \frac{\mathscr{P}_n}{\mathscr{P}_{n-v}} = \frac{n!}{(n-v)!}\;. \tag{12.2}$$

A questo punto possiamo fare un'altra considerazione. Si osservi che in (12.2) per le disposizioni $\mathscr{D}_{n,v}$ si ottiene sostituendo a $v = n$ la relazione $\mathscr{D}_{n,n} = \mathscr{P}_n = n!$.

Le formule devono essere valide per qualsiasi v, percui anche per $v = n$, quindi $n!/(n-v)!$ diventa $n!/(n-n)!$ ovvero $n!/0!$. Ma la (12.2) per $v = 0$ deve dare le permutazioni $n!$, pertanto si deve avere che $n!/0! = n!$. Ciò è possibile se e solo se $0! = 1$.

Se non importa l'ordine in cui si trovano le bilie nelle buche, quindi anche le bilie *siano indistinguibili*, allora posso ottenere il numero di possibili modi, per i quali non mi interessa l'ordine in cui le bilie occupano le buche (successi) e l'ordine delle buche vuote (insuccessi), dividendo ancora le disposizioni per le permutazioni delle v bilie (successi):

$$\frac{n!}{v!(n-v)!}\;. \tag{12.3}$$

Il numero dei modi espresso dalla (12.3) è detto *combinazioni* ed indicano il *numero di modi di disporre v di oggetti in n collocazioni*, per le quali *non è importante l'ordine* di collocazione, si indicano con $_n\mathscr{C}_v$, o anche $\mathscr{C}_{n,v}$, o $\binom{n}{v}$ detto anche *coefficiente binomiale*. Prende tale nome in quanto compare nello sviluppo di una potenza di un binomio:

$$(a+b)^n = \sum_{v=0}^{n} \binom{n}{v} a^v b^{n-v}. \tag{12.4}$$

Le combinazioni, date dalla (12.3), sono anche il numero di raggruppamenti di n oggetti a v a v, per i quali non è importante l'ordine in cui si presentano gli oggetti stessi.

Quindi abbiamo ottenuto una formula generale, che ci permette immediatamente di calcolare il numero di modi con uguale numero di successi, per i quali non siamo interessati all'ordine di comparizione.

Moltiplicando le combinazioni per la probabilità di una qualsiasi delle configurazioni, si ha quindi la *probabilità di ottenere v successi per n variabili bernoulliane*:

$$\mathscr{B}_{n,p}(v) = \frac{n!}{v!(n-v)!} p^v q^{n-v}\;, \tag{12.5}$$

detta per l'appunto *distribuzione binomiale*, in quanto compare il coefficiente binomiale presente nelle potenze di un binomio espresse secondo la (12.4).

Si verifichi che la distribuzione binomiale come presentata nella (12.5) fornisca i risultati, che si sono ottenuti per il caso del lancio di 3 dadi, ovvero si calcoli $\mathscr{B}_{3,1/6}(v)$ per $v = 0, 1, 2, 3$.

L'istogramma di questa distribuzione di probabilità è per l'appunto quanto riportato in Fig. 12.1.

12.3 Proprietà della distribuzione binomiale

La distribuzione binomiale è una distribuzione di probabilità ed, in quanto tale, deve soddisfare la legge di normalizzazione (assioma della certezza):

$$\sum_{v=0}^{n} \mathscr{B}_{n,p}(v) = 1.$$

Tale risultato si ottiene, dall'osservare, che la sommatoria non è altro che lo sviluppo del binomio $(p+q)^n$, dove per lo schema successo-insuccesso $p+q = 1$, pertanto per la (12.4) si ha che la distribuzione binomiale è normalizzata.

Si può calcolare il valore di aspettazione $E\{v\}$, ovvero il valore medio di successi atteso.

Intuitivamente per una variabile bernoulliana di probabilità p, nel caso di n variabili (si pensi al lancio consecutivo di n dadi e all'evento successo *sei*), ci si aspetta che il numero di successi sia in media np.

Tale risultato si ottiene, rigorosamente, dall'applicazione della speranza matematica di v nel caso della distribuzione binomiale:

$$E\{v\} = \sum_{v=0}^{n} v\,\mathscr{B}_{n,p}(v)\,.$$

Il primo termine della sommatoria si annulla in quanto $v = 0$. Percui la sommatoria parte da $v = 1$. Ritorniamo ad un indice della sommatoria, che riparta da zero, perciò cambiamo variabile, sostituendo a v una nuova variabile $r = v - 1$. L'estremo della sommatoria risulterà $n - 1$, sostituiamo $v = r + 1$ nei termini sotto sommatoria, portiamo fuori dal segno di sommatoria n e p, che non dipendono dall'indice di sommatoria r, ed otteniamo:

$$np\left[\sum_{r=0}^{n-1} \frac{(n-1)!}{r![(n-1)-r]!}\, p^r q^{(n-1)-r}\right]\,,$$

che non è altro che $np[(p+q)^{n-1}]$ e dato che $[1]^{n-1} = 1$ si ha $\overline{v} = np$.

Per il calcolo della varianza (Probl. 12.5) si ottiene:

$$Var\{v\} = \sum_{v=0}^{n} (v - \overline{v})^2 \mathscr{B}_{n,p}(v) = np(1-p) = npq\,,$$

da cui deduciamo la deviazione standard:

$$\sigma_v = \sqrt{Var\{v\}} = \sqrt{npq}\,.$$

La distribuzione binomiale risulta asimmetrica, tranne nel caso in cui la probabilità $p = q$, ma dato che $p + q = 1$, quindi per $p = q = 1/2$, in caso per esempio delle facce di una moneta.

Si osserva inoltre che all'aumentare del numero di prove n la binomiale tende a diventare simmetrica e tendere ad una gaussiana.

Tendenza di una binomiale ad una gaussiana

La tendenza ad una gaussiana la facciamo notare empiricamente, solo riportando in via grafica, quanto si ottiene all'aumentare del numero di prove n. Si osserva che si ha già una buona approssimazione a partire da $n > 20$. Questa tendenza ha un'applicazione pratica, in quanto all'aumentare di n il calcolo della binomiale risulterebbe tedioso e pertanto è più facile utilizzare una gaussiana, secondo le seguenti corrispondenze: $X = \overline{V} = np$ e $\sigma = \sqrt{Var\{v\}} = \sqrt{npq}$ e la variabile $x \equiv v$.

- n grande (> 20) si ha $\mathscr{B}_{n,p}(v) \approx G_{\overline{V},\sigma_v}(v)$,
  dove i parametri della gaussiana risultano:
- $X \equiv \overline{V} = np$, $\sigma \equiv \sigma_v = \sqrt{npq}$
- e la variabile bernoulliana v diventa la variabile gaussiana ($x \equiv v$).

Si osservi come nel caso della binomiale la variabile sia discreta, mentre nella gaussiana è continua.

Questo si può osservare in Fig. 12.3, dove la probabilità binomiale è riportata con delle linee (larghe per essere visibili) in corrispondenza del valore v, mentre per la densità di probabilità gaussiana si ha la curva.

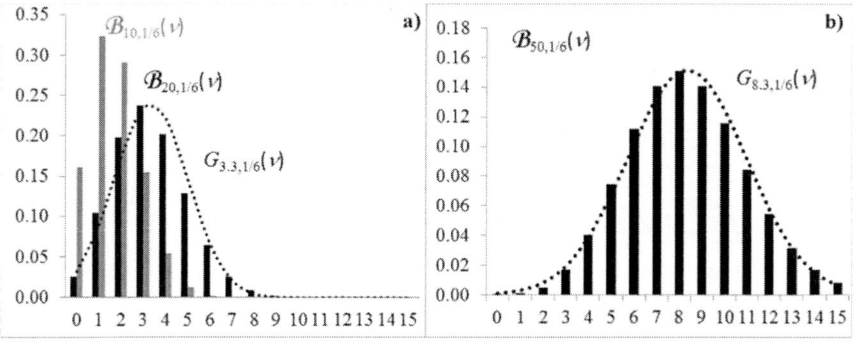

Figura 12.3 Distribuzione di probabilità binomiale all'aumentare del numero di prove n.

12.4 La verifica del χ^2 per una binomiale

Nel caso di una distribuzione binomiale, si può voler verificare, se un dado è truccato oppure no. Quindi si assume che il dado segua la distribuzione binomiale e, dato che parliamo di distribuzioni rappresentabili in istogrammi, ci riconduciamo a quanto discusso nel Par. 11.4.

Per questo si devono confrontare le occorrenze con i valori aspettati sulla base delle probabilità P_k, che in questo caso sono da dedurre dalla distribuzione binomiale.

Si supponga per esempio di avere effettuato N prove del lancio simultaneo di cinque dadi. Il numero di aspettative di una determinata configurazione di v successi, sarà dato da $E_v = NP_v$, dove la probabilità vera è dedotta dalla distribuzione binomiale: $P_v = B_{n,p}(v)$.

Partiamo dalle classi individuate all'inizio dal numero v di successi, per effettuare il calcolo delle aspettative E_v, poi applichiamo il teorema della somma di Pearson e riorganizziamo le classi, cambiando il pedice k per evitare confusione.

Supponiamo di ripetere $N = 400$ (prove) volte il lancio di cinque dadi – $n = 5$ da usare nella (12.5)– e di osservare, il numero v di successi (per esempio riteniamo successo ottenere *due*), si osservano le seguenti occorrenze: Si vuole verificare

Tabella 12.1 Osservazione delle occorrenze O_v in 2^a riga, ovvero il numero di volte, che si sono osservati i corrispondenti v successi, riportati in 1^a riga. Per esempio si sono osservati nessun *due* per 149, un *due* per 172 volte, ecc.

v di *due* sul lancio di cinque dadi	0	1	2	3	4	5
Occorrenze O_v	149	172	62	13	3	1

l'ipotesi, che i dadi seguano la distribuzione binomiale, pertanto si calcolano E_v, il numero di successi aspettati sulla base della distribuzione considerata.

Tabella 12.2 Probabilità P_v di ottenere v successi, dedotta dalla binomiale, nel caso del lancio di cinque dadi. Valori di aspettazione E_v nel caso di $N = 400$ prove

v	0	1	2	3	4	5
$B_{5,1/6}(v) = P_v$	4.02E-01	4.02E-01	1.61E-01	3.22E-02	3.22E-03	1.29E-04
$E_v = NP(v)$	160.75	160.75	64.30	12.86	1.29	0.05

Il calcolo del χ^2 va organizzato sulla base del teorema della somma di Pearson, ovvero per ogni classe il numero delle aspettative E_k deve essere superiore a dieci.

Percui raccogliamo le ultime tre colonne della Tabella 12.2 in una sola classe, riportiamo la riorganizzazione dei dati nella Tabella 12.3, in modo da avere, più di dieci valori aspettati per classe e, per maggiore chiarezza, riportiamo anche l'indice k delle classi. Il calcolo del $\tilde{\chi}^2$ si applica alle classi, indicizzate per l'appunto k:

Tabella 12.3 Riorganizzazione delle classi per soddisfare il teorema della somma di Pearson

successi v	0	1	2	3	4	5
$E_v = NP(v)$	160.75	160.75	64.30	$\leftarrow$ 14.2 $\rightarrow$		
riorganizzazione delle classi per soddisfare Pearson						
classe k	1	2	3	$\leftarrow$ 4 $\rightarrow$		
riorganizzazione degli E_k e degli O_k						
E_k	160.75	160.75	64.30	$\leftarrow$ 14.2 $\rightarrow$		
Occorrenze O_k	149	172	62	$\leftarrow$ 17 $\rightarrow$		

$$\tilde{\chi}^2 = \frac{\chi^2}{d} = \sum_{k=1}^{n_{classi}} \frac{(O_k - E_k)^2}{E_k} \bigg/ d \, . \tag{12.6}$$

Osserviamo la (12.6) e per il calcolo del $\tilde{\chi}^2$ ogni parametro ottenuto, utilizzando i dati, risulterà un vincolo statistico. Nella formula dobbiamo calcolare E_k secondo la relazione NP_k, ci serve N, un parametro, che possiamo calcolare dagli O_k, infatti $N = \sum_k O_k$, quindi si ha un vincolo c.

Per la distribuzione binomiale la probabilità P_k viene calcolata a priori, non si è stimato nessun altro parametro dai dati osservati.

Quindi per i gradi di libertà $d = n_{classi} - c$ nel caso in Tabella 12.3, $n_{classi} = 4$, si ha dunque $d = 4 - 1 = 3$, percui $\tilde{\chi}^2_O = 2.28/3$.

La probabilità di ottenere per $d = 3$ gradi di libertà $\tilde{\chi}^2$ maggiore o uguale del $\tilde{\chi}^2_O$ – $P_3(\tilde{\chi}^2 \geq 0.76)$ – si ricava dalla $P_d(\tilde{\chi}^2 \geq \tilde{\chi}^2_O)$, riportata nella Tabella C.2 sulla base del confronto con il valori critici $\tilde{\chi}^2_{cr}$ riportati.

Troviamo lungo la riga di $d = 3$ un valore $\tilde{\chi}^2_{cr} = 0.79$ per il quale la probabilità di ottenere un valore maggiore risulta pari a 0.500; dato che il valore osservato è minore, la probabilità di ottenere un valore maggiore o uguale al $\tilde{\chi}^2_O$ risulta quindi maggiore del 50 %.

Possiamo accettare l'ipotesi, che per tutti e cinque i dadi la binomiale sia la distribuzione di probabilità appropriata. Quindi i cinque dadi non sono truccati.

Problemi

12.1. Calcolare le probabilità di ottenere $v = 0, 1, 2, 3, 4, 5$ *sei* nel caso di cinque lanci dello stesso dado, si riporti su un istogramma la distribuzione delle probabilità.

12.2. Un giocatore decide di provare un dado 120 volte. Ciascun tiro ha sei possibili risultati, che etichettiamo $k = 1, 2, \cdots 6$, dove con k si indica la faccia, che si presenta. Le occorrenze sono riportate di seguito. Se il dado non fosse truccato,

Faccia k osservata	1	2	3	4	5	6
Occorrenze O_k	8	23	18	22	21	28

quale sarebbe il numero E_k di volte, che si dovrebbero presentare le corrispondenti facce k? Fare la verifica del χ^2 per controllare se il dado è truccato.

12.3. Si lanciano insieme tre dadi per 400 volte e si registrano le occorrenze, riportate di seguito, di nessun *sei*, un solo *sei* e due o tre *sei*. Si supponga che i dadi non

risultati $\rightarrow$	nessun *sei*	un *sei*	due o tre *sei*
classe $k \rightarrow$	1	2	3
Occorrenze $O_k \rightarrow$	217	148	35

siano truccati e si faccia la verifica del χ^2.

12.4. Ricavare

$$E\{v\} = \overline{v} = \sum_{v=0}^{n} v \mathscr{B}_{n,p}(v) = np.$$

12.5. $\heartsuit$ Per i patiti di matematica.

Ricavare la varianza per la binomiale $\sigma_v^2 = \overline{(v - \overline{v^2})^2}$. Abbiamo già osservato (Probl. 5.5), che la media degli scarti al quadrato risulta $\overline{v^2} - (\overline{v})^2$. Sappiamo che $\overline{v}$ è pari a np, pertanto $(\overline{v})^2 = n^2 p^2$. Si deve calcolare il valore medio di v^2 ovvero:

$$E\{v^2\} = \sum_{v=0}^{n} v^2 \mathscr{B}_{n,p}(v).$$

(La soluzione si ottiene con reiterazioni di quanto fatto nel testo per calcolare $E\{v\}$ e risulta $E\{v^2\} = np(np - p + 1)$, percui si ottiene $\sigma_v^2 = np(np - p + 1) - n^2 p^2 = np(1 - p) = npq$).

12.6. Calcolate la probabilità di ottenere 20 o più teste in 32 lanci di una moneta. Usate l'approssimazione gaussiana per trovare la stessa probabilità e confrontatela con quanto calcolato per la binomiale. (Suggerimento: si faccia il calcolo con la binomiale per $v \geq 20$, si confronti poi il calcolo per $x \geq 20$ per una densità di probabilità $G_{\overline{v},\sigma_v}(x)$.)

12.7. Mediante l'utilizzo di un foglio elettronico, calcolate la distribuzione binomiale per $n = 40$ e $p = 1/6$, riportate su un istogramma i risultati, ottenuti per $v = 1, \cdots 40$. calcolate la gaussiana equivalente e sovrapponetela all'istogramma della binomiale.

12.8. Nel caso di un lancio di una coppia di dadi viene registrato il punteggio ottenuto somma dei due dadi ad ogni lancio.

Punteggio	2	3	4	5	6	7	8	9	10	11	12
occorrenze	6	14	23	35	57	50	44	49	39	27	16

Mediante la verifica del χ^2 fornire la fiducia, che i dadi non siano truccati. (Suggerimento: si devono considerare i modi di ottenere un punteggio, eppoi calcolare mediante la binomiale la probabilità corrispondente. Si tenga conto che il punteggio 3 si può ottenere da 2 e 1, ma anche da 1 e 2; il punteggio 4 da 1 e 3, 2 e 2, nonché 3 e 1 e via di seguito.)

La distribuzione di Poisson

Nel seguente capitolo si deriva la distribuzione di Poisson dalla distribuzione binomiale e la si utilizza, per giustificare l'incertezza nel caso di procedure di conteggio, come già utilizzato per il calcolo del chi–quadro nel caso di distribuzioni.

Nell'atto pratico la applichiamo a misure di conteggi mediante un contatore Geiger e sulle quali si fanno anche verifiche di ipotesi mediante l'analisi del χ^2.

13.1 La distribuzione di Poisson

La distribuzione di Poisson descrive fenomeni (fisici, naturali e demografici), per i quali, sulla base dello schema successo–insuccesso, come per la binomiale, ci si trovi nel caso in cui:

- n - il numero di eventi possibili è elevato ($n \to \infty$),
- p - la probabilità di successo è molto bassa ($p \to 0$),
- μ - il numero medio di eventi attesi risulta significativamente minore di $\sqrt{n}$ ($\mu << \sqrt{n}$).

Il numero medio di eventi (il ben noto $\overline{v}$, indicato qui per la poissoniana con il simbolo μ) si può esprimere secondo la distribuzione binomiale $\mu = np$, e si assume costante, a parità di eventi possibili e per p costante.

Alcuni esempi di fenomeni, che soddisfino tali ipotesi, sono:

1. i decadimenti dei nuclei radioattivi, dove il numero n di atomi per mole è $6.0225 \ 10^{23} \sim 10^{24}$, mentre l'ordine di grandezza dei decadimenti al secondo sono nell'intervallo 10^{-4} - 10^4.
2. Il numero di reazioni nucleari (conteggi bassi) in un acceleratore, rispetto al numero di particelle circolanti e/o del bersaglio. Per esempio nel caso dello studio delle forze nucleari nel deutone sull'anello COSY (FZJ-Jülich in Germania) si ha un'intensità del fascio circolante $I = 10^{10}$ protoni s^{-1} (proiettili) ed uno spessore t del bersaglio di 10^{15} deutoni cm^{-2} . Rispetto al numero possibile di eventi, dato dal prodotto It (luminosità nella fisica degli acceleratori), ci si aspetta di rivelare,

G. Ciullo, *Introduzione al Laboratorio di Fisica*, UNITEXT for Physics,
DOI: 10.1007/978-88-470-5656-5_13, © Springer-Verlag Italia 2014

in media un conteggio al secondo di coincidenze protone-deutone (urto elastico) e due conteggi al secondo di coincidenze protone-protone (urto anelastico con frammentazione del deutone).

3. Il numero di nascite in un ospedale, rispetto al numero di abitanti. Nel 2010 a Ferrara in media si sono avute circa 20 nascite per settimana su 10^5 residenti.
4. Qualsiasi esperimento di conteggi o nel tempo o per classi.
5. Dalla 4 si ha quindi la stima dell'incertezza sul numero di conteggi attesi per classe per la formula del χ^2 nel caso di distribuzioni organizzate in istogrammi.

13.2 Dalla binomiale alla poissoniana

Partiamo, per dedurre la poissoniana, dalla binomiale. La probabilità di ottenere ν successi in n eventi possibili è:

$$\mathscr{B}_{n,p}(\nu) = \frac{n!}{\nu!(n-\nu)!} p^\nu q^{n-\nu} \ .$$

Calcolare tale probabilità con n elevato è improponibile, si studia quindi l'andamento al limite della binomiale $\mathscr{B}_{n,p}(\nu)$ per $n \to \infty$, e si tiene anche conto del fatto che $p \to 0$.

Si può esprimere la distribuzione binomiale in funzione del parametro $\mu = np$, percui si ha $p = \mu/n$ e, dato che $q = 1 - p$, si ottiene:

$$\mathscr{B}_{n,p}(\nu) = \frac{n(n-1)\cdots(n-\nu+1)(n-\nu)\cdots(1)}{\nu!(n-\nu)!} \left(\frac{\mu}{n}\right)^\nu \left(1 - \frac{\mu}{n}\right)^{n-\nu} \ . \qquad (13.1)$$

Si osservi che nella (13.1) possiamo semplificare come segue:

- $(n-\nu)!$ si trova a numeratore e a denominatore, percui si elidono i due termini.
- $n(n-1)\cdots(n-\nu+1)$ si può esprimere come:

$$n^\nu \left(1 - \frac{1}{n}\right) \cdots \left(1 - \frac{\nu-1}{n}\right) . \qquad (13.2)$$

- Il termine $(\mu/n)^\nu$ nella (13.1) contiene a denominatore n^ν, che si semplifica con n^ν al numeratore della (13.2).
- $(1 - \mu/n)^{n-\nu}$ si può esprimere come segue $(1 - \mu/n)^n / (1 - \mu/n)^\nu$.

La (13.1) diventa quindi:

$$\mathscr{B}_{n,p}(\nu) = (1) \left(1 - \frac{1}{n}\right) \cdots \left(1 - \frac{\nu-1}{n}\right) \frac{\mu^\nu}{\nu!} \frac{(1-\mu/n)^n}{(1-\mu/n)^\nu}$$

Si osserva che al limite per $n \to \infty$ si ha

$$- \lim_{n \to \infty} (1) \left(1 - \frac{1}{n}\right) \cdots \left(1 - \frac{\nu-1}{n}\right) = 1,$$

$$- \lim_{n \to \infty} \left(1 - \frac{\mu}{n}\right)^{v} = 1,$$

$$- \lim_{n \to \infty} \left(1 - \frac{\mu}{n}\right)^{n} = e^{-\mu}.$$

Si deduce così la distribuzione di probabilità di Poisson, che indicheremo come $\mathscr{P}_{\mu}(v)$, che fornisce la probabilità di ottenere v successi (conteggi, decadimenti, nascite) per un fenomeno, per il quale il numero medio di eventi attesi sia μ.

Dalle considerazioni fatte sopra si ottiene quindi per la *distribuzione di probabilità di Poisson*:

$$\mathscr{P}_{\mu}(v) = \frac{\mu^{v}}{v!} e^{-\mu}. \tag{13.3}$$

Sulla base della deduzione della distribuzione di Poisson, espressa nella (13.3), dalla distribuzione binomiale, si può immediatamente affermare che:

- il *valore medio* dei conteggi risulta μ ($\overline{v} = np = \mu$),
- la *deviazione standard*, dedotta dalla binomiale, risulta pertanto

$$\sigma_{v} = \sqrt{np(1-p)} \overset{p \to 0}{=} \sqrt{np} = \sqrt{\mu}.$$

Si osserva che la *distribuzione di Poisson dipende dal solo parametro* μ. Il numero medio atteso di eventi è μ, con un'incertezza pari a $\sqrt{\mu}$.

Tale informazione, utilizzata per il calcolo del χ^2 nel caso del conteggio di eventi, permette di affermare che l'incertezza sul numero di aspettative E_k in una classe, è pari $\sqrt{E_k}$. Tale estensione dell'incertezza $\sqrt{v}$ al caso di conteggi v qualsiasi, per i quali si assuma la distribuzione poissoniana e per i quali non si conosca il valore medio, si ottiene dal principio di massima verosimiglianza, applicato al caso particolare della stima del parametro μ avendo osservato un solo v (Probl.13.4 per patiti di matematica).

La distribuzione di probabilità di Poisson $\mathscr{P}_{\mu}(v)$, detta anche poissoniana, espressa secondo la (13.3), permette di calcolare la probabilità di ottenere v successi, nel caso di μ conteggi medi attesi.

Proprietà della poissoniana

Una volta derivata la distribuzione di Poisson, si possono calcolare le proprietà che la caratterizzano, applicando le formule generali per le distribuzioni di probabilità:

1. la distribuzione di Poisson è normalizzata,
2. la speranza matematica – numero medio di conteggi atteso – è μ,
3. la varianza dei conteggi risulta $\sigma_v^2 = \mu$,

dove per varianza, scritta così in breve, si intende la speranza matematica della varianza.

Tali proprietà si ottengono dall'applicazione delle definizioni applicate alla $\mathscr{P}_\mu(v)$:

$$1 \quad \text{normalizzazione}: \quad \sum_{v=0}^{\infty} \frac{\mu^v}{v!} e^{-\mu} = 1 \; ;$$

$$2 \; \text{speranza matematica}: \quad E\{v\} = \sum_{v=0}^{\infty} v \frac{\mu^v}{v!} e^{-\mu} = \mu \; ;$$

$$3 \qquad \text{varianza}: \qquad Var\{v\} = \sigma_v^2 = \sum_{v=0}^{\infty} (v - \overline{v})^2 \frac{\mu^v}{v!} e^{-\mu} = \mu \; .$$

Fondamentale per i calcoli suddetti è lo sviluppo in polinomi di Taylor di e^μ:

$$e^\mu = 1 + \mu + \frac{\mu^2}{2!} + \frac{\mu^3}{3!} + \cdots = \sum_{v=0}^{\infty} \frac{\mu^v}{v!} \; , \tag{13.4}$$

dove lo sviluppo di ordine $n \to \infty$ del polinomio di Taylor fornisce proprio e^μ. Si osservi, che termini del tipo $\sum \mu^v/v!$ compaiono in tutte e tre le proprietà della distribuzione di Poisson.

La verifica, che la poissoniana è normalizzata, è immediata:

$$\sum_{v=0}^{\infty} \frac{\mu^v}{v!} e^{-\mu} =$$

$$= e^{-\mu} \sum_{v=0}^{\infty} \frac{\mu^v}{v!} =$$

$$\left(\sum_{v=0}^{\infty} \frac{\mu^v}{v!} \overset{Taylor}{=} e^\mu \right)$$

$$= e^{-\mu} e^\mu = 1$$

Lasciamo agli studenti la verifica della speranza matematica (Probl. 13.1), nonché ai patiti di matematica la verifica della varianza, seguendo le stesse indicazioni, fornite per la binomiale (Probl.12.5).

Approssimazione della poissoniana con una gaussiana

Anche per la poissoniana si può osservare, che, all'aumentare di μ, la distribuzione tende ad una gaussiana, avente parametri $X \equiv \mu$ e $\sigma \equiv \sqrt{\mu}$. Si osserva che l'approssimazione migliora all'aumentare del valore medio μ.

Tale approssimazione risulta inoltre uno strumento più pratico per il calcolo, dato che con la distribuzione di Poisson può risultare tedioso o impraticabile. Si confronti per esempio la probabilità di ottenere 78 conteggi nel caso di μ pari a 68. Si ottiene per la poissoniana:

$$\mathscr{P}_{68}(78) = 2.2 \, \%$$

e per la gaussiana:

$$G_{(68,\ \sqrt{68})}(78) = 2.3\ \%$$

Tale calcolo risulta ancora più confortevole nel caso si voglia calcolare la probabilità di ottenere un numero di conteggi $v \geq 78$.

Mediante la gaussiana si ottiene immediatamente $P(v \geq 78) = 11.5\ \%$. Diversamante con la poissoniana dovremmo calcolare tutte le probabilità a partire da $v = 78$ fino ad un punto, in cui osserviamo, che la probabilità per una determinata v risulti trascurabile, eppoi sommare tutti i termini ottenuti a partire da $v = 78$. Tale approssimazione risulta già abbastanza buona anche a partire da μ dell'ordine delle decine, come può osservarsi in Fig. 13.1, dove è riportata con la linea tratteggiata la gaussiana $G_{10.1,\ \sqrt{10.1}}(v)$, che approssima la poissoniana $\mathscr{P}_{10.1}(v)$ di valore medio $\mu = 10.1)$, riportata con barre in nero. Con le barre in grigio, riportiamo le O_k del Probl. 13.6, per le quali si ha $\mu = 6.8$, per rendere evidente, quanto atteso da una distribuzione poissoniana e quanto si potrebbe invece osservare sperimentalmente in condizioni diverse.

13.3 Verifica del χ^2 per una poissoniana

La verifica del χ^2 per una poissoniana si svolge come per qualsiasi distribuzione di probabilità. Come esempio prendiamo alcuni conteggi rilevati in un laboratorio del 2° piano del Dipartimento di Fisica di Ferrara, mediante un contatore Geiger. Gli impulsi rilevati sono dovuti a particelle ionizzanti, che possiamo attribuire ai raggi cosmici. Sono stati contati gli impulsi rilevati, sempre per lo stesso intervallo di tempo (un minuto), per 120 volte. In Tabella 13.1 sono riportati il numero di volte O_v (occorrenze), che si sono registrati gli stessi conteggi v.

Si può calcolare la media dei conteggi μ come valore medio degli O_v:

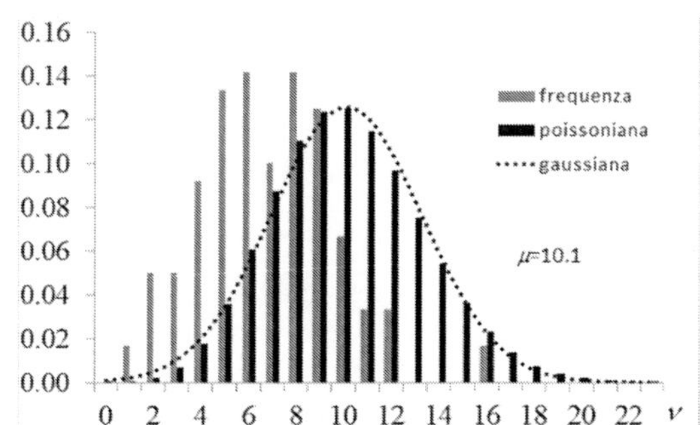

Figura 13.1 Istogramma delle probabilità $\mathscr{P}_{10.1}(v)$ per $\mu = 10.1$. Sulle probabilità $\mathscr{P}_{10.1}(v)$ si riporta l'approssimazione gaussiana $G_{10.1,\ \sqrt{10.1}}(v)$. Con le barre in grigio sono riportate le occorrenze del Probl. 13.4 $\mu = 6.8$, per rendere evidente il confronto tra un'eventuale distribuzione attesa e dati sperimentali osservati, in condizioni diverse.

$$\mu_{ms} = \frac{\sum v O_v}{\sum O_v}\ ,$$

Tabella 13.1 Numero di volte O_v (occorrenze), che sono stati registrati v conteggi, per un definito intervallo di tempo (un minuto) con un contatore Geiger

v	0	1	2	3	4	5	6	7	8	9	10	11	12	13	14	15	16	17	18	19	20	21	22	23
O_v	0	0	1	2	6	2	5	13	8	18	17	5	12	12	6	5	3	4	1	0	0	0	0	0

dove abbiamo utilizzato il pedice *ms* per la μ, per intenderne la stima del parametro dai dati osservati.

Si ottiene un valore pari a 10.06, che confrontato con l'incertezza $\sqrt{\mu} = 3.2$, arrotondata a due sole cifre significative, può essere uniformato a $\mu = 10.1$. μ è quindi il valore medio di conteggi osservato per i dati in Tabella 13.1.

In caso di conteggi si trova spesso anche riportato il *tasso di conteggi*, dato dalla relazione $R = \mu/($intervallo di tempo$)$. Si faccia attenzione che la poissoniana è definita per i conteggi, per un dato intervallo di tempo, ma non contiene informazioni sul tempo. Infatti $-\mu$ è l'argomento dell'esponenziale, percui deve essere adimensionale. Limitiamoci a considerare i conteggi, dai quali si può comunque dedurre il tasso e l'incertezza sul tasso.

Quindi faremo la verifica, che per i conteggi osservati la distribuzione di Poisson sia appropriata.

Possiamo riportare su un istogramma le frequenze $F_v = O_v / \sum O_v$ dei valori osservati e le aspettative E_v, dedotte dalla distribuzione di probabilità di Poisson $\mathscr{P}_\mu(v)$ secondo la (13.3). Per fare la verifica del χ^2, si deve soddisfare il teorema

Tabella 13.2 Aspettative E_v dei conteggi, dedotte dalla probabilità di Poisson, per il caso di 120 osservazioni N, $E_v = N\mathscr{P}_\mu(v)$, con una cifra decimale($E_v = 0.0$ riportati come 0)

v	0	1	2	3	4	5	6	7	8	9	10	11	12	13	14	15	16	17	18	19	20	21	22	23
E_v	0	0	0.3	0.8	2.1	4.3	7.3	10.5	13.2	14.9	15	13.8	11.6	9	4.4	2.6	1.6	0.9	0.5	0.2	0.1	0.1	0	0

della somma di Pearson, quindi quanto riportato in Tabella 13.2 lo riorganizziamo in nuove classi, che etichetteremo con k, in modo da avere almeno dieci E_k, come riassunto in Tabella 13.3. Possiamo calcolare il χ^2, usando gli E_k ed O_k della Tabella 13.3, ed otteniamo come risultato $\chi_O^2 = 10.2$. Per il calcolo del $\tilde{\chi}_O^2$ bisogna stabilire quanti sono i vincoli, per calcolare i gradi di libertà. Partiamo proprio dalla

Tabella 13.3 Tabella dei dati e delle aspettative, riordinata rispetto al numero di classi k per avere almeno dieci E_k per classe, da cui ne consegue il riordino anche degli O_k secondo le nuove classi

v	0-6	7	8	9	10	11	12	13-14	15-23
k	1	2	3	4	5	6	7	8	9
E_k	14.9	10.5	13.2	14.9	15.0	13.8	11.6	15.5	10.6
O_k	16	13	8	18	17	5	12	18	13

formula del $\tilde{\chi}^2$:

$$\tilde{\chi}^2 = \sum_{k=1}^{n_{classi}} \frac{(O_k - E_k)^2}{E_k} \Big/ d \; . \tag{13.5}$$

Nel calcolo del χ^2 in (13.5) gli E_k si ottengono da $E_k = N \mathscr{P}_k$, ma N si deve calcolare dai dati O_k ovvero $N = \sum_{k=1}^{n_{classi}} O_k$, quindi abbiamo per ora un vincolo. Ogni E_k viene calcolato dalla probabilità poissoniana. Per $\mathscr{P}_\mu(v)$ serve il parametro μ, ottenuto dalla media degli O_v occorrenze di v successi, quindi un altro vincolo. Si osserva quindi che i gradi di libertà risultano $n_{classi} - 2$, $\tilde{\chi}^2_O$ risulta pari a $10.2/(9-2) = 1.46$.

– Verifica che i dati seguano una poissoniana: μ misurato

Nella Tabella C.2 relativa a $P_d(\tilde{\chi}^2 \geq \tilde{\chi}^2_O)$, lungo la riga $d = 7$ si individua un valore critico 1.72, che è superiore a quello osservato, per il quale si ha una probabilità di ottenere una $\tilde{\chi}^2$ maggiore pari a 0.100. Dato che $\tilde{\chi}^2_O$ è minore del valore critico, possiamo dire che la probabilità di ottenere un χ^2 ridotto, maggiore o uguale a quello osservato, è maggiore di 0.100 (10 %).

In conclusione la verifica non è significativa, percui non possiamo rigettare l'ipotesi, che la distribuzione poissoniana sia appropriata per i dati osservati. La distribuzione di Poisson è appropriata per i dati osservati.

L'ipotesi, che i conteggi osservati seguano la distribuzione di Poisson, è accettata in un intervallo di fiducia del 90 %.

– Verifica che i dati seguano una poissoniana: μ fornito.

In alcuni casi si potrebbe fare la verifica di significatività per un valore medio dei conteggi a priori, si pensi per esempio di voler verificare, se in un altra zona ci sia differenza di raggi cosmici, per esempio nel capannone dei laboratori pesanti, dove si ha una sola copertura, rispetto al secondo piano del dipartimento, che essendo costituito da quattro piani, ha tre soffitti, quindi tre coperture.

Si acquisiscono nel capannone un numero sufficiente di dati, – ovviamente dipende dal numero di classi e dati per classe per le condizioni del teorema della somma di Pearson – per poter fare la verifica del χ^2 nella nuova condizione. Si confrontano i dati registrati con la distribuzione di Poisson attesa, avente come parametro μ, quello misurato in precedenza, ovvero $\mu = 10.0$ (Probl. 13.2).

In questa verifica si faccia attenzione, perché il parametro μ è fornito a priori, non stimato dai dati osservati. Pertanto si ha solo il vincolo della stima di $N = \sum O_v$, osservati in questa condizione.

Problemi

13.1. Calcolare il valore medio dei conteggi attesi, partendo dalla distribuzione di Poisson ed utilizzando lo sviluppo in polinomi di Taylor di e^μ (come per il caso di $\overline{v}$ per la binomiale, il primo termine della sommatoria per $v = 0$ risulta nullo).

13.2. Al 2° piano del dipartimento di Fisica si acquisiscono gli impulsi in un contatore Geiger per minuto riportati in Tabella 13.4. Riportare su un istogramma

Tabella 13.4 Conteggi registrati per intervalli di tempo di un minuto

```
 9 10  9 13 16  4  7 13 12 15  8 14 13 10  9 15 12  6  9 13  9 12 18 11
12  3  4 15  9 11 17  4 10 10  9  7 13 16 12 10  8  9 13  7 16  8  7 17
10  5 13 14 10  9 12  2 12 13 12  4 11  8  9  7 12  6 13 12  8  4  9 14
 9  9  8 10  7  7  8  9  7 17 10 17 13  9 14  7 11 10  9 12  8  6 15  9
 9 12 10 13  4  7 14 10  7 13 10 11  3  5 10 10  7 10 14 15 10  7  6  6
```

le frequenze dei dati misurati e sovrapporre la probabilità della poissoniana con parametro $\mu = 10$ misurato nel capannone.

13.3. Per il Probl. 13.2 ricavare μ dai dati e fare la verifica del χ^2, per vedere, se i dati seguono una distribuzione poissoniana.

13.4. Per verificare se i conteggi sono dovuti ai raggi cosmici, si è utilizzato un mattone di piombo spesso tre cm, collocato sopra il contatore Geiger. Si sono contati gli impulsi per un intervallo di tempo sempre pari ad un minuto. I dati sono riportati nella Tabella 13.5. Assumete che non ci sia differenza tra quanto acquisito con il

Tabella 13.5 Conteggi in un minuto, con il contatore Geiger sotto un mattone di piombo

```
1 6 6 6  8 4 6 8  7 10 8 6  7 5 8  9 9 2  9 11 8  9 2  5
7 5 8 9  9 2 9 11  8  9 2 5  1 12 5  6 5 12 10  6 4  5 6  9
8 6 7 3  5 10 9 7  8  2 7 2  5 7 6  5 3 9  9  8 7  8 9  2
8 4 7 1  3 4 7 3  2  8 4 5 10 11 6  6 16 4  4  7 6 11  7  9
9 6 5 5 10 9 6 3 11  7 9 8  4 6 5 13  6 8  4  4 4  8 8 10
```

mattone e quanto invece osservato nel Probl. 13.2 come valore medio. Quindi utilizzando una poissoniana con il valore medio ottenuto senza mattone, fate la verifica del χ^2 per le occorrenze della Tabella 13.5. Se potete rigettare ipotesi, si può ipotizzare che, osservando una diminuzione di conteggi, questi siano dovuti ai raggi cosmici.

13.5. ($\heartsuit$ per patiti di matematica)
Considerate un esperimento di conteggio, che segue la distribuzione di Poisson e per il quale non conoscete μ. Per tale esperimento avete una sola misura di conteggi dal valore v. Scrivete la $\mathscr{P}_\mu(v)$ di ottenere tale valore e mediante il principio di massima verosimiglianza ricavate la miglior stima di μ, che etichettiamo μ_{ms}. Dimostrate che la miglior stima μ_{ms} è proprio il valore dei conteggi v osservato .

Ne consegue che l'incertezza su un qualsiasi numero di conteggi v è proprio $\sqrt{v}$ (Se si parla di *conteggi E_k di una classe* ecco dedotto che *l'incertezza sul numero di conteggi E_k nella classe è proprio* $\sqrt{E_k}$).

13.6. Supponete che il conteggio medio atteso di un esperimento sia 350 e calcolate la probabilità di ottenere un valore $325 \leq \nu \leq 375$. Confrontate il risultato che ottereste con l'approssimazione gaussiana a quanto ottenuto dalla distribuzione di Poisson. Chiarite con gli strumenti a vostra disposizione, quale strada risulti più facilmente percorribile.

Appendice A

Integrale normale

L'integrale normale delle incertezze di tipo casuale, che seguono la densità di probabilità di Gauss, è tabulato in funzione di z da $z_1 = 0$ a $z_2 = z$, cui corrisponderebbero $x_1 = X$ e $x_2 = X + z\sigma$.

La Tabella A.1 riporta il valore dell'integrale normale da zero a z.

Lungo la 1^a colonna si riporta z espressa in unità e decimali $n.n$, mentre lungo la 1^a riga si riportano i centesimi $0.0n$.

Per ottenere, per esempio, l'integrale da $z_1 = 0$ a $z_2 = 1.37$, si cerca, lungo la 1^a colonna, la riga corrispondente ad $z = 1.3$, eppoi per i sette centesimi si cerca sulla 1^a riga, la colonna corrispondente a 0.07. All'intersezione della riga 1.3 con la colonna 0.07 si trova 0.4147 — $P(0 \le z \le 1.37)$ — la probabilità di ottenere z compreso tra 0 e 1.37.

Possiamo scrivere la probabilità di ottenere un valore x in $[X, X + z\sigma]$:

$$P(X \le x \le X + z\,\sigma) =$$
$$= \int_X^{X+z\sigma} G_{X,\sigma}(x)\mathrm{d}x =$$
$$= \frac{1}{\sqrt{2\pi}} \int_0^z e^{-z^2/2}\mathrm{d}z$$

$$(A.1)$$

Per ottenere la probabilità, che una misura ricada nell'intervallo $a \le x \le b$, in cui a

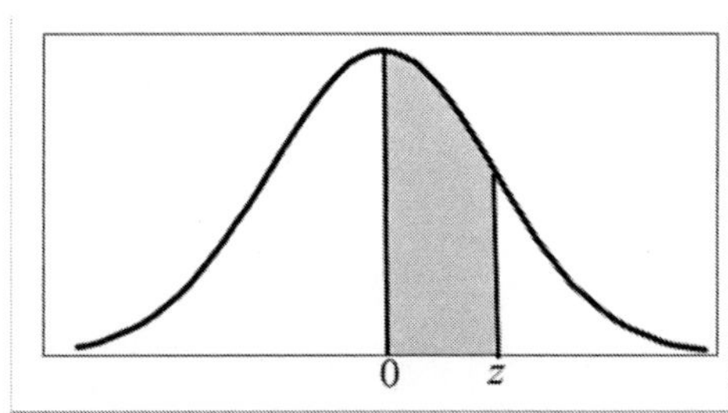

Figura A.1 Rappresentazione grafica dell'integrale di Gauss da zero a z, che equivale all'area in grigio e fornisce la probabilità di ottenere un valore della variabile standardizzata da zero a z.

G. Ciullo, *Introduzione al Laboratorio di Fisica*, UNITEXT for Physics,   223
DOI: 10.1007/978-88-470-5656-5, © Springer-Verlag Italia 2014

Figura A.2 Rappresentazione grafica del calcolo dell'area per un intervallo compreso tra z_1 e z_2 con l'ausilio della Tabella A.1. L'integrale tra z_1 e z_2, riportato nella parte superiore si ottiene sottraendo all'integrale tra zero e z_2 grafico nella parte centrale, l'integrale tra zero e z_1, grafico nella parte inferiore.

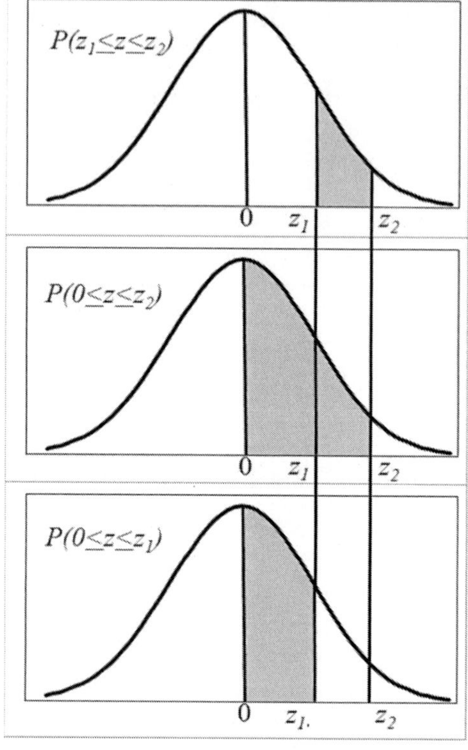

non sia necessariamente X, $P(a \leq x \leq b)$ si sfrutta la proprietà di additività dell'integrale. La probabilità di ottenere una misura tra $a = X + 1.2\,\sigma$ ed $b = X + 1.8\,\sigma$ si ottiene dalla sottrazione dell'integrale da X a $X + 1.2\sigma$ all'integrale da X a $X + 1.8\sigma$, che per le le variabili standardizzate significa $P(1.2 \leq z \leq 1.8)$.

$$P(X + 1.2\sigma \leq x \leq X + 1.8\sigma) = P(1.20 \leq z \leq 1.80) =$$
$$= P(0 \leq z \leq 1.80) - P(0 \leq z \leq 1.20) = 0.4641 - 0.3849 = 0.0792.$$

Tale sottrazione è rappresentata graficamente in Fig. A.2, dove l'area del grafico superiore è ottenuta dalla sottrazione dell'area nel grafico inferiore all'area nel grafico centrale.

Tabella A.1 Integrale normale da $z=0$ a $z = n.nn$, dato dall'intersezione della riga $n.n$ (prima colonna) con la colonna $0.0n$ (prima riga)

z	0.00	0.01	0.02	0.03	0.04	0.05	0.06	0.07	0.08	0.09
0.0	.0000	.0040	.0080	.0120	.0160	.0199	.0239	.0279	.0319	.0359
0.1	.0398	.0438	.0478	.0517	.0557	.0596	.0636	.0675	.0714	.0754
0.2	.0793	.0832	.0871	.0910	.0948	.0987	.1026	.1064	.1103	.1141
0.3	.1179	.1217	.1255	.1293	.1331	.1368	.1406	.1443	.1480	.1517
0.4	.1554	.1591	.1628	.1664	.1700	.1736	.1772	.1808	.1844	.1879
0.5	.1915	.1950	.1985	.2019	.2054	.2088	.2123	.2157	.2190	.2224
0.6	.2258	.2291	.2324	.2357	.2389	.2422	.2454	.2486	.2518	.2549
0.7	.2580	.2612	.2652	.2673	.2704	.2734	.2764	.2794	.2823	.2852
0.8	.2881	.2910	.2939	.2967	.2996	.3023	.3051	.3078	.3106	.3133
0.9	.3159	.3186	.3212	.3238	.3264	.3289	.3315	.3340	.3365	.3389
1.0	.3413	.3438	.3461	.3485	.3508	.3531	.3554	.3577	.3599	.3621
1.1	.3643	.3665	.3686	.3708	.3729	.3749	.3770	.3790	.3810	.3830
1.2	.3849	.3869	.3888	.3907	.3925	.3944	.3962	.3980	.3997	.4015
1.3	.4032	.4049	.4066	.4082	.4099	.4115	.4131	.4147	.4162	.4177
1.4	.4192	.4207	.4222	.4236	.4251	.4265	.4279	.4292	.4306	.4319
1.5	.4332	.4345	.4357	.4370	.4382	.4394	.4406	.4418	.4429	.4441
1.6	.4452	.4463	.4474	.4484	.4495	.4505	.4515	.4525	.4535	.4545
1.7	.4554	.4564	.4573	.4582	.4591	.4599	.4608	.4616	.4625	.4633
1.8	.4641	.4649	.4656	.4664	.4671	.4678	.4686	.4693	.4699	.4706
1.9	.4713	.4719	.4726	.4732	.4738	.4744	.4750	.4756	.4761	.4767
2.0	.4772	.4778	.4783	.4788	.4793	.4798	.4803	.4808	.4812	.4817
2.1	.4821	.4826	.4830	.4834	.4838	.4842	.4846	.4850	.4854	.4857
2.2	.4861	.4864	.4868	.4871	.4875	.4878	.4881	.4884	.4887	.4890
2.3	.4893	.4896	.4898	.4901	.4904	.4906	.4909	.4911	.4913	.4916
2.4	.4918	.4920	.4922	.4925	.4927	.4929	.4931	.4932	.4934	.4936
2.5	.4938	.4940	.4941	.4943	.4945	.4946	.4948	.4949	.4951	.4952
2.6	.4953	.4955	.4956	.4957	.4959	.4960	.4961	.4962	.4963	.4964
2.7	.4965	.4966	.4967	.4968	.4969	.4970	.4971	.4972	.4973	.4974
2.8	.4974	.4975	.4976	.4977	.4977	.4978	.4979	.4979	.4980	.4981
2.9	.4981	.4982	.4982	.4983	.4984	.4984	.4985	.4985	.4986	.4986
3.0	.4987	.4987	.4987	.4988	.4988	.4989	.4989	.4989	.4990	.4990
3.1	.4990	.4991	.4991	.4991	.4992	.4992	.4992	.4992	.4993	.4993
3.2	.4993	.4993	.4994	.4994	.4994	.4994	.4994	.4995	.4995	.4995
3.3	.4995	.4995	.4995	.4996	.4996	.4996	.4996	.4996	.4996	.4997
3.4	.4997	.4997	.4997	.4997	.4997	.4997	.4997	.4997	.4997	.4998
3.5	.4998	.4998	.4998	.4998	.4998	.4998	.4998	.4998	.4998	.4998
3.6	.4998	.4998	.4999	.4999	.4999	.4999	.4999	.4999	.4999	.4999
3.7	.4999	.4999	.4999	.4999	.4999	.4999	.4999	.4999	.4999	.4999
3.8	.4999	.4999	.4999	.4999	.4999	.4999	.4999	.4999	.4999	.4999
3.9	.5000	.5000	.5000	.5000	.5000	.5000	.5000	.5000	.5000	.5000

Appendice B

Coefficiente di correlazione

Nella Tabella B.1 sono riportate le probabilità $P(|r| \geq |r_O|)$ di trovare un coefficiente di correlazione $|r| \geq |r_O|$, espresse in valore percentuale.

Si tenga conto che tale probabilità è relativa al caso di due variabili x e y *assunte non correlate*, dato che si ottiene da integrale del $\int_0^{|r_O|} f(|r|)\mathrm{d}|r|$, dove $f(|r|)$ è la densità di probabilità del coefficiente di correlazione.

Nella 1ª colonna è riportato il numero N di coppie (x, y) di dati (ovviamente a partire da tre, dato che per due coppie $|r_O| = 1$), nella 2ª riga è riportato il valore di $|r_O|$.

Seguendo la riga lungo N e la colonna lungo $|r_O|$, dall'intersezione si ricava la probabilità di ottenere, nel caso di due variabili non correlate, tale coefficiente osservato.

Tabella B.1 Tabella delle probabilità $P(|r| \geq |r_O|)$, in percentuale, per N coppie di dati

	Probabilità $P(|r| \geq |r_O|)$ percentuale										
$N \backslash {}^{\|r_O\|}$	0.0	0.1	0.2	0.3	0.4	0.5	0.6	0.7	0.8	0.9	1.0
3	100	94	87	81	74	67	59	51	41	29	0
4	100	90	80	70	60	50	40	30	20	10	0
5	100	87	75	62	50	39	28	19	10	3.7	0
6	100	85	70	56	43	31	21	12	5.6	1.4	0
7	100	83	67	51	37	25	15	8.0	3.1	0.6	0
8	100	81	63	47	33	21	12	5.3	1.7	0.2	0
9	100	80	61	43	29	17	8.8	3.6	1.0	0.1	0
10	100	78	58	40	25	14	6.7	2.4	0.5	0	0
11	100	77	56	37	22	12	5.1	1.6	0.3	0	0
12	100	76	53	34	20	9.8	3.9	1.1	0.2	0	0
13	100	75	51	32	18	8.2	3.0	0.8	0.1	0	0
14	100	73	49	30	16	6.9	2.3	0.5	0.1	0	0
15	100	72	47	28	14	5.8	1.8	0.4	0	0	0

G. Ciullo, *Introduzione al Laboratorio di Fisica*, UNITEXT for Physics,
DOI: 10.1007/978-88-470-5656-5, © Springer-Verlag Italia 2014

L'ipotesi che si formula è che le *due variabili non siano correlate*, sulla base delle convenzioni sulle verifiche di significatività possiamo affermare quanto segue:

Verifica non significativa: per due variabili assunte non correlate, se si ottiene come risultato $P(|r| \geq |r_o|) > 5\%$, la verifica non è significativa: percui non si può rigettare l'ipotesi, le variabili *non sono correlate*.

Verifica probabilmente significativa: per due variabili assunte non correlate, se si ottiene come risultato $1\% \leq P(|r| \geq |r_o|) \leq 5\%$, la verifica è probabilmente significativa: sarebbe opportuno approfondire l'indagine sperimentale.

Verifica altamente significativa: per due variabili assunte non correlate, se si ottiene come risultato $P(|r| \geq |r_o|) < 1\%$ la verifica è altamente significativa al livello dell'1 %: le variabili *sono correlate* in modo altamente significativo.

La tabella viene utilizza in questo corso, per verificare se due variabili sono tra loro correlate, oppure no, per utilizzare tale risultato nella propagazione delle incertezze per somma lineare o per somma in quadratura. Nel caso di pochi dati, si arrotondi per eccesso per confrontarsi con il valore $|r_O|$ riportato in tabella.

Appendice C

Tabelle del χ^2

L'integrale della densità di probabilità del χ^2, espresso come:

$$\int_0^{\chi^2} f(\chi^2)\mathrm{d}\chi^2 = \int_0^{\chi^2} \frac{1}{2^{d/2}\Gamma(d/2)}(\chi^2)^{d/2-1}\mathrm{e}^{-\chi^2/2}\mathrm{d}\chi^2$$

è riportato nella Tabella C.1. Tale integrale fornisce la probabilità di ottenere un valore χ^2 compreso tra zero e χ^2_O, detto anche χ^2_{cr} chi-quadro–critico. Sono riportati i valori χ^2_O, dai quali sulla base dei d gradi di libertà in 1ª colonna, si risale, lungo la colonna del χ^2_O, alle probabilità in 2ª riga. Per esempio la probabilità di ottenere un χ^2 compreso tra zero e $\chi^2_O = 19.8$ per $d= 13$ risulta 0.900 (90 %). La tabella è funzionale alla verifica di significatività per χ^2_O bassi.

Per $d \geq 30$ la distribuzione del χ^2 è approssimata da una gaussiana, di variabile $(\sqrt{2\chi^2} - \sqrt{2d-1})$, media zero e varianza uno [7]. Per determinare $P(0 \leq \chi^2 \leq \chi^2_O) = 0.95$. Troviamo z_P percui si ha $P = 0.95$ in Tabella A.1 osserviamo per $z_P = 1.64$ si ha 0.4495, se computiamo da $-\infty$ a $z_P = 1.64$, si ha 0.5+0.4495 $\approx$ 0.05. χ^2_O si calcola da $(\sqrt{2\chi^2_O} - \sqrt{2d-1}) = z_P$. Per $d= 30$, si ottiene $\chi^2_O = 1/2[1.64 + \sqrt{2(30)-1}]^2$=43.4, che approssima bene 43.8, in Tabella C.1 per $d = 30$ e $P = 0.950$.

Per $d > 100$ la densità di probabilità del χ^2 è approssimata da una gaussiana con $X = d$ e $\sigma = \sqrt{2d}$ [16].

Si riporta in Tabella C.2, le probabilità di ottenere un valore $\tilde{\chi}^2$ maggiore o uguale di un valore critico $\tilde{\chi}^2_{cr}$.

Sono stati enfatizzati i valori delle probabilità *0.05* e *0.01* corrispondenti rispettivamente ai livelli di significatività del 5 % e del 1 %.

Nel caso, p.e., di un campione con d=13, se $\tilde{\chi}^2_O$= 2.3, lungo la riga d=13, si trova $\tilde{\chi}^2_{cr}$= 2.13 per il quale si osserva una probabilità di 0.010. La verifica di significatività raggiunge un livello inferiore all'1 %, il campione è altamente significativo per rigettare l'ipotesi. Se invece avessimo ottenuto $\tilde{\chi}^2_O$= 1.4, si trova ora $\tilde{\chi}^2_{cr}$=1.52 e $P = 0.100$. La probabilità è maggiore di 0.10 (10 %), la verifica non è significativa per rigettare l'ipotesi.

G. Ciullo, *Introduzione al Laboratorio di Fisica*, UNITEXT for Physics,
DOI: 10.1007/978-88-470-5656-5, © Springer-Verlag Italia 2014

Tabella C.1 Tabella dei χ^2_O: in corrispondenza di d gradi di libertà nella 1^a colonna, si hanno le probabilità $P(\chi^2 \le \chi^2_O)$ nella 2^a riga, per un dato χ^2_O

| | | | | | Probabilità $P(\chi^2 \le \chi^2_O)$ | | | | | | |
d	0.005	0.01	0.05	0.100	0.250	0.500	0.750	0.900	0.950	0.975	0.990	0. 995
1	.000039	.00016	.0393	0.0158	0.102	0.455	1.32	2.71	3.84	5.02	6.63	7.88
2	.0100	.0201	.103	0.211	0.575	1.39	2.77	4.61	5.99	7.38	9.21	10.6
3	.0717	.115	.352	0.584	1.21	2.37	4.11	6.25	7.81	9.35	11.3	12.8
4	.207	.297	.711	1.06	1.92	3.36	5.39	7.78	9.49	11.1	13.3	14.9
5	.412	.554	.1.15	1.61	2.67	4.35	6.63	9.24	11.1	12.8	15.1	16.7
6	.676	.872	1.64	2.20	3.45	5.35	7.84	10.6	12.6	14.4	16.8	18.5
7	.989	1.24	2.17	2.83	4.25	6.35	9.04	12.0	14.1	16.0	18.5	20.3
8	1.34	1.65	2.73	3.49	5.07	7.34	10.02	13.4	15.5	17.5	20.1	22.0
9	1.73	2.09	3.33	4.17	5.90	8.34	11.4	14.7	16.9	19.0	21.7	23.6
10	2.16	2.56	3.94	4.87	6.74	9.34	12.5	16.0	18.3	20.5	23.2	25.2
11	2.60	3.05	4.57	5.58	7.58	10.3	13.7	17.3	19.7	21.9	24.7	26.8
12	3.07	3.57	5.23	6.30	8.44	11.3	14.8	18.5	21.0	23.3	26.2	28.3
13	3.57	4.11	5.89	7.04	9.30	12.3	16.0	19.8	22.4	24.7	27.7	29.8
14	4.07	4.66	6.57	6.57	7.79	10.2	13.3	17.1	21.1	23.7	26.1	29.1
15	4.69	5.23	7.26	7.79	10.2	13.3	17.1	21.1	23.7	26.1	29.1	31.3
16	5.14	5.81	7.96	9.31	11.9	15.3	19.4	23.5	26.3	28.8	32.0	34.3
17	5.70	6.41	8.67	10.1	12.8	16.3	20.5	24.8	27.6	30.2	33.4	35.7
18	6.26	7.01	9.39	10.9	13.7	17.3	21.6	26.0	28.9	31.5	34.8	37.2
19	6.84	7.63	10.1	11.7	14.6	18.3	22.7	27.2	30.1	32.9	36.2	38.6
20	7.43	8.26	10.9	12.4	15.5	19.3	23.8	28.4	31.4	34.2	37.6	40.0
21	8.03	8.90	11.6	13.2	16.3	20.3	24.9	29.6	32.7	35.5	38.9	41.4
22	8.64	9.54	12.3	14.0	17.2	21.3	26.0	30.8	33.9	36.8	40.3	42.8
23	9.26	10.2	13.1	14.8	18.1	22.3	27.1	32.0	35.2	38.1	41.6	44.2
24	9.89	10.9	13.8	15.7	19.0	23.3	28.2	33.2	36.4	39.4	43.0	45.6
25	10.5	11.5	14.6	16.5	19.9	23.3	29.3	34.4	37.7	40.6	44.3	46.9
26	11.2	12.2	15.4	17.3	20.8	25.3	30.4	35.6	38.9	41.9	45.6	48.3
27	11.8	12.9	16.2	18.1	21.7	26.3	31.5	36.7	40.1	43.2	47.0	49.6
28	12.5	13.6	16.9	18.9	22.7	27.3	32.6	37.9	41.3	44.5	48.3	51.0
29	13.1	14.3	17.7	19.8	23.6	28.3	33.7	39.1	42.6	45.7	49.6	52.3
30	13.8	15.0	18.5	20.6	24.5	29.3	34.8	40.3	43.8	47.0	50.9	53.7

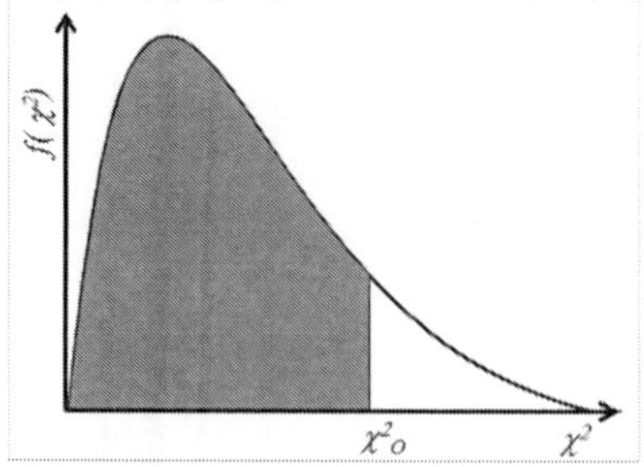

Grafico dell'area corrispondente al valore di probabilità per χ^2 tra zero e χ^2_O:

$$P(\chi^2 \le \chi^2_O) = \int_0^{\chi^2_O} f(\chi^2)\mathrm{d}\chi^2.$$

Tale valore dipende dai gradi di libertà come riportato nella Tabella C.1.

Tabella C.2 Tabella dei valori $\tilde{\chi}^2_{cr}$ per i quali seguendo la riga corrispondente ai gradi di libertà d (1ª colonna) si ottiene la probabilità (2ª riga) di ottenere $\tilde{\chi}^2$ maggiore del $\tilde{\chi}^2_{cr}$ tabulato. Critico in quanto oltre tale valore, se si pone un dato livello di significatività, si può rigettare l'ipotesi. In enfasi le probabilità *0.01* (1 %) e *0.05* (5 %), che individuano i livelli di significatività più in uso.

					Probabilità $P(\tilde{\chi}^2_d \geq \tilde{\chi}^2_O)$				
d	0.005	*0.010*	0.025	*0.050*	0.100	0.250	0.500	0.750	0.900
1	7.88	6.63	5.02	3.84	2.71	1.32	0.455	0.102	0.0158
2	5.30	4.61	3.69	3.00	2.30	1.39	0.69	0.29	0.11
3	4.28	3.78	3.12	2.61	2.08	1.37	0.79	0.40	0.19
4	3.71	3.32	2.79	2.37	1.95	1.35	0.84	0.48	0.27
5	3.35	3.02	2.57	2.21	1.85	1.33	0.87	0.53	0.32
6	3.09	2.80	2.41	2.10	1.77	1.31	0.89	0.58	0.37
7	2.90	2.64	2.29	2.01	1.72	1.29	0.91	0.61	0.40
8	2.74	2.51	2.19	1.94	1.67	1.28	0.92	0.63	0.44
9	2.62	2.41	2.11	1.88	1.63	1.27	0.93	0.66	0.46
10	2.52	2.32	2.05	1.83	1.60	1.25	0.93	0.67	0.49
11	2.43	2.25	1.99	1.79	1.57	1.25	0.94	0.69	0.51
12	2.36	2.18	1.94	1.75	1.55	1.24	0.95	0.70	0.53
13	2.29	2.13	1.90	1.72	1.52	1.23	0.95	0.72	0.54
14	2.24	2.08	1.87	1.69	1.50	1.22	0.95	0.73	0.56
15	2.19	2.04	1.83	1.67	1.49	1.22	0.96	0.74	0.57
16	2.14	2.00	1.80	1.64	1.47	1.21	0.96	0.74	0.58
17	2.10	1.97	1.78	1.62	1.46	1.21	0.96	0.75	0.59
18	2.06	1.93	1.75	1.60	1.44	1.20	0.96	0.76	0.60
19	2.03	1.90	1.73	1.59	1.43	1.20	0.97	0.77	0.61
20	2.00	1.88	1.71	1.57	1.42	1.19	0.97	0.77	0.62
21	1.97	1.85	1.69	1.56	1.41	1.19	0.97	0.78	0.63
22	1.95	1.83	1.67	1.54	1.40	1.18	0.97	0.78	0.64
23	1.92	1.81	1.66	1.53	1.39	1.18	0.97	0.79	0.65
24	1.90	1.79	1.64	1.52	1.38	1.18	0.97	0.79	0.65
25	1.88	1.77	1.63	1.51	1.38	1.17	0.97	0.80	0.66
26	1.86	1.76	1.61	1.50	1.37	1.17	0.97	0.80	0.67
27	1.84	1.74	1.60	1.49	1.36	1.17	0.98	0.81	0.67
28	1.82	1.72	1.59	1.48	1.35	1.17	0.98	0.81	0.68
29	1.82	1.71	1.58	1.47	1.35	1.16	0.98	0.81	0.68
30	1.79	1.70	1.57	1.46	1.34	1.16	0.98	0.82	0.69

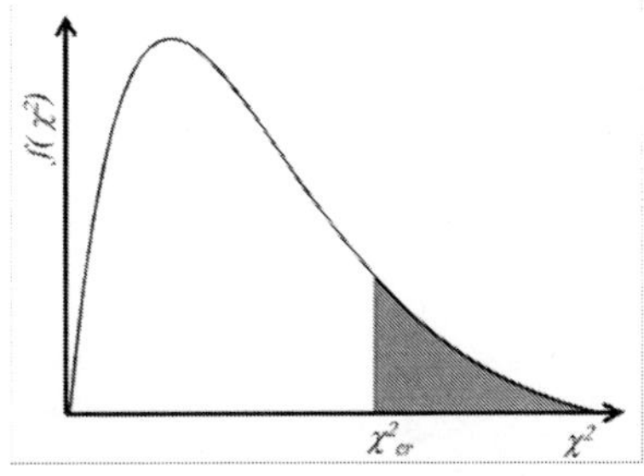

Grafico dell'area corrispondente al valore di probabilità per $\chi^2 \geq \chi^2_{cr}$:
$$P(\chi^2 \geq \chi^2_{cr}) = \int_{\chi^2_{cr}}^{\infty} f(\chi^2)\mathrm{d}\chi^2.$$
Nella Tabella C.1 sono riportati invece $\tilde{\chi}^2_{cr} = \chi^2_{cr}/d$, per ricordare che la probabilità dipende anche da d.

Appendice D

Derivate più comuni di interesse per la teoria delle incertezze

Tabella D.1 u, v e w sono funzioni della variabile x; a, c ed n e m sono numeri reali costanti. Gli argomenti delle funzioni trigonometriche sono espressi in radianti.

$$\frac{d}{dx}(u+v-w) = \frac{du}{dx} + \frac{dv}{dx} - \frac{dw}{dx}$$

$$\frac{d}{dx}(a) = 0 \qquad \frac{d}{dx}(uvw) = vw\frac{du}{dx} + uw\frac{dv}{dx} + uv\frac{dw}{dx}$$

$$\frac{d}{dx}(ax) = a \qquad \frac{d}{dx}(au) = a\frac{du}{dx}$$

$$\frac{d}{dx}\left(\frac{1}{x}\right) = -\frac{1}{x^2} \qquad \frac{d}{dx}\left(\frac{1}{u}\right) = -\frac{1}{u^2}\frac{du}{dx}$$

$$\frac{d}{dx}(x^n) = nx^{n-1} \qquad \frac{d}{dx}(u^n) = nu^{n-1}\frac{du}{dx}$$

$$\frac{d}{dx}\left(\frac{1}{x^m}\right) = -\frac{m}{x^{m+1}} \qquad \frac{d}{dx}\left(\frac{1}{u^m}\right) = -m\frac{1}{u^{m+1}}\frac{du}{dx}$$

$$\frac{d}{dx}\left(\sqrt{x}\right) = \frac{1}{2\sqrt{x}} \qquad \frac{d}{dx}\left(\sqrt{u}\right) = \frac{1}{2\sqrt{u}}\frac{du}{dx}$$

$$\frac{d}{dx}(\ln x) = \frac{1}{|x|} \qquad \frac{d}{dx}(\ln u) = \frac{1}{|u|}\frac{du}{dx}$$

$$\frac{d}{dx}(e^x) = e^x \qquad \frac{d}{dx}(e^u) = e^u\frac{du}{dx}$$

$$\frac{d}{dx}(e^{-x}) = -e^{-x} \qquad \frac{d}{dx}(e^{-u}) = -e^{-u}\frac{du}{dx}$$

$$\frac{d}{dx}(\operatorname{sen} x) = \cos x \qquad \frac{d}{dx}(\operatorname{sen} u) = \cos u\frac{du}{dx}$$

$$\frac{d}{dx}(\cos x) = -\operatorname{sen} x \qquad \frac{d}{dx}(\cos u) = -\operatorname{sen} u\frac{du}{dx}$$

$$\frac{d}{dx}(\tan x) = \frac{d}{dx}\left(\frac{\operatorname{sen} x}{\cos x}\right) = \frac{1}{\cos^2 x} \qquad \frac{d}{dx}(\tan u) = \frac{1}{\cos^2 u}\frac{du}{dx}$$

G. Ciullo, *Introduzione al Laboratorio di Fisica*, UNITEXT for Physics,
DOI: 10.1007/978-88-470-5656-5, © Springer-Verlag Italia 2014

Nella Tabella D.1 si è utilizzata la regola per funzioni composte, $g(u(x))$:

$$\frac{\mathrm{d}g}{\mathrm{d}x} = \frac{\mathrm{d}g}{\mathrm{d}u}\frac{\mathrm{d}u}{\mathrm{d}x} \ .$$

Inoltre data una funzione qualsiasi $f(x)$ per la quale si ha la derivata $f'(x) = \mathrm{d}f/\mathrm{d}x$ si ha che il differenziale di tale funzione indicato con df è definito come

$$\mathrm{d}f = f'(x)\mathrm{d}x.$$

Per ogni derivata si può ottenere la forma differenziale, per esempio $\mathrm{d}(ax) = a\mathrm{d}x$, e per le funzioni complesse $\mathrm{d}(au) = a\mathrm{d}u = au'\mathrm{d}x$ o $\mathrm{d}(\cos u) = -\mathrm{sen}\,u\mathrm{d}u = -\mathrm{sen}\,u u'\mathrm{d}x$.

Soluzioni dei problemi o indicazioni

Di seguito sono presentate le soluzioni dei problemi, per questioni di spazio i grafici di alcuni problemi sono disponibiliti sul sito dell'autore [6].

Soluzioni Cap. 1

1.1. Il primo membro ha le dimensioni di una lunghezza. I termini del secondo membro devono essere omogenei : $[x]=[x_0]=$ L; $[v_0m]=$ LT^{-1}M $\neq$ L errato, $[5/7\ at]$ $=$ LT^{-2}T$=$ LT^{-1} $\neq$ L errato. L'equazione è errata.

1.2. $[1/v']=[1/v]=$ s, $(1-cos\theta)=$ adimensionale, $[h/m_ec^2] =$ (J s)/(kg m^2 s^{-2}) $=$ kg m^2 s^{-2} s/(kg m^2 s^{-2})$=$ s. L'equazione è corretta.

1.3. Entrambe le equazioni per l'analisi dimensionale sono corrette. La costante è adimensionale, l'analisi dimensionale è necessaria, ma non è sufficiente.

1.4. L'unica combinazione delle dimensioni, che permette l'uguaglianza tra il primo membro e la somma dei vari termini del secondo membro è tale da avere tutti gli esponenti pari a zero: la dimensione nulla. θ deve essere adimensionale.

1.5. Per il primo membro f in N, per il secondo membro $2/\pi R$ in m^{-1}, in parentesi tonde 1/2 mv^2 in kg m^2 s^{-2} e mgR in kg m s^{-2} m si possono sommare. Le dimensioni del secondo membro sono kg m s^{-2} ovvero N. Equazione corretta.

1.6. Il primo membro ha le dimensioni LT^{-1}, al secondo membro sotto radice $[v_l{}^2]$ $=$ L^{2}T^{-2} e $[2\mu_k gD] =$ LT^{-2}L somma corretta, estraendone la radice si ha LT^{-1}. Equazione corretta.

G. Ciullo, *Introduzione al Laboratorio di Fisica*, UNITEXT for Physics,
DOI: 10.1007/978-88-470-5656-5, © Springer-Verlag Italia 2014

Soluzioni Cap. 2

2.1. 1^a riga si ha $\delta V = \varepsilon_V = 0.5$ V, $\delta V/V = 0.5$ V /2 V=0.25. 2^a riga si ha $\delta V = \varepsilon_V$ $= 0.05$ V, $\delta V/V = 0.05$ V /2 V=0.025. 3^a riga si ha: $\delta V = \varepsilon_V = 0.005$ V, $\delta V/V=$ $=0.005$ V /2 V=0.0025.

2.2. 1^a misura: distanza d, $\varepsilon_d/d = 0.5$ cm/ 750 cm $\approx 7\ 10^{-4}$. 2^a misura: lato l della calcolatrice, $\varepsilon_l/l = 0.5$ mm/70 mm$= \approx 7\ 10^{-3}$, meno precisa.

2.3. L'effetto sull'incertezza si ha se δT risulta pari 0.455 °C ≈ 0.46 °C, quindi per $\sqrt{\sigma_t^2 + \varepsilon_T^2} \geq 0.455$. Per $\varepsilon_T \geq 0.07$ °C.

2.4. Si raggruppino i valori uguali $\overline{T} = (25.5 + 25.6 \times 2 + 25.7 \times 3 + 25.8 \times 2 + 25.9)/9$. Si raggruppino i valori uguali anche per il calcolo σ_T.

2.5. Per n dati $\bar{x} = (n/2 x_1 + n/2 x_2)/n$. Per qualsiasi n, risulta $(x_1 + x_2)/2$. Invece $\sigma_x^2 = [(n/2)(x_1 - \bar{x})^2 + (n/2)(x_2 - \bar{x})^2]/(n-1)$ la differenza tra il valore medio e x_1 o x_2 è 1/2 di u.f., ovvero ε_x, quindi $\sigma_x^2 = [(n/2)(\varepsilon_x)^2 + (n/2)(\varepsilon_x)^2]/(n-1) = [n/(n-1)](\varepsilon_x)^2$, che all'aumentare di n tende a ε_x^2, quindi $\sigma_x \to \varepsilon_x$.

2.7. $(\delta T)^2 = \sigma_T^2 + \varepsilon_T^2/3 + \eta_T^2/3 = 1.5^2 + 0.5^2/3 + 0.5^2/3 \equiv \delta T = 1.555$ °C, quindi $T = 25.4 \pm 1.6$ °C. Intervallo di fiducia del 68 %. Se si usa $(\delta T)^2 = \sigma_T^2 + \varepsilon_T^2 + \eta_T^2 = 1.5^2 + 0.5^2 + 0.5^2 \equiv \delta T = 1.66 \approx 1.7$ °C . Intervalli di fiducia non omogenei per σ_T 68 %, per ε_T e η_T 100 %. Più congruo con le varianze.

Soluzioni Cap. 3

3.1. Incertezza relativa del 0.6 % con arrotodamento a due cifre significative per l'incertezza 349 e la misura armonizzata a 56 450. Riducendo ancora una cifra significativa, 300 e 56 500, si osserva una differenza: 0.5 %.

3.2. $t = 3\ 625 \pm 85$ s, $l = 1\ 050 \pm 260$ mm, $e = 1.604 \pm 0.035\ 10^{-19}$ C, $g = 9.807 \pm 0.053$ m s^{-2}, $m = 5.235 \pm 0.013$ g, $L = (1.00 \pm 0.01)\ 10^4$ N m.

3.3. Si può rischiare di rigettare la misura c) in quanto il rapporto tra la discrepanza e l'incertezza è maggiore di uno.

3.4. Raggio medio dell'atomo con la mantissa maggiore di 3.16, pertanto $\approx$E-10, mentre nucleo con la mantissa minore di 3.16 $\approx$E-15. Differenza di 5 ordini di grandezza.

3.5. Rapporto discrepanza somma delle incertezze: 1.1/1.2≈ 0.9. Le misure sono indipendenti tra loro, l'incertezza va sommata in quadratura, percui 1.1 / 0.9 ≈ 1.2, si deve rigettare l'ipotesi. Questo esempio sia da monito, l'utilizzo appropriato della combinazione delle incertezze può cambiare la verifica di una legge.

Soluzioni Cap. 4

4.1. Per $x > y$ entrambi positivi $g_{max} = (x_{ms} + \delta x) - (y_{ms} - \delta y)$ e $g_{min} = (x - \delta x) - (y + \delta y)$, si ottiene $g_{max} = (x_{ms} - y_{ms}) + (\delta x + \delta y)$ e $g_{min} = (x_{ms} - y_{ms}) - (\delta x + \delta y)$. $\delta g = \delta x + \delta y$.

4.2. x ed y entrambi positivi, si ha $g_{min} = (\tilde{x} - \delta x)(\tilde{y} - \delta y)$, si ottiene $g_{min} \approx (\tilde{x}\tilde{y})(1 - \delta x/\tilde{x} - \delta y/\tilde{y})$, trascurando il termine $\delta x \, \delta y$.

4.3. Regola dei prodotti e frazioni: $\delta g/g = \delta h/h + 2\delta t/t$. Per derivazione $\delta g = (2/t^2)\delta h + (4h/t)\delta t$. $g_{ms} = (2 \times 1.00 \text{ m})/(0.452)^2 \text{ s}^2 = 9.789333$, dato che $\delta g/g = \delta h/h + 2\delta t/t = 0.01 \text{ m}/1.00 \text{ m} + 2 \times 5 \text{ ms}/452 \text{ ms} = 0.0321$. Si ottiene infine per l'incertezza δg=0.31 e per $g = 9.789$ m s^{-2}. Verifica di significatività *grossolana* $|9.789 - 9.807|$ m s^{-2} / 0.31 m s^{-2} $\approx 0.06 < 1$. L'ipotesi, che il valore atteso sia in accordo con le nostre misure, è accettabile.

4.4. $g_{max} = (\tilde{x} + \delta x)/(\tilde{y} - \delta y) = (\tilde{x}/\tilde{y})(1 + \delta x/\tilde{x})/(1 - \delta y/\tilde{y}) \cdot 1/(1 - \delta y/\tilde{y}) \overset{Taylor}{\approx} 1 + \delta y/\tilde{y}$. Quindi $(1 + \delta x/\tilde{x})/(1 - \delta y/\tilde{y}) \approx (1 + \delta x/\tilde{x})(1 + \delta y/\tilde{y})$, come per xy.

4.5. Si consideri l'equazione come $m_{equ} = [\cdots] - m_a$. La prima operazione da svolgere è la propagazione per somme o sottrazioni: $\delta m_{equ} = \delta[\cdots] + \delta m_a$. L'incertezza $\delta[\cdots]$ si deduce dalle regole per frazioni o prodotti, pertanto : $\delta[\cdots]/[\cdots] = \delta m'_a/m'a + \delta(T'_1 - T'_{equ})/(T'_1 - T'_{equ}) + \delta(T'_{equ} - T'_0)/(T'_{equ} - T'_0)$. Incertezza tra differenze di temperatura con la regola delle somme o sottrazioni: $\delta(T'_1 - T'_{equ}) = \delta T'_1 + \delta T'_{equ}$ e $\delta(T'_{equ} - T'_0) = \delta T'_{equ} + \delta T'_0$.

4.6. $\delta\mu_k = |d(\tan\alpha)/d\alpha|\delta\alpha = (1/\cos^2\alpha)\delta\alpha$. La derivata di funzioni trigonometriche è definita per angoli in radianti: $\delta\alpha = 0.46° = 0.46° \times (\pi \text{ rad})/180° = 0.46 \times 3.14/180 \approx 0.008$ rad adimensionale. Si ha $\delta\mu_k = 1/\cos^2(12.46°)0.008 = 0.007628 \approx 0.008$. $\mu_k = 0.221 \pm 0.008$.

4.7. $\delta\lambda/\lambda = \delta\text{sen}\theta/|\text{sen}\theta| + \delta d/d \overset{\delta d \approx 0}{=} \delta\text{sen}\theta/|\text{sen}\theta|$. $\delta\text{sen}\theta = |d\text{sen}\theta/d\theta|\delta\theta = |\cos\theta|\delta\theta$. Per il massimo: $\delta\lambda/\lambda = [1/\tan(6°)]0.5° \times \pi \text{ rad}/180°$=0.08, per intervalli al 100 %, $[1/\tan(6°)](0.5°/\sqrt{3}) \times \pi \text{ rad}/180°$ =0.05 per varianze. Per $\tan\theta$ verificate, se l'impostazione della calcolatrice è in gradi, per $\delta\theta$ si devono usare i radianti. Per i minimi, sostituendo $1/\tan(6°)$ con $1/\tan(4°)$, si ottiene 0.13 (%100) e 0.07 (varianze).

4.8. $\delta r' = |dr'/dt_\downarrow| \delta t_\downarrow = cost_r(1/2)(1/t_\downarrow^{3/2})\delta t_\downarrow$. Invece $\delta q'/q' = \delta r'/r' + \delta(\cdots)/(\cdots)$. Con $\delta(\cdots) = \delta(1/t_\downarrow + 1/t_\uparrow) = \delta(1/t_\downarrow) + \delta(1/t_\uparrow)$. Sia per $t_\uparrow$ che $t_\downarrow$ in genere $\delta(1/t)$ è l'incertezza della frazione di $1/t$: dalle regole delle frazioni, o per derivazione: $\delta(1/t) = |-1/t^2|\delta t = (1/t^2)\delta t$.

4.9. La seconda è errata, una grandezza x non è indipendente da se stessa: somma lineare.

4.10. Da $g = 2h/(t + t_0)^2$: $\delta g/g = \delta h/h + 2\delta(t + t_0)/(t + t_0)$. Al numeratore $\delta(t + t_0)$ diventa $\delta t + \delta t_0$. Si ottiene per $g = 2 \times 1.334$ m / [$(0.529 - 0.0109)^2$ s^2] $= 9.9394$ m s^{-2}. Calcoliamo l'incertezza eppoi armonizziamo i dati per la presentazione e per la verifica con il valore atteso. $\delta g/g = 1$ mm$/1334$ mm $+ 2(4$ ms $+ 0.8$ ms$)/(529$ ms $- 10.9$ ms$) = 7.5 \ 10^{-4} + 1.85 \ 10^{-2}$, domina soprattutto l'incertezza sui tempi. Moltiplicando $\delta g/g$ calcolata per g_{ms} si ottiene per $\delta g = 0.19$ m s^{-2}. La misura $g = 9.94 \pm 0.19$ m s^{-2}. Nel confrontare $|g_{ms} - g_{att}|/\delta g$ si ha una valore $\approx$ di 0.69, pertanto possiamo accettare l'ipotesi, che g_{att} sia appropriato per i nostri dati. Abbiamo utilizzato la somma lineare, non abbiamo dati per verificare, ma all'aumentare di h ci aspettiamo che aumenti t. Mentre t non è correlato con t_0, δt e δt_0, volendo, si potrebbero anche sommare in quadratura.

4.11. $\delta v = (\partial v/\partial v_0)\delta v_0 + (\partial v/\partial a)\delta a + (\partial v/\partial t)\delta t = \delta v + t\delta a + a\delta t$. Per le dimensioni si ha $[\delta v] =$ m s^{-1}, $[\delta v_0] =$ m s^{-1}, $[t\delta a] =$ s m s$^{-2} =$ m s^{-1} e $[a\delta t] =$ m s^{-2} s $=$ m s^{-1}. Primo, secondo e terzo termine del secondo membro hanno stesse dimensioni e unità di misura si possono sommare (criterio di somma). Primo membro e secondo membro stesse dimensioni e unità di misura (criterio di uguaglianza). È corretta.

Soluzioni Cap. 5

5.1. $t_{centr} = (t_{max} + t_{min})/2 = (80 + 75)$ s$/2 = 77.5$ s, $\Delta_t/2 = (t_{max} - t_{min})/2 = (80 - 75)$ s $/ 2 = 2.5$ s.
$\bar{t} = (2 \times 75 + 3 \times 76 + 2 \times 79 + 80)/8 = 616/8 = 77.0$ s, $\sigma_t = [(\sum t_i^2 - n\bar{t}^2)/(n - 1)]^{1/2} = [(47460 - 8 \times 5929)/(8 - 1)]^{1/2} = (28/7)^{1/2} = 2.0$. Pertanto $t = 77.0 \pm 2.0$ s. Valore più probabile $= 76$ s, diverso da t_{centr} e $\bar{t}$.

5.2. Facile, ma si prenda dimestichezza con i propri strumenti su esempi semplici.

5.3. $\sum x_i = 1836$, $n\bar{x} = 1836$.

5.4. $\sum(\Delta t_i)^2 = \sum(t_i - \bar{t})^2 = 76$ s^2. Per i calcoli meglio: $\sum t_i^2 - n\bar{t}^2 = 140\ 530$ s^2 - 24 $\times 76.5^2$ s$^2 = 76$ s^2.

5.5. $\overline{(x - \bar{x})^2} \equiv \sum_{i=1}^{n}(x_i - \bar{x})^2/n$. Sviluppiamo il quadrato del binomio: $(1/n)\sum_{i=1}^{n}(x_i^2 - 2x_i\bar{x} + \bar{x}^2)$, distribuiamo l'operatore $\sum$ senza riportare gli estremi, lasciando i pedici per distinguere dove sia applica: $1/n(\sum x_i^2 - \sum 2x_i\bar{x} + \sum \bar{x}^2) = 1/n(\sum x_i^2 - 2\bar{x}\sum x_i + n\bar{x}^2) = 1/n(\sum x_i^2 - 2\bar{x}n\bar{x} + n\bar{x}^2) = (1/n)\sum x_i^2 - \bar{x}^2$. Dato che $(1/n)\sum_{i=1}^{n} x_i^2$ è la media degli x_i^2, che possiamo scriverla $\overline{x^2}$. Si ottiene $\overline{x^2} - \bar{x}^2$.

5.6. $\bar{\lambda} = 8.0$ mm, $\sigma_\lambda = 0.7$ mm. $\lambda_1 = 8.2$ mm $\sigma_1 = 0.9$ mm, $\cdots$ $\lambda_{10} = 7.9$ mm $\sigma_{10} = 0.4$ mm. $\lambda_{pes} = 8.0$ mm, $\sigma_{pes} = 0.2$ mm, $\lambda_{50} = 8.0$ mm, $\sigma_{50} = 0.1$ mm.

5.7. $[x_{pes}] = [\sum p_j][\bar{x}_j]/[\sum p_j]$ le dimensioni di p_j sono al numeratore e al denominatore, pertanto il secondo membro ha le dimensioni $[x_j]$. $[\sigma_{pes}] = [1/(\sum p_j)^{1/2}]$, dato che $p_j = 1/\sigma_j^2$ si ha a secondo membro che $[1/(\sum 1/\sigma_j^2)^{1/2}]$ ha le dimensioni di σ.

5.7. $x_{pes} = (p_1 x_1 + ... + p_n x_n)/(p_1 + ... + p_n)$, le misure descrivono la stessa popolazione $x_1 = \cdots = x_n = X$ e anche le deviazioni standard $\sigma_1 \cdots \sigma_n = \sigma$ pertanto: $\bar{\bar{x}} = 1/n(\overline{x_1} + ...\overline{x_n}) = 1/n(X, ..., X) = 1/n(nX) = X$. $\sigma_{pes} = [1/\sqrt{\sum p_j}] = [1/\sqrt{np}] = \sigma/\sqrt{n}$. La media pesata può utilizzarsi, se ogni ogni misura appartiene alla stessa popolazione.

Soluzioni Cap. 6

6.1. Soluzioni riportate nella parte teorica del testo.

6.2. Dato che $\overline{\lambda} = 8.0$ mm e $\sigma_\lambda = 0.7$ mm, la larghezza di ogni classe sarà 0.35 mm. La classe centrale, centrata su 8.0 mm è costituita dall'intervallo [7.825, 8.175] mm, la classe a sinistra della centrale [7.475, 7.825] mm, quella a destra [8.175, 8.525] mm. Ci si ferma quando vengono compresi tutti i dati registrati, in tutto 11 classi.

6.3. Per risolvere gli istogrammi, in questo caso è opportuno utilizzare per la larghezza delle classi la risoluzione: 0.01 s. Dall'istogramma si osserva che il primo dato dell'ultimo studente $x_{11,1} = 2.49$ risulta fuori rispetto alla distribuzione. Si ha per tutti i 110 dati: $\bar{x} = 2.196$ s e $\sigma = 0.066$ s, da scrivere $\bar{x} = 2.20 \pm 0.07$ s. Ogni studente deve calcolare media e deviazione standard dei suoi dati, dati per ogni colonna: $\bar{x}_j = \sigma_j$, per j-esimo studente, $\bar{x}_{j=1} = 2.18$ s e $\sigma_{j=1} = 0.08$ s $\cdots$ $\bar{x}_{j=11} = 2.18$ e $\sigma_{j=11} = 0.13$ s. L'istogramma dei valori medi, risulta meno disperso dell'istogramma dei dati. La media degli undici valori medi "media delle medie" = 2.195 s, la deviazione standard dei valori medi 0.028 s, da scrivere x= 2.20 $\pm$ 0.03 s.

6.4. I risultati sono presentati nel testo, lo studente dovrebbe provare a risolvere il problema a modo suo e trovare quale situazione gli risulti più immediata. Si faccia attenzione alle cifre significative. Per i coefficienti A' (A'') basta usare la corrispondente relazione $y = A' + B_{max}x$ ($y = A' + B_{min}x$) e per sostituzione di una qualsiasi coppia di dati, per esempio la prima $y_1 = A' + B_{max}x_1$ ($y_1 = A' + B_{min}x_1$) si ricava A' (A'') $A' = -0.134$ s, $A'' = 0.022$ s, $A_{centr} = -0.056$ s, $\Delta_A/2 = 0.011$ s.

6.5. $cost/\sqrt{g} = B$, per $g = 9.807$ m s^{-2}, si ha $cost_{ms} = B\sqrt{g}$, $\delta cost = \sqrt{g}\delta B$ g=6.74 $\pm$ 0.49 confrontanto con $2\pi = 6.28$, il rapporto tra discrepanza ed incertezza risulta $0.94 \leq 1$, pertanto la discrepanza non è significativa e si accetta l'ipotesi. Diversamente per il caso $1/(2\pi)$, si ottiene un rapporto ≈ 13, sicuramente da rigettare.

6.6. L'incertezza relativa maggiore si ha su Δl, pertanto si utilizza come variabile dipendente: $\Delta l = (g/k)m$. Si ottiene $B_{max} = 0.01129$ mm g^{-1}. $B_{min} = 0.01014$ mm g^{-1}, da cui $B_{ms} = 0.0107 \pm 0.0006$ mm g^{-1}, rispettivamente valore centrale e semidispersione. Per ottenere k si utilizza $B = g/k$ da cui si ottiene $k_{ms} = g/B_{ms}$ e $\delta k/k = \delta B/B$, si ottiene pertanto k= 920 $\pm$ 50 N m^{-1}. Per il rapporto tra discrepanza ed incertezza $|917 - 920|/51 = 0.059 < 1$, possiamo accettare l'ipotesi. Per la verifica di significatività usiamo tre cifre significative per la migliore stima — per il valore atteso non è chiaro se lo zero è significativo — ed uniformiamo l'incertezza a 51. Il risultato ha solo due cifre significative, domina la significatività del numero con meno cifre.

Soluzioni Cap. 8

8.1. In $\sum_{i=1}^{n}(x_i-x)^2$, all'interno della parentesi sommiamo e sottraiamo $\bar{x}$, non cambia nulla percui $\sum_{i=1}^{n}(x_i-x)^2 = \sum_{i=1}^{n}(x_i-\bar{x}+\bar{x}-x)^2$. Separiamo con parentesi alcuni termini: $\sum_{i=1}^{n}[(x_i-\bar{x})+(\bar{x}-x)]^2 = \cdots$. Osserviamo che in $[a+b]^2$ a è quanto espresso nella prima parentesi tonda e b quanto espresso nella seconda: $\cdots = \sum_{i=1}^{n}[(x_i-\bar{x})^2 + 2(x_i-\bar{x})(\bar{x}-x) + (\bar{x}-x)^2]$. Distribuiamo la sommatoria e portiamo fuori, quanto non dipende da i $\cdots = \sum_{i=1}^{n}(x_i-\bar{x})^2 + 2(\bar{x}-x)\sum_{i=1}^{n}(x_i-\bar{x}) + \sum_{i=1}^{n}(\bar{x}-x)^2$. Il 1° termine è il 1° membro della disuguaglianza dell'esercizio. Il 2° termine $2(\bar{x}-x)\sum_{i=1}^{n}(x_i-\bar{x}) = 2(\bar{x}-x)(\sum_{i=1}^{n}x_i - \sum_{i=1}^{n}x) = 0$, in quanto $\sum_{i=1}^{n}x_i = n\bar{x}$, e $\sum_{i=1}^{n}\bar{x} = n\bar{x}$. Quindi la $\sum$ di partenza: $\sum_{i=1}^{n}(x_i-x)^2 = \sum_{i=1}^{n}(\bar{x}-x)^2 + \sum_{i=1}^{n}(\bar{x}-x)^2$: Si osservi che la quantità $\sum_{i=1}^{n}(\bar{x}-x)^2 = n(\bar{x}-x)^2 \geq 0$, per qualsiasi x. Pertanto si ha che $\sum_{i=1}^{n}(x_i-x)^2 \geq \sum_{i=1}^{n}(x_i-\bar{x})^2$.

8.2. Calcolo abbastanza facile da fare graficamente, un rettangolo di altezza C e larghezza $2\varepsilon_x$. In modo formale invece, si cambi la variabile con $z = x - X$. Dalla normalizzazione si ottiene $\int_{-\varepsilon_x}^{\varepsilon_x} C dz = 1$, da cui $C2\varepsilon_x = 1$, percui il coefficiente $C = 1/(2\varepsilon_x)$. Il valore medio risulta $\int_{-\varepsilon_x}^{\varepsilon_x} zC dz = 0$. La varianza risulta $\int_{-\varepsilon_x}^{\varepsilon_x} z^2 f(z)dz = (z^3/3)/(2\varepsilon_x)]_{-\varepsilon_x}^{\varepsilon_x} = (\varepsilon_x)^3/6\varepsilon_x - (-\varepsilon_x)^3/6\varepsilon_x = \varepsilon_x^2/3$.

8.3. La normalizzazione si può calcolare come due volte l'area del triangolo a destra dello zero. Questa proprietà di simmetria rispetto allo zero si può usare per tutti gli integrali. Quanto calcolabile graficamente si può utilizzare, per verificare il calcolo integrale. Per la normalizzazione: $2\int_0^a f(z)dz = 1 \equiv Ca = 1$, da cui si ricava $C = 1/a$. Per la media si ottiene $z = 0$, per la varianza: $2\int_0^a z^2(-1/a^2)(z-a)dz = -(2/a^2)(-a^4/12) = a^2/6$.

Il calcolo dell'area in $\pm\sigma$ da $a/\sqrt{6}$: $2\int_0^{a/\sqrt{6}}(-1/a^2)(z-a)dz = -(2/a^2)(a^2/12 - a^2/\sqrt{6}) = -2(\sqrt{6}-12)/(\sqrt{6}\times 12) = 0.650$. L'area fra $\pm 2\sigma$ da $2\int_0^{2a/\sqrt{6}}(-1/a^2)(z-a)dz=0.966$. L'area tra $\pm 3\sigma$, dato che 3σ è maggiore di a, per la normalizzazione è pari a 1.

8.4. Per la prima parte è stato risolto nel corso della teoria, ma si chiede allo studente di rifare i calcoli. Importante è cogliere, che dalla varianza otteniamo indicazioni su come sono dispersi i dati e dall'area la probabilità di trovare i dati in un certo intervallo. Per chi ama sbizzarrirsi con la matematica forniamo le indicazioni per la varianza. Dall'integrazione per parti: $\int_a^b f(z)(dg(z)/dz)dz = [f(z)g(z)]_a^b - \int_a^b (df(z)/dz)g(z)dz$. Dato che $-ze^{-z^2/2} = d(e^{-z^2/2})/dz$, la varianza espressa rispetto alla variabile standardizzata è $\sigma^2/\sqrt{(2\pi)}\int_{-\infty}^{\infty}z^2 e^{-z^2/2}dz$. Omettiamo di seguito gli estremi di integrazione. $\sigma^2/\sqrt{(2\pi)}(-\int z\,d(e^{-z^2/2})/dz)$, percui applicando l'integrazione per parti si ha $\sigma^2/\sqrt{2\pi}\{[-ze^{-z^2/2}]_{-\infty}^{+\infty} + \int e^{-z^2/2}dz\}$. Il primo termine tra parentesi quadre è nullo, per ogni z positivo, che moltiplica l'esponenziale, ce ne è uno negativo. Il secondo termine è stato ricavato nel Par. 8.3.2, ed è pari a $\sqrt{2\pi}$: la varianza di una gaussiana risulta σ^2.

8.5. $2P(1.00 \le z \le 1.25) = 2[P(0 \le z \le 1.25) - P(0 \le z \le 1.00)] = 2[0.3944 - 0.3413] = 0.1062$.

8.6. Soluzione grafica non riportabile qui.

8.7. Ogni studente può stimare $\sigma_{\bar{x}}$ sulla base dei suoi 10 dati, si ha a disposizione una stima migliore di σ_x dai 100 dati $\sigma_{x-\ da\ 100}$. Ogni studente potrebbe dire sulla base dei suo 10 dati, che la distribuzione dei valori medi avrà come $\sigma_{\bar{x}} = \sigma_{x-\ da\ 100}/\sqrt{n}$, $\sigma_{\bar{x}} = 0.056/\sqrt{10}{=}0.018$ s. La stima è abbastanza vicina alla deviazione standard dei 10 valori medi che risulta pari a 0.029 s. Tali stime sono sempre più vicine all'aumentare dei dati, si dovrebbe provare con 100 dati per ogni studente, ma poi .... addio lezione.

8.8. Le grandezze non sono indipendenti $g_{ms} = 9.79 \pm 0.32$ m s^{-2}. $z_{att} = |g_{ms} - g_{att}|/\delta g$, per la quale usiamo per g_{ms} almeno lo stesso numero di cifre significative del valore atteso $|9.789 - 9.807| = 0.018$, percui l'incertezza deve avere almeno due cifre significative: $z = 0.018 \ / \ 0\ 32 = 0\ 05625$ dato che la Tabella in App. A viene fornita per z_{att} espresse $n.nn$, ci limitiamo quindi a $z = 0.06$. La probabilità di ottenere $P(|z| \ge 0.06) = 1 - 2P(0 \le z \le 0.06) = 1 - 2(0.0239) = 0.9522$. Superiore del 5 %. Non possiamo rigettare l'ipotesi: il valore atteso è accettabile.

8.9. $t = n/n_{un} = 47\ 610/(90\ 000\ \text{s}^{-1}) = 0.5290$ s. $\delta t = \delta n/n + \delta n_{un}/n_{un}$, dove $\delta n = (\sigma_{\bar{n}}^2 + \varepsilon_n^2/3)^{1/2} = (36^2 + 0.5^2/3)^{1/2} = 36$, percui $\delta t = \delta n/\bar{n} + \Delta_{n_{un}}/(n_{un}\sqrt{12})$ $= 0.0005$ s. $g = 9.842355176$ e $\delta g = 0.049873652$, quindi $g = 9.84 \pm 0.05$ m s^{-2}. La verifica di significatività $z = |9.842 - 9.807|/0.050 = 0.7$. $P(|z| \ge 0.7) = 1 - 2P(0 \le z \le 0.7) = 1 - 2 \times 0.258 = 0.484 \approx$ il 48 % > 5 %, la verifica non è significativa. Il valore atteso è in accordo con il valore vero estratto dal nostro campione.

8.10. Sebbene non si sia individuato il segno nella misura, l'errore di accuratezza comparirà sempre con lo stesso segno pertanto nella differenza di $[T_1' + (-)\eta_T - (T_{equ}' + (-)\eta_T)]$ tali incertezze si elidono. Abbiamo riportato il caso sia che l'incertezza sia positiva, che, tra parentesi che fosse negativa.

Soluzioni Cap. 9

9.1. $B = 0.0109 \pm 0.0003$ mm g^{-1} , $k_{ms} = 900 \pm 26$ N m^{-1}. Per la verifica di significatività si ha $z_{att} = |k_{ms} - k_{att}|/\delta k = |900 - 920|/25.5 = 0.78$. $P(|z| \ge 0.78) = 1 - 2P(0 \le z \le 0.78) \approx 0.44$. La verifica non è significativa, si accetta l'ipotesi.

9.2. $\sigma_V = 0.64$ m s^{-1} si osserva che per la misura con $\varepsilon_v = 1$ m s^{-1} è minore, la retta passa in media all'interno delle barre di incertezza $\delta v (\equiv \varepsilon_v$ non abbiamo incertezze casuali). La relazione sarebbe accettabile. Migliorando la precisione della misura si osserva invece che $\sigma_V = 0.64$ m s$^{-1} \geq \delta v = 0.1$ m s^{-1}, la retta passa in media fuori dalle barre di incertezza, la relazione sarebbe non accettabile. Questo approccio è solo qualitativo e grafico, serve la verifica del χ^2 (Cap. 11).

9.3. In questo caso ogni T_i ha un'incertezza, stimata come deviazione standard del campione in ordine: 0.03, 0.04, 0.03 e 0.03 s, e un'incertezza di lettura uguale per tutte a $\varepsilon_T = 0.002$ s. $\delta T_i = (\sigma_{T_i}^2 + \varepsilon_T^2)^{1/2}$ numericamente non cambia. Usiamo δY e σ_Y per comodità. Si ha $\sigma_Y = 0.019 < \delta T_i$ di ogni singola misura: la retta passa per le barre di incertezza. Dato che σ_Y è un'incertezza casuale, va sommata in quadratura con l'incertezza di lettura. Nella somma in quadratura si ha $\delta Y = (\sigma_Y^2 + \varepsilon_T^2)^{1/2} = 0.019$ s. Anche considerando la varianza $\varepsilon_T^2/3$ si otterrebbe come risultato sempre $\delta Y = 0.019$ s, in questo caso dominano le incertezze casuali. Si ha per $\sigma_B = \delta Y (N/\Delta)^{1/2} = 0.06$ s m$^{-1/2}$, $B = 2.01$ s m$^{-1/2}$. Dalla relazione $g = 4\pi^2/B^2$ si ottiene $g = 9.77 \pm 0.06$ m s^{-2}. Verifica: $z_{att} = |9.77 - 9.81|/0.060 = 0.67$ e $P(|z| \geq 0.67) = 0.50$. Verifica non significativa: il valore atteso è accettabile.

9.4. $B = 0.69 \pm 0.03$ N mm^{-1}, applicando la sola propagazione delle incertezze, su ε_F, e $B = 0.688 \pm 0.016$ N mm^{-1}, usando la varianza. Se calcoliamo $\sigma_Y = 0.36$ N, maggiore delle barre di incertezza quindi la relazione non è appropriata. Possiamo comunque fornire l'incertezza sommando le due incertezze $\delta Y = (\sigma_Y^2 + \varepsilon_y^2/3)^{1/2} = 0.35$ N mm^{-1}. La legge non è accettata ma possiamo fornire comunque una misura di $k = 0.69 \pm 0.38$ N mm^{-1}. Si calcola $z_{att} = |0.688 - 0.700|/0.38 = 0.032$, la verifica non è significativa. L'incertezza su k è elevata.

9.5. Ogni incertezza casuale sommata in quadratura con quella di lettura non cambia nel suo valore, se ci limitiamo ad una cifra significativa. Dalla regressione $A = 0.01074$ s e $B = 0.45090$ s m$^{-1/2}$, da cui $\sigma_Y = 0.00076$ s, maggiore di ogni δy_i, tranne uno. Possiamo fornire $\delta Y = (\sigma_Y^2 + \overline{\delta y}^2)^{1/2} = 0.0013$ s. Per $t_0 = -A = -10.74$ ms e l'incertezza dedotta da δA usando δY in sostituzione di δy, si ottiene $\delta A = 1.3$ ms, percui $t_0 = -10.7 \pm 1.3$ ms. Nel Cap. 11 accetteremo la relazione funzionale: $\delta Y = (\sigma_Y^2 + \varepsilon_y^2/3)^{1/2}$ e $\delta A = 0.8$ ms.

9.6. Presentiamo il calcolo per $\Delta_{pes} = \sum p \sum px^2 - (\sum px)^2$, dove p sono senza pedici, ma si sottintendono. Se sono uguali (p), possiamo portarli fuori dal segno di sommatoria, si ha pertanto $\Delta_{pes} = p^2 \sum \sum x^2 - p^2 (\sum x)^2$, quindi risulta $\Delta_{pes} = p^2 (N \sum x^2 - (\sum x)^2)$. A numeratore di A_{pes} e B_{pes} anche si può portare fuori p^2, percui si elidono. Stesso modo di procedere per le incertezze.

9.7. Si segua l'impostazione presentata sul libro per il coefficiente A.

9.8. Utilizzare il metodo di soluzione di due equazioni in due incognite per sostituzione o mediante le regole di Cramer [11].

Soluzioni Cap. 10

10.1. Applicare il MMQ per ottenere i risultati presentati nel testo.

10.2. $r_O = 0.9983$, la $P_8(r \geq 0.998)$ per 8 coppie di dati di due variabili non correlate è nella tabella disponibile molto vicina allo zero, quindi le variabili sono correlate.

10.3. Per il caso $T = T(l)$ si ha $r = 0.992 \rightarrow 1$ e $P_4(r \geq r_o) \rightarrow 0$, pertanto l'ipotesi che non siano correlate è da rigettare. Per il caso $T = T(\sqrt{l})$ si ha $r = 0.999 \rightarrow 1$ e $P_4(r \geq r_o) \rightarrow 0$. Sono poche quattro coppie di dati per essere risolutivi. Ai fini della propagazione la verifica è in entrambi i casi significativa. Non lo è per decidere, quale relazione è appropriata. Per $T = T(l)$: $\sigma_Y = 0.06$ s $>$ dei δy_i; mentre $T = T(\sqrt{l})$: $\sigma_Y = 0.02$ s $<$ dei δy_i (vedremo meglio nel Probl. 11.1) .

10.4. Si osserva che il coefficiente di correlazione risulta $r_0 = 0.99998 \approx 1.0$, $P_4(r \geq r_o) \rightarrow 0$, percui la verifica è altamente significativa e l'ipotesi, che non siano correlate, è da rigettare. Dato che n ed n_{un} sono correlate, le incertezze si sommano linearmente.

10.5. Per $h = h(t)$ si ha $r_0 = 0.9997$, e per $h = h(t^2)$ $r_0 = 0.9998$. Per entrambi $P_6(r \geq r_o) < 1\%$. Verifica altamente significativa: l'ipotesi, che non siano correlate, è da rigettare. In $g = 2h/(t + t_0)^2$ le incertezze su h e t vanno sommate in modo lineare. Per t_0 invece si potrebbe sommare in quadratura.

Soluzioni Cap. 11

11.1. Per $T = T(l)$: $\chi_O^2 = 7.55$ con due gradi di libertà $\tilde{\chi}_O^2 = 3.78$. In Tabella C.2 per $d=2$ si ha $\tilde{\chi}_{cr}^2 = 3.69$ per la probabilità di 0.025, si dovrebbe approfondire l'indagine. Per $T = T(\sqrt{l})$: $\chi_O^2 = 0.87$ con due gradi di libertà $\tilde{\chi}_O^2 = 0.43$. In Tabella C.2 si ha $\tilde{\chi}_{cr}^2 = 0.79$ per la probabilità di 0.500. L'ipotesi è accettabile. $g = 9.7 \pm 0.6$ m s^{-2}, $|9.81 - 9.67|/0.59 = 0.24$ accettabile.

11.2. Per $\Delta l = \Delta l(m)$: $\chi_O^2 = 4.15$ per $d = 6$ otteniamo $\tilde{\chi}_O^2 = 0.69$. In Tabella C.2 $\tilde{\chi}_{cr}^2 = 0.80$ per la probabilità di 0.500, ipotesi è accettabile. $\delta Y = (\sigma_Y^2 + \varepsilon_y^2/3)^{1/2} = 0.20$ mm. $k = 899 \pm 26$ N m^{-1}. $z_{att} = 0.81$. Valore atteso accettabile.

11.3. Per la verifica $E = E(T)$, otteniamo a $\chi_O^2 = 438$, $d=5$, per l'incertezza su E abbiamo utilizzato $\varepsilon_E = 0.005$ mV e sommato in quadratura anche l'incertezza equivalente dovuta alla x. Il coefficiente di correlazione è $r = 0.99868$. Per la verifica del χ^2 l'ipotesi va rigettata, il coefficiente di correlazione dice che le variabili sono correlate. Per la verifica $E = E(T^2)$: $\chi_O^2 = 228$, $d = 4$ $r = 0.99872$. Per la verifica del χ^2 l'ipotesi va rigettata. Per la verifica con coefficienti forniti, si ha $\chi_O^2 = 829$, $d = 7$, da rigettare. Questo è un esempio utile sulla precisione della misura.

Si osservi che con un voltmetro con risoluzione 0.1, si otterrebbe già per la lineare $\chi_O^2 = 5.27$, $\tilde{\chi}_O^2 = 1.03$. In Tabella C.2 alla riga $d=5$ si osserva $\tilde{\chi}_{cr}^2 = 1.33$ con la probabilità pari al 0.250. Il valore da noi osservato è minore, la probabilità di ottenere un valore $\tilde{\chi}^2$ maggiore di quello osservato sarà minore. Questo esercizio rende conto dell'importanza della verifica del χ^2–ridotto rispetto alla precisione della misura.

11.4. $n = 56\,384.83$, σ_n 174.15 da presentare come $n = 56\,390 \pm 170$. Da 70 sei classi (da $\approx 12E_k$), la nostra scelta per z [0, 0.44], [0.44, 1.00], [1.00, ∞], e le classi simmetriche rispetto allo zero. Gli E_k in ordine dalla prima alla sesta classe (quelle presentate su partono dalla terza classe) 11.11, 11.99, 11.90, 11.90, 11.99, 11.11 — tutte le classi soddisfano la somma di Pearson. Il numero di dati osservati O_k nelle rispettive classi: 12, 12, 12, 13, 11, 10. Il χ^2–ridotto: $\chi^2/3$=0.12. $P_3(\tilde{\chi}^2 \geq 0.12)$ risulta superiore al 90 %. La variabile n è da ritenersi gaussiana. Incertezza sul tempo da $t = n/n_u$, abbiamo visto nel Cap. 10, che n e n_{un} sono correlate, risulta: $\delta t = \delta n/n + \delta n_{un}/n_{un}$, dove per $\delta n = (\sigma_n^2/70 + \varepsilon_n^2/3)^{1/2} = (174^2/70 + 0.5^2/3)^{1/2} = 21$. Per $\delta n_{un} = \Delta n_{un}/\sqrt{12}$. Percui $t = 0.561603586 \pm 0.001046848$ s da presentarsi: $t = 0.5616 \pm 0.0011$ s, o $t = 0.562 \pm 0.001$ s. $g = 1.495$ m$/(0.5616$ s$)^2 = 9.48$ m s^{-2}, $\delta g = (\delta h/h + 2\delta t/t)g$ nel Cap. 10 si è visto h e t correlate. $\delta h = \varepsilon_h/\sqrt{3}$. $g = 9.48 \pm 0.04$ m s^{-2}. La verifica per il valore atteso 9.81 m s^{-2} è altamente significativa: si rigetta l'ipotesi. Serve il ritardo dell'elettronica (Probl. 9.5 ripreso nel Probl.11.6). Senza un modello ed una verifica per dedurre il ritardo la misura risulta non accurata.

11.5. Verifica χ^2 non significativa, λ gaussiana. La variabile osservata è Δx, la moltiplicazione per due non cambia la discussione sulla verifica, che Δx sia gaussiana. La variabile, osservata direttamente, è necessaria per la propagazione delle incertezze. λ gaussiana $\sigma_{\bar{\lambda}} = \sigma_\lambda/\sqrt{50}$. Per l'incertezza di lettura da $\lambda = 2\Delta x$, si deve propagare l'incertezza $\Delta x = x_i - x_{i+1}$. Per ogni i $\varepsilon_{\Delta x} = \varepsilon_x + \varepsilon_x$. Dato che la risoluzione è 1/10 di mm: $\varepsilon_x = 1/2(1/10)$ mm. $\varepsilon_{\Delta x} = 2\varepsilon_x$, quindi $\varepsilon_\lambda = 2\varepsilon_{\Delta x} = 4\varepsilon_x = 4/20$ mm = 0.2 mm. L'incertezza totale: $\delta\lambda = (\sigma_\lambda^2/50 + \varepsilon_\lambda^2/3)^{1/2} = 0.16$ mm. Risulta $\lambda = 8.00 \pm 0.16$ mm. Per $v_s = \lambda v$, non abbiamo misure per verificare se λ e v sono fra loro dipendenti, secondo la legge dovrebbero essere correlate. Senza verifica comunque l'incertezza $\delta v_s = (\delta v/v + \delta\lambda/\lambda)v_s$, dove per δv utilizziamo la varianza sulla base del valore letto; $0.05/\sqrt{3}$. Si ottiene v_s= 347.91 $\pm$ 6.98 m s^{-1}, che ripoteremo come v_s= 348 $\pm$ 7 m s^{-1}. Con un' incertezza relativa del due per cento: Per z_{att} cerchiamo di avere almeno due cifre significative dalla differenza al numeratore: $|347.9 - 344.2|/7.0$=3.7/7.0=0.53. $P(|z| \geq 0.53)$ = 1-2 $\times 0.0.2019 \approx$ 0.60. Non possiamo rigettare l'ipotesi il valore atteso è appropriato.

11.6. $\tilde{\chi}^2 = 3.31/(7-2) = 0.66$. $P_5(\tilde{\chi}^2 \geq \tilde{\chi}_O^2)$, si ha $\chi_{cr}^2 = 0.87$ per una probabilità di 0.500. La legge risulta accettabile. Come $t_0 = -10.7 \pm 0.8$ ms. Pertanto ricalcolando $g = 9.85 \pm 0.07$ m s^{-2}. La verifica di significatività fornisce con la correzione dell'incertezza di accuratezza $z = |9.85 - 9.81|/0.07 = 0.57$ $P(|z| \geq 0.57) = 1 - 2 \times 0.2157 = 0.57$. La verifica non è significativa pertanto si accetta l'ipotesi.

Soluzioni Cap. 12

12.1. $\mathscr{B}_{5,1/6}(v)$, per $v = 0 \; \cdots \; 5 = 4.02 \; 10^{-1} \; \cdots \; 1.29 \; 10^{-04}$.

12.2. E_k attesi semplicemente $1/6 \times 120 = 20$ per ogni faccia. $\chi_O^2 = 11.30$, $\tilde{\chi}_O^2 = \chi_O^2/d = 11.30/5 = 2.26$. $P_5(\tilde{\chi}^2 \geq 2.26)$. Per d=5 $\tilde{\chi}_{cr}^2 = 2.21$ con una probabilità del 5 %. La verifica risulta solo probabilmente significativa, bisognerebbe approfondire con ulteriori misure.

12.3. $\chi_O^2 = 3.38$, $\tilde{\chi}_O^2 = \chi_O^2/d = 3.38/2 = 1.69$. $P_2(\tilde{\chi}^2 \geq 1.69)$. Si trova per d=2 $\tilde{\chi}_{cr}^2 = 2.30$ con una probabilità del 10 %. La verifica non è significativa, pertanto i dadi non dovrebbero essere truccati.

12.4. Fare l'esercizio come proposto nella teoria.

12.5. Fare l'esercizio come indicato nel testo, iterando quanto fatto nel Probl. 12.4

12.6. Si sommano tutte le $\mathscr{B}_{32,1/2}(v)$, per v da 20 a 32, il cui risultato è 0.11. Se calcoliamo l'area sottesa per $G_{np,\sqrt{npq}}(v)$ per $v \geq 20$, quindi $G_{16,\,2.83}(v)$, passiamo alla variabile standardizzata $z = (20 - 16)/2.83 = 1.41$. La $P(z \geq 1.41) = 0.5 - P(0 \leq z \leq 1.41) = 0.079$. Si sovrapponga la gaussiana alla binomiale e si osserverà la corrispondenza tra la curva e l'istogramma delle probabilità.

12.7. L'istogramma si costruisce dal calcolo della binomiale per ogni v da 0 a 40. La gaussiana si costruisce sulla base di $G_{6.67,2.36}(v)$ colcolata per gli stessi v da considerare come variabile continua della gaussiana di $X = np = 40 \times 1/6 = 6.67$, e $\sigma = \sqrt{npq} = \sqrt{40 \times 1/6 \times 5/6} = 2.36$. Si può arrotondare a $X = 6.7$ e $\sigma = 2.4$.

12.8. Si costruiscono undici classi a partire dal punteggio 2 al punteggio 12, si calcolano mediante la binomiale le probabilità, attenzione al numero di modi, p. e. il punteggio 2 si ottiene in un solo modo, il punteggio 3 si ottiene come 1+2 e 2+1, quindi due modi, ecc. Si osserva che ogni classe soddisfa il teorema della somma di Pearson, la prima classe e l'ultima sono quelle con E_k=10, per le altre sono maggiori. Il $\chi_O^2 = 19.8$, e quindi per $d = 10$ si ottiene $\tilde{\chi}_O^2 = 1.98$, osserviamo che per $d = 10$ si osservano i seguenti $\tilde{\chi}_{cr}^2 = 2.05$ per $P = 0.025$ e $\tilde{\chi}_{cr}^2 = 1.83$ per $P = 0.050$. Il campione è probabilmente significativo, bisogna approfondire ulteriormente l'indagine.

Soluzioni Cap. 13

13.1. $E\{v\} = \sum_{v=0}^{\infty} v \frac{\mu^v}{v!} e^{-\mu} = 0 + \sum_{v=1}^{\infty} v \frac{\mu^v}{v!} e^{-\mu} = \mu \sum_{v=1}^{\infty} \frac{\mu^{v-1}}{(v-1)!} e^{-\mu} = \cdots$ sostituiamo l'indice v con $r = v - 1 \cdots = \mu e^{-\mu} \sum_{r=0}^{\infty} \frac{\mu^r}{(r)!} = \mu e^{-\mu} e^{+\mu} = \mu$.

13.2. μ dei dati risulta $= 10.06$ la sua incertezza 3.2, riportiamo $\mu = 10.1 \pm 3.2$. Si faccia attenzione nell'utilizzare per il calcolo la μ fornita, sebbene non si osserverà differenza. Per fare la verifica bisogna organizzare le classi in modo, che si soddisfi il teorema della somma di Pearson, la nostra scelta rispetto alle v risulta 0–6, 7, 8,

9, 10, 11, 12, 13-14, 15–23, sulla base degli E_k dedotti da NP_K, dove P_k è calcolata con la μ fornita 10.0. Quindi 9 classi. Si ottiene $\chi_O^2 = 10.6$. Dato che μ è fornito si ha un solo vincolo statistico $N = \sum O_k$, $\tilde{\chi}_O^2 = 1.33$. Per $P_8(\tilde{\chi}^2 \geq 1.33)$ si osserva per $d = 8$ $\tilde{\chi}_{cr}^2 = 1.67$ per una corrispondente $P = 0.10$, $P_8(\tilde{\chi}^2 \geq 1.33)$ è maggiore del 10 %. L'ipotesi non si può rigettare, i dati seguono la distribuzione di Poisson con μ =10.0, osservata in un altro posto.

13.3. Per il caso della verifica, che i dati seguono una poissoniana si calcola μ = 10.06. Si devono ricontrollare le classi anche se in questo caso, si osserva, che le classi organizzate nel Probl. 3.2 soddisfano ancora il teorema della somma di Pearson, quindi sempre rispetto a v: 0–6, 7, 8, 9, 10, 11, 12, 13-14, 15–23. Si ottiene un $\chi_O^2 = 10.2$, questa volta abbiamo anche il vincolo μ stimato mediante i dati, quindi in tutto due vincoli. Si ottiene $\tilde{\chi}_O^2 = 10.2/7 = 1.46$. Osserviamo in Tabella C.2 per $d = 7$ $\tilde{\chi}_{cr}^2 = 1.72$ per $P = 0.100$, $P_7(\tilde{\chi}^2 \geq 1.46) =$ è maggiore del 10 %. L'ipotesi non si può rigettare, i dati seguono la distribuzione di Poisson.

13.4. μ risulta pari a 6.8 ± 2.6. Il confronto è da fare con la poissoniana dedotta da μ del Probl. 13.3, $\mu = 10.1$, le classi sono le stesse. Si ha $\chi_O^2 = 164$, e dato che μ non è calcolato dai dati analizzati, ma fornito da misure precedenti, si hanno 8 gradi di libertà $\tilde{\chi}_O^2 = 164/8 = 20.5$. Si osserva che per $d = 8$ si ha $\tilde{\chi}_{cr}^2 = 2.74$, per una $P=0.005$, quindi $P_8(\tilde{\chi}^2 \geq 20.5)$ è inferiore a cinque per mille, percui l'ipotesi è da rigettare. I conteggi sono dovuti ai raggi cosmici, dato che, mettendo il contatore sotto i mattoni, si osserva una riduzione di conteggi.

13.5. Impongo $\partial P_\mu(v)/\partial v = 0$, ottengo $(1/v!)[v\mu^{v-1}e^{-\mu} + (-e^{-\mu})\mu^v] = 0$, che si annulla per $(v - \mu) = 0$, quindi la migliore stima di $\mu_{ms} = v$, l'unico dato osservato e l'incertezza $v^{1/2}$.

13.6. Excel 2013, fornisce al massimo 170!, la calcolatrice a mia disposizione 69!. La via più facilmente percorribile è mediate l'approssimazione gaussiana per $X = \mu = 350$ e $\sigma = 350^{1/2} \approx 19$. Percui la probabilità rispetto a z risulta: $P(-1.32 \leq z \leq +1.32) = 2 \times P(0 \leq z \leq 1.32) = 2 \times 0.4066 = 0.81$.

Bibliografia

1. BIPM, *Le Système international d'unitès –SI* 8ᵃ ed. 2006.
   http://www.bipm.org/utils/common/pdf/si_brochure_8_en.pdf .
2. BIPM, *A concise summary of the International System of Units — the SI*:
   http://www.bipm.org/utils/common/pdf/si_summary_en.pdf.
3. M. Born, *Fisica Atomica* (Boringheri, Torino, 1976).
4. R. Brun e F. Rademakers, *ROOT - An Object Oriented Data Analysis Framework*, in *Proceedings AIHENP'96 Workshop*, Lausanne, Sep. 1996, Nucl. Inst. & Meth. in Phys. Res. A **389** (1997) 81-86. See also http://root.cern.ch/.
5. Ciullo G. — Indicazioni su esperienze, presentate e discusse, sono reperibili sul sito: www.fe.infn.it/u/ciullo/Introduzione_al_laboratorio.html.
6. Ciullo G. — Grafici delle soluzioni di alcuni problemi sono reperibili sul sito: www.fe.infn.it/u/ciullo/Introduzione_al_laboratorio.html.
7. CRC *Handbook of Chemistry and Physics*, 83ᵃ ed., ed. D.R. Lide (CRC press LLC, Bota Raton Florida, 2002).
8. Microsoft Excel. Microsoft Corporation. www.microsoft.com .
9. A. Foti e C. Gianino, *Elementi di Analisi dei dati sperimentali* (Liguori editore, Napoli, 1999).
10. BIMP *Evaluation of measurement data – Guide to the expression of uncertainty in measurement* ed. JCGM 2008.
    http:://www.bipm.org/utils/common/documents/jcgm/JCGM_100_2008_E.pdf
11. S. Lang, *Algebra lineare* 5ᵃ ed. (Editore Boringheri, Torino, 1980).
12. M. Loreti, *Teoria degli errori e Fondamenti di Statistica* (Decibel editrice, Padova, 1998).
13. OriginLab. Data Analysis and Graphing Software. http://www.origin.lab.com .
14. T. J. Quinn, in *Proceeding of the Int. School of Physics <<E. Fermi>> – Course CXLVI* edd. T. W. Hänsch, S. Leschiutta, A. J. Wallard, M. L. Rastello, Vol. **166**: Metrology and Fundamental Constants (Società Italiana di Fisica, Bologna, 2007).
15. S. G. Rabinovich, *Evaluating Measurement Accuracy* (Springer, New York, 2010).
16. A. Rotondi, P. Pedroni, A. Pievatolo, *Probabilità, Statistica e simulazione*, 2ᵃ ed. (Springer-Verlag Italia, Milano, 2005).
17. V.V. Sazonov, *Algebra of sets* in SpringerLink Encyclopaedia of Mathematics (2001). Encyclopedia of Mathematics.
    http://www.encyclopediaofmath.org/index.php?title=Algebra_of_sets&oldid=30098
18. J. R. Taylor *Introduzione alll'analisi degli errori* 2ᵃ ed. (Zanichelli, Bologna, 200).

G. Ciullo, *Introduzione al Laboratorio di Fisica*, UNITEXT for Physics, 247
DOI: 10.1007/978-88-470-5656-5, © Springer-Verlag Italia 2014

Indice analitico

G. Ciullo, *Introduzione al Laboratorio di Fisica*, UNITEXT for Physics,
DOI: 10.1007/978-88-470-5656-5, © Springer-Verlag Italia 2014